有机涂料防腐蚀技术

（第二版）

Corrosion Control
Through Organic Coatings
Second Edition

〔挪威〕Ole Øystein Knudsen
〔瑞典〕Amy Forsgren 著

王向农　崔志刚　译

中国石化出版社

内 容 提 要

本书是有机涂料防腐蚀理论与技术的专业著作,书中从涂料老化变质机理研究入手,引用了大量实验室研究成果和现场试验及应用实例,全面深入探讨了有机涂料的防腐蚀机理和实用技术。

本书理论与实践相结合,不仅适合从事有机涂料配方研究、测试、涂装和维护保养的技术人员作为在岗继续学习的培训教材,也可供工业防腐蚀保护和有机涂料等专业师生参考使用。

著作权合同登记图字:01-2021-0377 号

Corrosion Control Through Organic Coatings, Second Edition
By Ole Øystein Knudsen and Amy Forsgren, ISBN:978-0-367-87711-8

图书在版编目(CIP)数据

有机涂料防腐蚀技术:(第二版)/(挪)奥勒·奥伊斯坦·克努森,(瑞典)艾米·福斯格伦著;王向农,崔志刚译.—北京:中国石化出版社,2021.5
书名原文:Corrosion Control Through Organic Coatings, Second Edition
ISBN 978-7-5114-6207-7

Ⅰ.①有… Ⅱ.①奥… ②艾… ③王… ④崔… Ⅲ.①有机化合物-防腐蚀涂料 Ⅳ.①TQ635.2

中国版本图书馆 CIP 数据核字(2021)第 051957 号

中国石化出版社出版发行
地址:北京市东城区安定门外大街 58 号
邮编:100011 电话:(010)57512500
发行部电话:(010)57512575
http://www.sinopec-press.com
E-mail:press@sinopec.com
北京科信印刷有限公司印刷
全国各地新华书店经销

*

710×1000 毫米 16 开本 16.5 印张 285 千字
2021 年 6 月第 1 版 2021 年 6 月第 1 次印刷
定价:88.00 元

译者的话

金属腐蚀是现代化进程中人类面临的众多挑战之一。据美国腐蚀工程师协会2016年的研究报告，全球因为金属腐蚀造成的损失高达2.5万亿美元。有机涂料是防止金属腐蚀最常用的有效措施。

本书是有机涂料防腐蚀理论与技术的专业著作，2006年第一版是由瑞典涂料工程师艾米·福斯格伦编写的，2017年第二版由挪威科技工业研究院(SINTEF)研究员奥勒·奥伊斯坦·克努森博士主编，他专业从事涂料老化变质和腐蚀的研究，并且自2008年起，克努森博士被聘任为挪威科技大学兼职教授。从第一版全书167页到第二版256页，章节和内容增加了三分之一，编著者从涂料老化变质机理研究入手，引用了大量室内实验室研究成果和现场试验及应用实例，全面深入探讨了有机涂料的防腐蚀机理和实用技术。

本书内容包括涂料组成的成膜物质和颜料，粉末涂料和水性涂料，金属表面喷砂清理和磨料的选择，金属表面的磷化、铬化、阳极氧化等化学预处理工艺；着重讨论了涂料的附着与屏蔽，涂料的耐候老化和阴极剥离，腐蚀使涂料老化变质问题等。本书以多项工程实例推介适合跨海大桥防腐蚀保护的双重复合涂层。有关涂料加速试验的理论依据和行之有效的先进测试技术则是作者的经验之谈，值得借鉴。

全书共15章，有570篇参考文献，是一本相当实用的理论与实践相结合的专业著作，不仅适合从事有机涂料配方研究的科研人员、有机涂料与防腐蚀技术规范编制人员、涂料老化和加速试验方法的研究人员、涂装施工单位和防腐蚀涂层维护保养人员作为在岗继续学习的培训教材，也可供工业防腐蚀保护和有机涂料相关专业师生参考使用。

河北省热固性粉末涂料技术创新中心是依托廊坊艾格玛新立材料科技有限公司而创建的致力于涂料技术研发创新的单位。创新中心着眼于涂料的基础技术研究、新技术的开发应用、新产品的研发和应用落地。廊坊艾格玛新立材料科技有限公司创建20多年来，以市场为导向，谋求产学研相结合的发展道路，一直以“引领行业标准，创造美好生活”为方针，为国家大型工程项目和民生工程研发生产高质量涂料产品；与此同时，企业不忘社会责任，积极参加行业协会活动，参与编制国家与行业技术标准。公司副总经理兼总工程师崔志刚先生是中国化工学会涂料涂装专业委员会专家，此次与中国石油工程建设协会管道设备保温与防护技术专委会王向农先生合作，克服新冠疫情影响，仅用一年时间完成了全书的翻译。希望此书能为防腐蚀保护领域的专家同行提供更好的帮助，为高等院校涂料化工专业师生提供一本高水平的参考书。

本书的翻译得到许多涂料与防腐专家的关心和支持。值此书翻译出版之时，译者特别感谢廊坊艾格玛新立材料科技有限公司陈国安董事长的关心和支持，感谢宁波三灵电子有限公司沈觉良董事长的关心和支持，感谢河北省热固性粉末涂料技术创新中心和中国石油工程建设协会管道设备保温与防护技术专委会同仁的关注和支持，感谢茹茜协助完成全书插图的翻译。

译者简介

王向农 1967年毕业于哈尔滨工业大学英语师资班。先后在大庆油田、华北油田等单位从事翻译和科技情报工作，退休后参加中国石油工程建设协会管道设备保温与防护技术专委会活动，翻译了许多石油防腐技术标准、会议报告、期刊论文等。参与出版的译著有《腐蚀控制手册》《阴极保护手册》《瓶装水技术》《英汉汉英密封技术词汇》，还参与了《英汉石油技术词典》《英汉石油大辞典》《英汉腐蚀与防护词汇》词条编写或者审校工作。

崔志刚 1990年毕业于天津大学化学系应用化学专业，国家二级创新工程师。先后在多家化工企业任职，目前在廊坊艾格玛新立材料科技有限公司任总工程师和副总经理，拥有多项发明专利，参与十余项国家标准与行业标准的编制，发表了几十篇科技论文，参与编写出版专著《粉末涂料及其原材料检验方法手册》和《中国粉末涂料与涂装成长三十年》等。为全国涂料和颜料标准化委员会委员，中国化工学会涂料涂装专业委员会专家，担任河北省粘接与涂料协会粉末涂料专业委员会主任，河北省热固性粉末涂料技术创新中心主任，中国石油工程建设协会管道设备保温与防护技术专委会副主任等职。

谨以此书献给

Tuva、Njål、Eirin，

感谢你们的支持与鼓励！

目录

前言<<<

自艾米·福斯格伦撰写本书第一版之后，她的职业生涯就转向了另一个方向，现在她从事水和废水输送与处理技术工作。当出版商泰勒与弗朗西斯公司与她协商此书的修订出版事宜时，她请我负责此书的修订，我欣然接受了。无论如何，她依然参与了此书第二版的编写工作。

在第二版中，我已经增加了新的章节：涂料的老化、防腐保护特性、复合涂层、粉末涂料、化学预处理等，这些都是我已经研究过的课题。还有一些课题仍然没有包括在内，例如表面清理准备标准、涂料的选择、涂装方法等，但是，在有关章节参考文献中很容易查询到这方面的资料。虽然第二版对第一版的内容架构重新进行了编排更新，但是，第一版的所有课题都保留了下来。例如，第 8 章喷砂磨料的重金属污染问题依然作为本书的重大关切。

我们雄心勃勃地想编写一本涵盖有机涂料防腐蚀保护的实用性专著，并将其与正在进行中的相关研发工作联系起来。这是一项挑战，因为新的涂料技术还在不断发展，这个课题每年发表的论文数量巨大。然而，这恰恰表明此书切题中肯，值得修订。

我们希望此书能为每一位从事防腐蚀有机涂料事业的有关人员提供帮助，例如：

● 编制技术规范或者使用防腐蚀涂料的维护保养工程师，他们需要通晓不同类型涂料的扎实工作知识，了解如何测试涂料防腐蚀特性的指导方向。

● 涂料的购买方或者技术规范编制人员，他们需要用最短的时间了解哪些试验能够提供涂料性能的有关信息，哪些试验不需要。

● 从事涂料老化研究和加速试验方法的研究人员，他们需要深入了解涂料的老化机理，从而研发出更精准的试验方法。

- 涂装施工单位，他们有意为实施表面除锈清理人员提供安全工作环境。
- 老的钢质构筑物的业主，他们维修涂装时将面临清除铅基油漆的风险。

作为挪威科技大学主讲涂料工艺技术的教授，我希望将此书作为防腐蚀保护有机涂料专业的理学士和硕士研究生的教材，编写此版专著时也有这方面的考虑。

〔挪威〕奥勒·奥伊斯坦·克努森
于挪威特隆赫姆市

致谢

如果没有那么多人的帮助，编著此书将是不可能的。作者愿特别感谢 Lars Krantz、Tone Heggenougen、Njål Knudsen 精心绘制插图！感谢佐敦公司的 Håvard Undrum、佐敦粉末涂料公司的 Lars Erik Owe 和挪威科技工业研究院(SINTEF)的 Otto Lunder 分别对第 3 章、第 6 章和第 9 章提出你们宝贵的意见！

作者简介<<<

〔挪威〕奥勒·奥伊斯坦·克努森(Ole Øystein Knudsen)

1990年获得挪威理工学院化学工程系理科硕士学位，1998年获得挪威科技大学博士学位，论文课题是阴极剥离。自1998年起，他一直在挪威科技工业研究院(SINTEF)从事涂层老化和腐蚀的研究。自2008年起，他被聘任为挪威科技大学兼职教授，主讲保护性涂料。克努森博士与他的家人住在挪威特隆赫姆市。

〔瑞典〕艾米·福斯格伦(Amy Forsgren)

1986年在美国俄亥俄州辛辛那提大学化学工程系学习。毕业后她从事造纸工业涂料研究3年，之后她搬到密歇根州底特律。在那里，她在福特汽车公司从事防腐蚀涂料研究6年。1996年她回到瑞典，在瑞典腐蚀研究院领导一项保护性涂料项目。现在她在斯德哥尔摩的赛莱姆公司从事水和废水输送与处理技术工作。福斯格伦女士和她的家人住在斯德哥尔摩。

1 引言

本书不讨论腐蚀理论，而是叙述防腐蚀的涂料。此书是专为那些必须用防腐蚀涂料保护钢结构的人们撰写的。

为建筑选择合适的防护涂料可能很困难，许多昂贵的错误已证明了这一点。本书中引用了部分这样的案例，使我们深入了解涂料老化机理以及这些问题对防腐蚀涂料构成的潜在威胁。如果要安排涂装人员、设备进入工地施工，现场修补涂料的成本通常比在防腐厂的涂装成本高很多。此外，修补涂料很少能够达到与工厂原先涂装涂层相同的使用寿命。所以，选择合适的涂料并且一开始就正确地涂装，这对于防腐蚀保护的寿命周期成本是至关重要的。

人们很少只为防腐保护这样的单一目的涂装涂料。几乎所有施工项目的装饰性也是非常重要的。美观的外表不仅给人们留下美好的印象，而且表明施工品质精良，设施维护保养完好，增强人们的安全感。涂料的功能还包括展示某种标志色、绝热保温、耐磨损、防粘特性、电气绝缘等。这类功能性要求对涂料的选择提出了额外的限制。

1.1 本书范围

本书范围是用于保护结构钢、钢质基础设施构件、重型钢质工艺设备的重防腐涂料。本书涵盖的领域经过精心挑选，反映了使用重防腐涂料的工程师们日常关切和面对的选择，包括：

- 防腐蚀涂料的组成；
- 水性涂料与粉末涂料；
- 喷砂清理和其他重表面预处理；
- 磨料喷砂与重金属污染问题；
- 涂层的耐候和老化；
- 腐蚀反应导致的涂层老化；
- 腐蚀测试——背景与理论依据；
- 腐蚀测试——实践。

虽然你不需要掌握腐蚀机理的详细知识就可以阅读本书，但是，如果你对腐蚀理论有了一定的了解，这肯定会有帮助的。本书不阐述腐蚀理论，读者可以参考其他有关腐蚀理论的书籍[1-3]。

1.2　目标人群的说明

本书的目标人群是为下列这些用途编制重防腐涂料技术规程、开发重防腐涂料配方、从事涂料测试或者涂料研究的有关专业人员：

- 远洋船舶和海上设施；
- 陆地管道和海底管道；
- 桥梁下用的箱梁或者桥面板用的金属格子板；
- 水力发电站的排污压力管道；
- 化学品储罐、饮用水储罐、废水处理厂水槽；
- 建筑物入口混凝土踏级的扶手栏杆；
- 通信天线塔架；
- 高压输电线铁塔；
- 食品加工厂的房梁和墙体；
- 造纸厂工艺设备四周的格子板和框架。

所有这些类型结构钢至少有两个共同点：

① 一有机会，钢结构中的铁就会转化成氧化铁。

② 当钢材开始生锈时，这些生锈的钢材是无法从使用环境中取出再送回工厂处理的。

任何一个这类钢结构在使用寿命期间必须在现场维修补漆。这使维修工程师在选择涂料时受到某些限制。必须在工厂里涂装的涂料是无法再次涂刷在使用中的钢材上的。这使某些有机涂料被排除在维修补漆之外，例如粉末涂料或者电泳涂漆，也使某些无机预处理工艺被排除在外，例如磷化处理、热浸镀锌以及铬酸盐处理。新建项目普遍采用这些涂料防护，但是它们几乎都是仅仅适合一次性处理。当钢材已经投入使用若干年并需要考虑维修补漆时，实际可行的技术种类却很有限。这并不是说维修工程师面对腐蚀问题只能束手无策，事实上，现在市场上可选用的优质维修涂料种类比以前多得多，并且，钢材表面现场就地除锈清理可行的预处理方法也越来越多。此外，涂料用户目前承受很大的环保压力，在选择新型涂料和处置用过的磨料时，他们应当负责保护好环境，并且，必须增强劳动安全意识，了解某些预处理方法可能对人体健康带来危害。

1.3 涂装的金属系统

钢材是最重要的金属结构材料，本书绝大部分内容都是有关钢材的防腐蚀涂料。当然，其他金属也需要涂装保护。

大多数作为金属构件使用的铝合金比钢材对腐蚀的敏感性低得多，并且，大多数情况下，铝合金材料表面涂装是为了增强美感，而不是为了防腐蚀。因此，在铝合金表面上的装饰涂层厚度比在钢材上的防腐蚀涂层要薄得多。由于铝的腐蚀特性与钢材的腐蚀特性是不同的，所以大多数预处理工艺也是不同的。鉴于两种金属有不同的老化机理，铝材上的涂料与钢材上的涂料也是不同的。

与有机涂料有关的第三种重要的金属是锌，也就是镀锌钢。钢材首先要用热浸镀锌、电镀锌或者热喷镀锌工艺在钢材上镀一层锌，一般金属锌涂层厚度为10~100μm。然后，在镀锌涂层上再涂敷有机涂料。这样的涂层系统叫作双重复合涂层，其有卓越的防腐蚀保护特性和超长的使用寿命，而需要的维护工作量却微乎其微。对于那些需要在腐蚀环境中使用几十年的建设项目，例如公路桥梁和海上设施，这种涂层系统的寿命周期成本将低于传统的涂层系统。虽然传统涂层系统的初期建设成本比较低，但是，如果计算项目成本时把构筑物使用寿命期间的维修成本也考虑在内，那么，这种双重复合涂层系统的优势就不言而喻了。

从喷砂清理表面上简单的屏蔽型涂料到转化膜、底漆、中间涂层、面漆的组合，有机聚合涂层系统的复杂性可能是不一样的。

图 1.1 所示是由三种不同的涂料构成的一个涂层系统。这些涂层是：

① 含有金属锌粉的底漆。锌的作用是提供阴极保护。作为头道漆，底漆也用于增强与底材的附着力。

图 1.1 喷砂清理后的钢材表面涂装了三层涂层系统

注：富锌底漆、环氧玻璃鳞片屏蔽层、抗紫外线面漆

② 中间涂层一般是屏蔽型涂料，其主要作用是限制离子进入金属表面。同时也限制氧气和水的渗透。

③ 面漆，假如有必要的话，面漆配方应当使其能够抗紫外线老化。此外，面漆使涂层具有所要求的光泽、遮盖和色彩，也就是理想的视觉外观。它也是一道额外的屏障。

因此，每一涂层各自有不同的目的用途，有不同的配方，从而使涂层系统具有不同的特性。通过选择不同类型的涂层、厚度和涂层的道数，可以改变涂层系统的特性和预期使用寿命。

此横断面照片是用电子显微镜拍摄的。如果改变金属表面的预处理工艺和涂层系统(类型、厚度、涂层的道数)，就能够得到一系列不同质量的防腐蚀涂层系统。

参考文献

[1] Revie, R. W., and H. H. Uhlig. *Corrosion and Corrosion Control: An Introduction to Corrosion Science and Engineering*. 4th ed. Hoboken, NJ: John Wiley & Sons, 2008.

[2] McCafferty, E. *Introduction to Corrosion Science*. New York: Springer-Verlag, 2010.

[3] Bardal, E. *Corrosion and Protection*. London: Springer, 2003.

2 有机涂料的防护机理

在本章中，我们了解一下有机涂料防腐蚀保护的三个主要机理：

① 稳定钝化的表面氧化膜；

② 阴极保护；

③ 起到钝化作用的颜料。

涂层的屏蔽和附着特性本身并没有防护作用，这一点可能有点令人惊讶，但是，并不意味着这些特性是不重要的。恰恰相反，这些特性对于涂层的长期使用寿命是至关重要的。假如涂层附着不良或者屏蔽特性很差，那么涂层会很快失效，从而失去应有的防护作用。

2.1 阻止氧气和水分渗透的屏障

凭直觉，我们认为有机涂料阻隔了氧气和水分的渗透，从而能够防止金属底材发生腐蚀。虽然有机涂料能够成为阻隔氧气和水分的屏障，但这些物质并非无法渗透通过有机涂料的。表 2.1 所示是 Thomas 实测的水蒸气和氧气通过几种涂料的渗透速率[1,2]。铝粉环氧胶泥除外，表中列出的其他涂料都已过时，已经不再使用了。然而，它们都是屏蔽型有机防腐蚀涂料。一项简单的计算表明，每天每平方米钢材表面积上需要渗透 0.93g 的水和 $575cm^3$ 的氧气，钢材才会维持 100μm 的年腐蚀速率[1,2]。表 2.1 所示实测的水和氧气的渗透率必定造成表中列出的所有防腐涂层下的金属相当高的腐蚀速率，但是，实际上我们并没有观察到这样的结果。所有三种涂料都显示卓越的防腐蚀特性。所以，认为涂料的屏蔽作用使其具有防腐功能的说法可能是不正确的。

表 2.1 水蒸气和氧气的渗透率

涂层类型	水蒸气渗透率/($g/m^2/25\mu m/d$)	氧气渗透率/($cc/m^2/100\mu m/d$)
氯化橡胶	20±3	30±7
煤焦油环氧	30±1	213±38
铝粉环氧胶泥	42±6	110±37

资料来源：Thomas, N. L., *Prog. Org. Coat.*, 19, 101, 1991; Thomas, N. L., in *Proceedings of the Symposium on Advances in Corrosion Protection by Organic Coatings*, Electrochemical Society Pennington, NJ, 1989, 451。

在干净的金属表面上涂装时，实际上涂料并不是直接涂覆在金属上，而是涂覆在金属表面上牢牢附着的氧化膜上。每当形成新的金属表面时，金属表面就会立刻生成这样的氧化膜，例如，在喷砂清理作业期间，在金属与氧气之间发生反应时，以及空气中有水汽时。生成的这层氧化膜将金属与周围环境分隔开了。

腐蚀是阳极反应与阴极反应的综合效应。阳极反应是金属的氧化过程，例如，铁：

$$Fe = Fe^{2+} + 2e^- \tag{2.1}$$

阳极反应必须在氧化膜与金属之间界面的氧化膜下面（在此有金属原子）发生。阴极反应是氧的还原过程：

$$O_2 + 2H_2O + 4e^- = 4OH^- \tag{2.2}$$

或者是析氢过程：

$$2H_2O + 2e^- = H_2 + 2OH^- \tag{2.3}$$

阴极反应将在氧化膜的顶面发生，此时在金属表面同时存在氧气和水。因此，如图 2.1 所示，氧化膜将阳极反应与阴极反应分开了。为了发生这两种反应，必须满足两个先决条件：

① 氧化膜下阳极反应释放出的电子必须迁移到此氧化膜的表面，在此它们在阴极反应中被消耗掉。有些氧化膜是电子导体（例如 Fe_3O_4），有些是半导体（例如 Fe_2O_3），还有一些是绝缘体。电子也能够靠隧道效应迁移穿过氧化膜[3]。

② 为了维持电中性，离子还必须迁移穿过氧化膜。不管是金属离子还是氧离子，或者两者，它们的迁移都取决于此金属与氧化膜的类型。

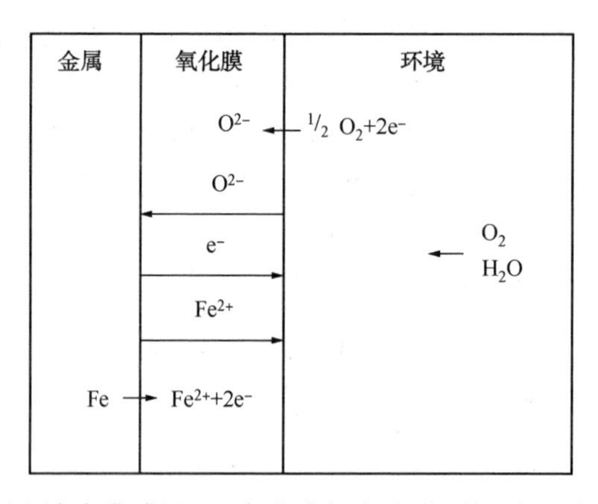

图 2.1　在金属与氧化膜界面和氧化膜与涂层界面的阳极反应与阴极反应以及电子与离子迁移示意图

2.2 稳定钝化的表面氧化膜

用阻止水分和氧气渗透的屏蔽作用是无法解释涂料的防腐蚀功能的。因此，我们必须研究一下腐蚀理论，看看实际上所有必要的反应物都存在的情况下，怎样才能制止腐蚀。这种现象叫作钝化，也就是说，起到保护作用的表面氧化膜制止了氧气与金属之间的电化学反应。本节简短叙述一下钝性。Cabrera 和 Mott 有关钝性的经典理论[3]或者 Macdonale 的点状缺陷模型[4]都有详细的论述。

随着反应的继续，氧化膜的厚度在增加。然而，氧化膜越厚，氧化膜下面的阳极反应与氧化膜顶面的阴极反应两者之间的距离就会增加。由此增加了电子与离子迁移穿过氧化膜的阻力，导致反应速率逐渐减慢。氧化膜的厚度依从对数增长速率[3]。结果使反应速率减慢，金属被钝化。

在一个侵蚀性环境中，金属表面的氧化膜被不断溶解，导致金属发生腐蚀，暴露在水中的钢材就是一个很好的例子。氧化膜的溶解和转变使氧化膜失去了应有的保护作用。不锈钢和铝材表面分别覆盖了一层氧化铬和氧化铝。这些氧化物是不会溶解的，它们很稳定，这正是为什么这些金属耐腐蚀的原因。实际上，只要这些氧化膜在某种环境中是不稳定的，那么这些金属也是会发生腐蚀的，例如，当铝材暴露在酸性溶液或者强碱性溶液里时就是这样的情况。无论如何，在潮湿环境中，铁金属表面是无法生成有充分保护作用的氧化膜的。

涂装钢材表面上不存在任何可以溶解表面氧化膜的水相。由渗透涂层的水和氧气引起的任何反应会促成氧化膜的增长，直至氧化膜太厚使得反应无法继续进行。这样，因为涂层保护了这层氧化膜，钢材就被钝化了，并且会保持这样的钝化状态。因此，有机涂料最重要的保护机理是涂层保护了这层氧化膜，实际上，是这层氧化膜承担着防止金属腐蚀的重任。

虽然这个机理尚未得到实验的验证，但是，总的说来，其与以前开展的大量研究结果与腐蚀理论是一致的。Mills 和 Jamali 也提出了类似的机理[5]。

2.3 阴极保护

浸没在电解质里的钢材可以用安装在构筑物上的牺牲阳极来保护。在大气中，这样的牺牲阳极保护是无效的，因为牺牲阳极与钢材之间没有任何电解质性质的接触。为了克服这个限制条件，牺牲型金属材料必须像涂层那样覆盖在钢材上，使整个钢材表面实现有效的电接触。有多种方法将牺牲型金属材料涂装在钢材表面上，其中最常用的方法是热浸镀锌、金属热喷镀、电镀。涂装富锌漆可以实现阴极保护，在此锌粉颜料起到牺牲阳极的作用，因为锌粉先于钢底材被腐蚀掉。为了用锌粉实施阴极保护，锌粉必须与钢底材实现电接触，也就是说，必须首先在钢底材上涂刷一层富锌漆。因此，富锌漆也常常叫作富锌底漆。富锌底漆中的成膜物质通常采用环氧树脂类有机聚合物，也可以采用无机硅酸盐。第 4 章详细叙述了富锌底漆的配制和它的防护机理。

2.4　用颜料钝化金属底材

油漆里添加颜料能够增强上述钝化功能，这些反应物或者组分会沉积在金属表面上，增强或者增加原有氧化膜的保护作用。涂料里的防锈颜料略微溶解于水。溶解的防锈颜料离子会迁移到涂层与金属的界面，支持生成多层很薄的不易溶解的腐蚀产物，从而阻止金属进一步腐蚀[6-8]。以往，人们曾经使用六价铬(铬酸盐)来达到这个目的，因为铬酸盐是非常有效的，能够形成保护作用很强的涂膜。然而，铬酸盐具有很强的毒性，并且是致癌物，所以现在(在欧洲与北美)仅仅特殊情况下才会采用。在某些工业领域已禁止使用铬酸盐，例如，按照欧盟颁布的指令，欧洲汽车工业禁止使用铬酸盐[9]。当今最重要的起到钝化作用的颜料是磷酸盐[10]。虽然没有毒性，但是磷酸盐的使用效果不如铬酸盐。

第 4 章有更多防锈型颜料的信息。

2.5　耐久保护

正如本章开始就提到，虽然屏蔽和附着是涂料的重要特性，但是不能将它们认作是防腐蚀保护机理。如果屏蔽作用欠佳或者附着不良，会导致涂层非常迅速的老化，之后金属底材就会发生腐蚀。下文简短讨论一下涂料的屏蔽和附着特性对于涂料耐久性的重要性，并且，第 10 章里将更详细地讨论有关这些特性的细节。

正如表 2.1 所示，虽然氧气和水能够渗透通过涂层，但是，涂料依然具有卓越的防腐蚀功能。无论如何，涂层必须有效阻止离子的渗透。当离子渗透穿过涂层时，第 2.2 节描述的钝化机理就失效了。假如来自外部的阳离子迁移透过涂层，就会开始阴极反应，并将生成氢氧化物。这些离子会导致涂层被渗透和起泡。扩散透过涂层的盐分产生相同的后果。这正是为什么把稳定钝化氧化膜功能的涂料叫作屏蔽型涂料。实际上，保护作用已经失去了，详见第 12 章的深入讨论。这也得到了许多研究成果的支持，离子透过涂层是似乎完整无损的有机涂料发生老化的第一步[11-13]。离子渗透与老化之间的关系表明，涂层电阻能够作为涂料的一项性能指标。交流电(AC)方法或者直流电(DC)方法都可以用来测量涂层电阻[14,15]。正常情况下，钢材上防护屏蔽型涂层的电阻大于 $10^6\Omega \cdot cm^2$[5,16]。

附着的作用是要创造必要的条件，使防腐蚀机理能够发挥作用。涂料是无法稳定防护性氧化膜或者无法阻止离子到达金属表面的，除非在原子层次上，涂料与金属表面紧密接触。金属表面与涂料之间的化学键越多，两者的接触就越紧密，涂料的附着就越强。一种有点无厘头的观点认为，金属上用来与涂料结合的位点越多，那么剩下可以产生电化学不利影响的位点就越少，也就是像 Koehler 所表达的那样。

如果站在金属腐蚀立场上观察，附着力的高低本身并不是非常重要的，重要的是要维持涂层与金属底材有一定的附着力就能达到控制腐蚀的目的。自然，假如某些外来因素造成有机涂料剥离脱落，并且同时有机涂层发生破裂，那么，在受影响部位，这样的涂料不再继续起到有效的防腐蚀作用了。无论如何，涂料的剥离脱落一般都是金属腐蚀过程的结果，其与附着没有什么定量关系[17]。

总之，涂料与金属底材的良好附着确实是很有必要的，但是，这并不足以成为涂料良好防腐蚀的条件。对于前面章节中叙述的所有防护机理，涂料与金属底材的良好附着是个必要条件。然而，涂层仅仅有良好的附着是不够的，单纯进行附着力试验是无法预测涂料控制腐蚀能力的[8]。

参考文献

[1] Thomas, N. L. *Prog. Org. Coat.* 19, 101, 1991.

[2] Thomas, N. L. The protective action of red lead pigmented alkyds on rusted mild steel, in *Proceedings of the Symposium on Advances in Corrosion Protection by Organic Coatings*, Electrochemical Society, Pennington, NJ, 1989, 451.

[3] Cabrera, N., and N. F. Mott. *Rep. Prog. Phys.* 12, 163, 1948-1949.

[4] Macdonald, D. D. *Electrochim. Acta* 56, 1761, 2011.

[5] Mills, D. J., and S. S. Jamali. *Prog. Org. Coat.* 102, Part A, 8, 2017.

[6] J. E. O. Mayne, Pigment electrochemistry. In *Pigment Handbook, Vol. Ⅲ: Characterisation and Physical Relationships*, ed. T. C. Patton, New York 1973, pp. 457.

[7] Mayne, J. E. O., and E. H. Ramshaw. *J. Appl. Chem.* 13, 553, 1969.

[8] Troyk, P. R., M. J. Watson, and J. J. Poyezdala. Humidity testing of silicone polymers for corrosion control of implanted medical electronic prostheses. In *Polymeric Materials for Corrosion Control*, ed. R. A. Dickie and F. L. Floyd. Washington, DC: American Chemical Society, 1986, p. 299.

[9] European Union. End-of-life vehicles. Directive 2000/53/EC, 2000.

[10] del Amo, B., R. Romagnoli, V. F. Vetere, and L. S. Hernández. *Prog. Org. Coat.* 33, 28, 1998.

[11] Leidheiser, H. *Prog. Org. Coat.* 7, 79, 1979.

[12] Juzeliūnas, E., A. Sudavičius, K. Jüttner, and W. Fürbeth. *Electrochem. Commun.* 5, 154, 2003.

[13] Walter, G. W. *Corros. Sci.* 32, 1041, 1991.

[14] Steinsmo, U., and E. Bardal. *Corrosion* 48, 910, 1992.

[15] Szillies, S., P. Thissen, D. Tabatabai, F. Feil, W. Fürbeth, N. Fink, and G. Grundmeier. *Appl. Surf. Sci.* 283, 339, 2013.

[16] Królikowska, A., *Prog. Org. Coat.* 39, 37, 2000.

[17] Koehler, E. L. Corrosion under organic coatings. In *Proceedings of U. R. Evans International Conference on Localized Corrosion*. Houston: NACE International, 1971, p. 117.

3　通用类型防腐蚀涂料

3.1　涂料组成设计

一般来讲，涂料配方包含成膜物质、颜料、填料、助剂、载体(溶剂)。其中，成膜物质和颜料是最主要的成分，可以说，涂料固化后，正是它们发挥了防腐蚀功能。

尽管有极少例外情况(例如，无机富锌底漆 ZRP)，但是通常成膜物质都是有机聚合物。即使是属于某个通用类别的涂料，人们也常常采用多种聚合物的组合。例如，一种丙烯酸树脂漆会有目的地使用几种丙烯酸树脂，它们是从不同单体或者类似单体衍生出来的，但是最终形成的聚合物有不同相对分子质量和官能团。聚合物掺混物能够最大程度发挥每种聚合物的专有特性。例如，具有极佳硬度和强度的聚甲基丙烯酸应当与一种比较柔软的聚丙烯酸酯掺和，这样固化后的涂料具有一些柔韧性。

添加颜料是为了着色和防腐蚀。防锈颜料在固化的涂料中依然具有化学活性，而颜料在屏蔽型涂料中必须是惰性的。当然，填料必须总是惰性的。涂料中的着色颜料在其使用寿命期间也应当维持其不变的色彩。

助剂可以改变成膜物质、颜料或者载体的某些特性，从而改善原料的加工和相容性，或者改善涂料的涂装与固化。

载体是未固化涂料里的运载工具，其承载着成膜物质、颜料和助剂。它仅仅存在于未固化状态的涂料里。在溶剂型涂料和水性涂料里，载体是液体，在粉末涂料里，载体是气体。

3.2　成膜物质的类型

固化涂料里的成膜物质好比是人体的骨骼和皮肤。像人体骨架那样，成膜物质提供实质结构来支持和容纳颜料与助剂。成膜物质本身将这些组分与金属表面黏合在一起，因此也常叫作“黏合剂”。成膜物质也多少起到人体皮肤的作用，能够渗透穿过固化涂层的氧气、离子、水分和紫外线(UV)辐照的量取决于所用聚合物达到的某种渗透程度。固化后的涂层包括一层非常薄的聚合物富集的或者单纯聚合物构成的顶面层，其下面是颜料颗粒与成膜物质的非均质混合物。顶面最外层是很薄的一层，有时候叫作涂料的弥合层(*healed layer*)，遮盖了颜料颗粒与固化成膜物质之间的间隙，而水分最容易沿着这样的间隙渗透到达金属表面。其也遮盖了大部分涂料里的微孔，堵塞了这样的水分通道。然而，这个弥合层的表面非常薄，所以，靠它完全阻挡水分和氧气渗透的能力是相当有限的。吸收而不是传输紫外线辐照的能力依聚合物类型而异。例如，丙烯酸主要用于抗紫外光辐照，而环氧树脂对紫外线辐照却极为敏感。

防锈漆中用的成膜物质几乎无一例外都是有机聚合物。工业上唯一重大例外是无机富锌底漆硅氧烷里的硅基成膜物质和高温硅酮涂料。这些涂料的许多物理和机械特性，包括柔韧性、硬度、耐化学性、抗紫外线的脆弱性，以及水分和氧气的渗透，完全或者部分取决于采用的特定聚合物或者多种聚合物的掺和料。

人们普遍结合应用单体和聚合物，即使某种涂料属于一种通用聚合物类型。不夸张地讲，工业上可用的丙烯酸有几百种，并且，每一种都有自己独特的化学特性，它们的相对分子质量、官能团、起始单体以及其他特性都是不同的。涂料配方设计师可以有目的地将几种丙烯酸掺和在一起，充分发挥每种组分特性的优点。这样，具有极佳硬度和强度的甲基丙烯酸酯为主的丙烯酸可以与比较柔软的聚丙烯酸酯掺和，改善涂料固化后的柔韧性。

不同聚合物种类也可以混合或者组合应用。混合涂料的例子包括丙烯酸-醇酸树脂混合水性漆以及环氧改性的醇酸配制成的环氧酯漆。

3.3 环氧树脂

因为环氧树脂的强度、耐化学性、与底材的附着力都非常优越，所以它们成为最重要的一类防锈涂料。总的说来，环氧树脂具有如下特点：

- 非常强的机械特性；
- 与金属底材有非常好的附着力；
- 极佳的耐化学性和耐水性；
- 比大多数其他类型聚合物更好的耐碱性；
- 容易发生紫外线老化；
- 对酸类会很敏感。

3.3.1 化学

术语“环氧”(*epoxy*)指的是环氧基(也叫作缩水甘油基团、环氧基团或环氧乙烷基团，见图 3.1)反应生成的热固性聚合物。环氧基的环状结构为质子给予体(通常是胺或者聚酰胺)交联提供了一个位点[1]。

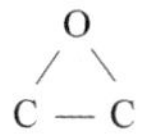

O
C — C

图 3.1 环氧(环氧乙烷)基

环氧树脂有各种各样的形式，取决于环氧树脂(内含环氧基)与羧基、羟基、酚类反应还是与胺类固化剂反应。图 3.2 所示是一些典型的反应以及反应生成的聚合物。最常用的环氧树脂有[2]：

- 双酚 A 的缩水甘油醚(DGEBA 或者 Bis A 环氧树脂)；
- 双酚 F 的缩水甘油醚(DGEBF 或者 Bis F 环氧树脂)——用于低相对分子质量环氧涂料；
- 环氧苯酚或者甲酚-线型酚醛多功能树脂。

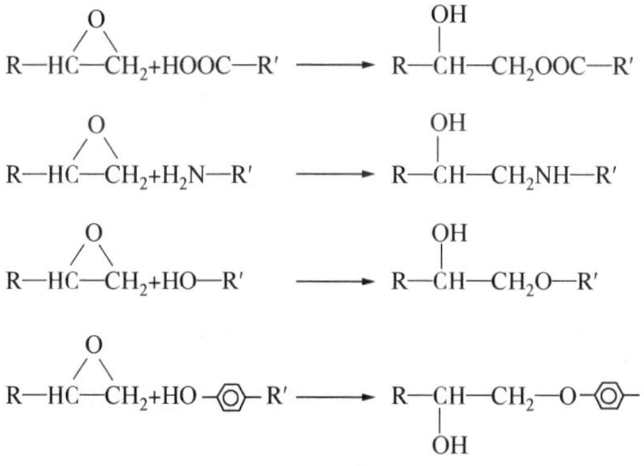

R—HC(O)—CH2+HOOC—R′ ⟶ R—CH(OH)—CH2OOC—R′

R—HC(O)—CH2+H2N—R′ ⟶ R—CH(OH)—CH2NH—R′

R—HC(O)—CH2+HO—R′ ⟶ R—CH(OH)—CH2O—R′

R—HC(O)—CH2+HO—C6H4—R′ ⟶ R—CH(OH)—CH2—O—C6H4—R′

图 3.2 环氧(环氧乙烷)基生成环氧树脂的典型反应

固化剂有[2]：

- 脂肪族多元胺；
- 聚胺加成物；
- 酮亚胺；
- 聚酰胺或者酰胺基胺；
- 芳香胺；
- 脂环族胺；
- 多异氰酸酯。

3.3.2 紫外线老化

环氧树脂对紫外线老化相当敏感，太阳的紫外线有足够的能量使固化的环氧类成膜物质聚合结构中的某些化学键断裂。随着固化的成膜物质层顶面越来越多的化学键断裂，聚合物主链开始断裂。因为固化涂层最顶层表面即“弥合层”只含有成膜物质，所以，紫外线老化的初始结果很简单，就是失去光泽。然而，随着老化作用向内深入穿过涂层，破裂的成膜物质开始释放出颜料颗粒。在涂层表面不断形成颜料与成膜物质碎片构成的细粉末。这种粉末让人联想起粉笔灰，所以这个破裂过程称之为“粉化”(*chalking*)。

其他几种类型聚合物也会发生一定程度的粉化。虽然粉化并没有直接影响防腐，但是，这是个值得关注的问题，因为最终会使涂层变得越来越薄。通常粉化会使涂层褪色，失去光泽，人们把涂层粉化当作主要是个外观美学问题。无论如何，环氧树脂涂料的这个粉化问题很容易解决，只要在环氧涂层表面覆盖一层含有抗紫外线成膜物质的涂料。为此目的，人们常常选用聚氨酯，因为聚氨酯的化学结构与环氧树脂相似，但是受到紫外线辐照时，聚氨酯涂层不易破裂。

3.3.3 各种环氧涂料

第3.3.1节叙述的环氧树脂反应中用的树脂的相对分子质量范围很宽。总的说来，随着相对分子质量的增加，柔韧性、附着力、对底材的润湿能力、有效储存期、黏度、韧性都会相应增强。增加相对分子质量的同时也会减小交联密度，降低涂料耐溶剂性和耐化学性[2]。通常，需要将不同相对分子质量的树脂掺和在一起，根据特定类型涂料的需要，平衡达到所需要的性能。

实际上，环氧化反应的数量可能是无穷其数的，并且已经产生了数量巨大的各种环氧聚合物。涂料配方设计师已经充分发挥了环氧树脂这个多变性优点，配制成物理性能、化学性能和机械性能各异的范围广泛的产品。术语“环氧”包含了范围极其广泛的涂料，从黏度非常低的环氧封闭底漆(防止裂隙渗透)到超厚的环氧胶泥涂料。

3.3.3.1 环氧胶泥(*epoxy mastics*)

环氧胶泥是高固体分厚膜型环氧涂料，专门用于表面清理准备状况不太理想的地方。有时候人们叫它“低表面处理涂料”，因为它们能够使缺乏良好预处理的表面(例如用砂轮打磨或者用钢丝刷除锈的表面)具备良好的性能。由于成膜物质里有低相对分子质量环氧树脂，所以，它们能够极好地渗透进入表面残剩的铁锈等。胶泥能够容忍表面粗糙度(锚纹糙面)较差的金属表面，也能够容忍表面一定量的污染物，而铁锈或者污染物会使其他类型油漆很快失效。

配方设计正在面临巨大的挑战，因为用户对这种环氧胶泥的性能要求可能是决然相反的。涂装在比较光滑但不太干净的表面上时，环氧胶泥必须具有良好的润湿性能。同时，胶泥的黏度应当很高，可以防止在直立表面上尚未干燥的较厚涂膜发生流挂。

添加了片状铝粉颜料的环氧胶泥具有非常强的抗水分渗透特性，并且广泛作为补丁底漆或者作为厚涂膜。环氧胶泥也作为满涂底漆，通常掺加片状铝粉颜料做成各种配方。

因为其干膜厚度相当厚，所以使用环氧胶泥时，需要考虑固化过程中涂料内部聚积的内应力。

3.3.3.2　无溶剂环氧涂料(*solvent-free epoxies*)

另一类常用的环氧漆是无溶剂或者说100%固体分的环氧树脂。虽然这么称呼，但是这些环氧树脂并非完全不含溶剂的。实际上，有机溶剂的含量非常低，一般低于5%，从而允许生成非常厚的涂膜，大大减少了挥发性有机化合物(VOC)造成的环保问题。这些涂料值得关注的问题是在混配时会产生大量热量。交联反应是个放热过程，含量较少的溶剂的蒸发难以阻止热量的增加[2]。液体涂料一般都非常黏，喷涂时需要加热来降低黏度。可能还需要使用高压喷枪。

3.3.3.3　环氧玻璃鳞片(*glass flake epoxies*)

环氧玻璃鳞片涂料用于极端腐蚀性环境中钢材的防腐。最初引用这类涂料时，主要用于海洋工程。然而，近年来，重大基础设施也已采用这类重防腐涂料了。玻璃鳞片颜料又宽又薄，涂装过程中涂料在金属表面流淌时，玻璃鳞片自己就会与底材平行排列。这样形成的涂层里，多层玻璃鳞片重叠搭接，在玻璃鳞片周围和玻璃鳞片之间形成极长的狭窄通道，构成了阻挡水分和化学物渗透的高效屏障。玻璃鳞片颜料也增强了涂层的抗冲击强度和耐磨性，有助于释放出固化涂料里的内应力。图3.3所示是环氧玻璃鳞片的横断面。水平方向厚度各异的短粗条就是玻璃鳞片。

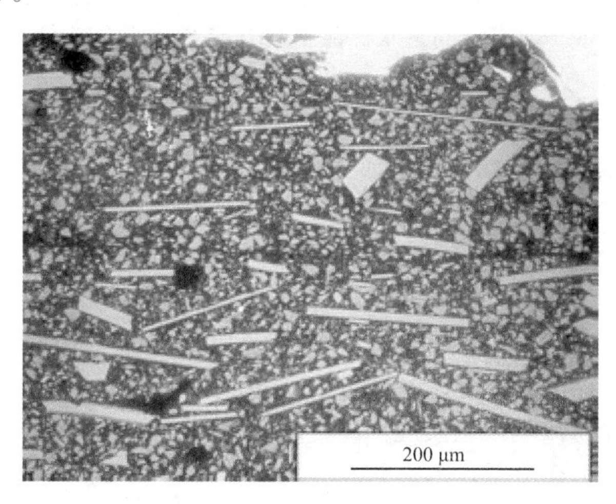

图3.3　环氧玻璃鳞片横断面照片

3.3.3.4 环氧酚醛树脂(*epoxy novolac*)

酚醛树脂是苯酚甲醛树脂。环氧酚醛树脂是酚醛树脂与环氧氯丙烷的反应产物。环氧酚醛树脂里每个分子含有两个以上的环氧基，因此，称为多官能环氧树脂。由于其交联密度很高，所以它们比普通环氧树脂有更好的耐化学性和耐温性。

3.3.4 健康问题

未固化环氧涂料的组分能够引起皮肤过敏，也就是接触湿疹。在手和下肢上最常见这样的症状，因为这些身体部位往往会接触到环氧涂料。仅仅短时间暴露在环氧涂料中就能够爆发皮肤过敏症，并且这样的症状会延续很久。无溶剂环氧树脂和高固体分环氧树脂含有较短的环氧聚合物，以便使它们形成液态。因此它们有更高的蒸气压，从而使它们引起皮肤过敏症的能力更强。发生这种皮肤过敏症后，患者必须远离环氧涂料，因此，涂装环氧涂料时，做好劳动防护是至关重要的。

3.4 丙烯酸

“丙烯酸”(*acrylics*)这个术语用于描述一系列多种类型的聚合物。这类聚合物的总体特征包括：

- 卓越的抗紫外线稳定性；
- 良好的机械特性，尤其是韧性[3]。

丙烯酸非同一般的抗紫外线能力使它们特别适用于需要长期保持透明度和色彩的用途。

丙烯酸聚合物可以采用水性涂料配方，也可以采用溶剂型涂料配方。作为防锈漆，术语“丙烯酸”通常指的是水性涂料配方或者乳液涂料配方。

3.4.1 化学

丙烯酸是游离基引发聚合反应而生成的。在这个反应链中，在中心键的一个引发剂，一般是一个偶氮基(—N ═N—)或者一个过氧化物(—O—O—)的化合物——破裂，产生两个游离基。这些游离基与一个单体结合在一起，产生一个更大的游离基分子，随着其与单体的结合，这些游离基不断增长，直至发生如下某种情况：

- 与另一个游离基结合在一起(互相有效抵消)；
- 与另一个游离基发生反应：简言之，两者相遇、转移电子、不均匀的分裂，结果一个分子多了一个氢原子，而一个分子缺失一个氢原子(就是众所周知的歧化过程)；

- 这个游离基转移到另一个聚合物、一种溶剂或者一种链转移剂，例如低相对分子质量硫醇以控制相对分子质量。

表 3.1 描绘了这个过程，但不包括转移部分[4]。

表 3.1 游离基链加成聚合中发生的主要反应

反　应	游离基引发聚合反应
引发剂破裂	$I:I \longrightarrow I+I$
引发和传播	$I+M_n \longrightarrow I(M)_n$
因结合而终止	$I(M)_n+(M)_mI \longrightarrow I(M)_{m+n}I$
因歧化而终止	$I(M)_n+(M)_mI \longrightarrow I(M)_{n-1}(M-H)+I(M)_{m-1}(M+H)$

注：I—引发剂；M—单体。

资料来源：数据来自 Bentley，J.，Organic film formers，in *Paint and Surface Coatings Theory and Practice*，Ed. R. Lambourne，Ellis Horwood Ltd.，Chichester，1987。

在此列出一些使用的典型引发剂(详见图 3.4)，包括：

(a) AZDN 偶氮二异丁腈；

(b) 过氧化二苯酰；

(c) 过苯甲酸叔丁酯；

(d) 二叔丁基过氧化物。

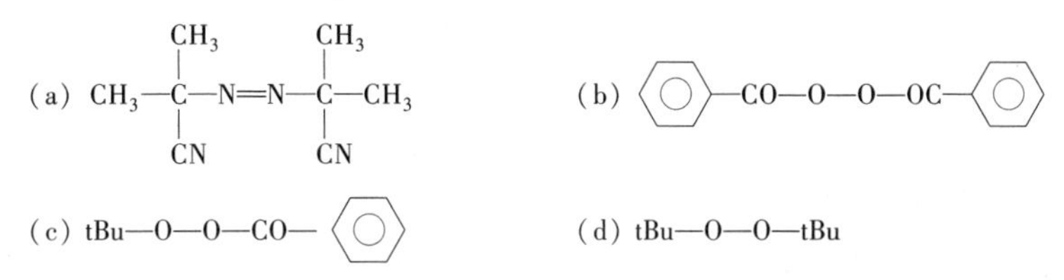

图 3.4 游离基引发聚合反应中典型的引发剂

典型的不饱和单体包括(详见图 3.5)：

(a) 甲基丙烯酸；

(b) 甲基丙烯酸甲酯；

(c) 甲基丙烯酸丁酯；

(d) 丙烯酸乙酯；

(e) 丙烯酸辛酯；

(f) 二羟基丙基甲基丙烯酸酯；

(g) 苯乙烯；

(h) 醋酸乙烯酯。

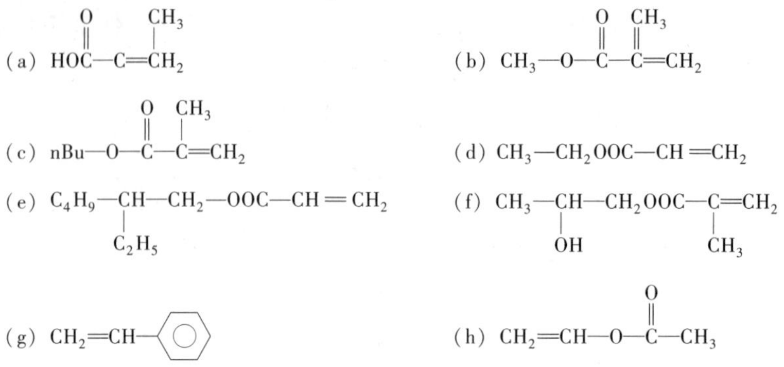

(a) $HOC(=O)-C(CH_3)=CH_2$　　(b) $CH_3-O-C(=O)-C(CH_3)=CH_2$

(c) $nBu-O-C(=O)-C(CH_3)=CH_2$　　(d) $CH_3-CH_2OOC-CH=CH_2$

(e) $C_4H_9-CH(C_2H_5)-CH_2-OOC-CH=CH_2$　　(f) $CH_3-CH(OH)-CH_2OOC-C(CH_3)=CH_2$

(g) $CH_2=CH-C_6H_5$　　(h) $CH_2=CH-O-C(=O)-CH_3$

图 3.5　典型的不饱和单体

3.4.2　皂化

丙烯酸对碱性环境多少有点敏感，例如金属锌表面就会形成这样的环境[5]。这种敏感性的严重程度远不及醇酸树脂，并且，只要恰当选择共聚物，是很容易避免的。

丙烯酸可分成两大类：丙烯酸酯和甲基丙烯酸酯，取决于该聚合物是从何种初始单体开始生成的。正如图 3.6 所示，两者的差别在于附在甲基丙烯酸酯聚合物分子主链上的甲基，其取代了在丙烯酸盐里出现的氢原子。

$$\left(CH_2-\underset{\underset{O-R}{|}}{\overset{H}{C}}(C=O)\right)\qquad\left(CH_2-\underset{\underset{O-R}{|}}{\overset{CH_3}{C}}(C=O)\right)$$

图 3.6　丙烯酸酯(左)和甲基丙烯酸酯(右)聚合物分子的描述

聚甲基丙烯酸甲酯耐受加碱皂化反应的能力相当强，问题出在聚丙烯酸酯[6]。然而，仅仅用甲基丙烯酸甲酯是不能构成丙烯酸乳液聚合物的，因为生成聚合物的最低成膜温度高于 100℃。在室温下用甲基丙烯酸甲酯形成涂膜将需要大量的外部增塑剂或成膜溶剂。作为涂料配方，丙烯酸乳液聚合物必须与丙烯酸单体发生共聚合。

假如仔细关注共聚合反应所用的单体类型，就能够成功配制成适合涂装金属锌或者其他潜在的碱性表面的丙烯酸涂料。

3.4.3　共聚物

大多数丙烯酸涂料是共聚物，其中，两种或者多种丙烯酸聚合物掺和在一起构成了成膜物质。这样能充分发挥每种聚合物的优点。例如，聚甲基丙烯酸甲酯耐受加碱皂化反应，也就是不易发生碱致分解。这使它成为涂装金属锌底材或者任何会产生碱性条件的表面非常理想的聚合物。然而，甲基丙烯酸甲酯的某些其他特性可能需要做些改进，这样生成的聚合物才能配制成令人满意的涂料。例如，纯甲基丙烯酸甲酯的伸长率偏低(表3.2)，无论是配制溶剂型涂料还是水性涂料，都不太理想[7]。因此，要用“更软的”丙烯酸酯聚合物，使成膜物质具有必要的柔韧性和弯曲能力。丙烯酸酯和甲基丙烯酸酯的共聚物使得成膜物质在硬度和柔韧性之间达到理想的平衡。在其他特性方面，丙烯酸酯改善了涂料抗低温开裂的能力，增强了涂料在底材上的附着力，而甲基丙烯酸酯增强了涂料的韧性和耐碱性[3,4,6]。采用水性配方时，如果不加入大量的塑化剂、成膜溶剂或者两者，那么仅仅靠甲基丙烯酸甲酯乳液聚合物，室温下是无法成膜的。

表3.2 甲基丙烯酸甲酯和聚丙烯酸酯的机械特性

项　目	甲基丙烯酸甲酯	聚丙烯酸酯
抗张强度/psi	9000	3~1000
断裂伸长率	4%	750%~2000%

注：psi，磅/平方英寸，1psi≈6.89kPa。

资料来源：Modified from Brendly，W. H.，*Paint Varnish Prod.*，63，19，1973。

共聚反应也用于改善涂料润湿阶段释放出溶剂和水分，并且能够阻止固化涂层吸收溶剂和水分。苯乙烯用于增强涂料的硬度和抗水性，丙烯腈可以使涂料具有耐溶剂性[3]。

3.5 聚氨酯

作为一种涂料类型，聚氨酯具有如下特性：

- 卓越的耐水性[1]；
- 良好的耐酸、耐溶剂性；
- 比其他大多数聚合物更好的耐碱性；
- 良好的耐磨性，并且，总的说来，良好的机械特性。

聚氨酯通常是异氰酸盐(R—N=C=O)与羟基、氨基或者水发生反应而生成的。图3.7所示是一些典型的反应。根据聚氨酯的固化机理，它们可以分成两大类：湿固化聚氨酯和化学固化聚氨酯[1]。在本书后面章节里将会详细叙述这些。无论是湿固化聚氨酯还是化学固化聚氨酯，都能够从脂肪族异氰酸酯或者芳香族异氰酸酯来制取。

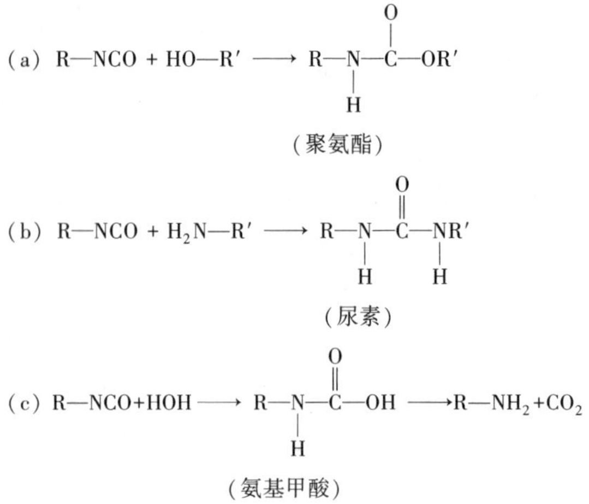

$$\text{(a)}\ R{-}NCO + HO{-}R' \longrightarrow R{-}\underset{\displaystyle H}{\underset{|}{N}}{-}\overset{\displaystyle O}{\overset{|}{C}}{-}OR'$$

（聚氨酯）

$$\text{(b)}\ R{-}NCO + H_2N{-}R' \longrightarrow R{-}\underset{\displaystyle H}{\underset{|}{N}}{-}\overset{\displaystyle O}{\overset{\|}{C}}{-}\underset{\displaystyle H}{\underset{|}{N}}R'$$

（尿素）

$$\text{(c)}\ R{-}NCO+HOH \longrightarrow R{-}\underset{\displaystyle H}{\underset{|}{N}}{-}\overset{\displaystyle O}{\overset{\|}{C}}{-}OH \longrightarrow R{-}NH_2+CO_2$$

（氨基甲酸）

图 3.7　一些典型的异氰酸酯反应

注：(a)—羟基反应；(b)—氨基反应；(c)—湿固化反应

芳香族聚氨酯(*aromatic polyurethanes*)是从甲苯二异氰酸酯(TDI)这类含有不饱和碳环的异氰酸酯制取的。由于多异氰酸酯内在固有的更高化学反应性，所以，与脂肪族聚氨酯相比较，芳香族聚氨酯固化更快，有更强的耐化学性和耐溶剂性，而且价格更便宜些[8]，但是，芳香族聚氨酯对紫外线辐照更敏感[1,9,10]。因此，它们被广泛用作底漆或者中间涂层，与提高防紫外线保护的非芳香族面漆结合使用。由于芳香族聚氨酯底漆的紫外线敏感性，所以掌控从涂刷底漆到涂装下道涂层之间的间隔时间是非常重要的。应当仔细遵照涂料制造商推荐的涂装下道涂层的间隔时间。

脂肪族聚氨酯(*aliphatic polyurethane*)是从不含有不饱和碳环的异氰酸酯制取的。它们可以有线性结构或者环状结构，在环形结构中，环是饱和的[11]。脂肪族聚氨酯的抗紫外线性能优于芳香族聚氨酯，所以其具有更好的耐候特性，例如好的保光性和保色性。户外用途时良好的耐候性是必要的，所以，人们优先选择脂肪族面漆[1,9]。在芳香族与脂肪族聚氨酯掺混涂料里，即使只有少量的芳香族成分，也会显著影响涂料的保光性[12]。

3.5.1　湿固化聚氨酯(*moisture-cure urethanes*)

湿固化聚氨酯是单组分涂料。该树脂至少有两个异氰酸酯官能团(—N ═C ═O)附在该聚合物上。这些官能团会与含有活泼氢的任何东西发生反应，包括水、乙醇、胺类、尿素和其他聚氨酯。在湿固化聚氨酯涂料中，一些异氰酸酯与空气中的水分发生反应，生成不稳定的氨基甲酸。这种酸分解成一种胺，继而其与其他异氰酸酯反应而生成尿素。尿素能够与任何可利用的异氰酸酯继续发生反应，生成缩二脲结构，直至所有活性基被消耗掉[9,11]。因为每个分子含有至少两个—N ═C ═O 异氰酸酯官能团，结果生成交联的涂膜。

因为它们的固化机理，湿固化聚氨酯能够容忍潮湿表面。当然，如果底材表面水分太多也是不利的，因为异氰酸酯更容易与底材表面的水而不是与活泼氢发生反应，导致发生涂层附着问题。二氧化碳是限制底材表面能够容忍多少水分的另一个因素，二氧化碳是异氰酸酯与水的反应产物。过快生成二氧化碳会导致涂层发生起泡、针孔或者空隙问题[9]。

湿固化聚氨酯的着色是不太容易的，因为与所有助剂一样，颜料必须不含任何水分[9]。因此，与其他类型涂料的着色范围相比，湿固化聚氨酯的色彩范围多少受到一点限制。

3.5.2 化学固化聚氨酯(*chemical-cure urethanes*)

化学固化聚氨酯是双组分涂料，两种组分混合后的活化期是有限的。化学固化聚氨酯中的反应物是：

- 一种含有异氰酸酯官能团(—N ═C ═O)的材料；
- 一种带有游离的或潜在活性的含氢基团(也就是羟基或者氨基)的物质[8]。

第一类反应物起到固化剂的作用。市场上可以买到五大类单体的二异氰酸酯[10]：

① 甲苯二异氰酸酯(TDI)；

② 亚甲基二苯二异氰酸酯(MDI)；

③ 己二异氰酸酯(HDI)；

④ 异佛尔酮二异氰酸酯(IPDI)；

⑤ 氢化亚甲基二苯二异氰酸酯(H_{12}MDI)。

第二类反应物通常是含有羟基的低聚物，源自丙烯酸类、环氧类、聚酯类、聚醚类或者乙烯基类。而且，对于上述提及的每一类低聚物，其类型、相对分子质量、交联位点的数量、低聚物的玻璃化温度(T_g)，都会影响涂料的性能。这样，每一类聚氨酯涂料就可能具有范围很宽的特性。不同类型氨基甲酸酯的性能范围是互相重叠的，但是粗略的概括是可能的。例如，丙烯酸类聚氨酯往往耐阳光曝晒性能非常卓越，而聚酯类聚氨酯的耐化学性更好[1,10]。总的说来，含有聚醚型多元醇的聚氨酯涂料比丙烯酸类聚氨酯或者聚酯类聚氨酯更耐水解[10]。

应当强调指出，这些是非常粗略的概括，每种特定涂料的性能取决于特定的配方。例如，配制成具有极佳耐候性的聚酯类聚氨酯是完全可能的。

两类反应物的化学当量平衡会影响最终涂料的性能。如果异氰酸酯含量太少，形成的涂膜就会偏软，并且削弱了涂料的耐化学性和耐候性。异氰酸酯含量稍稍过量一般不是问题，因为过量的异氰酸酯能够与通常存在于颜料和溶剂等其他组分里的痕量水分发生反应，或者能够长时间与周围环境中的湿气发生反应。这些过量异氰酸酯的反应生成额外的尿素基团，往往可以改善涂膜的硬度。无论如何，如果异氰酸酯含量超多，能够使涂膜硬度超出预期，同时降低了涂层的抗冲击性。Bassner 和 Hegedus 报告，为确保所有多元醇发生反应，在涂料配方中常用的异氰酸酯与多元醇的配比(NCO/OH)是 1.05~1.2[11]。没有发生反应的多元醇能够增加涂料塑性，降低涂膜的硬度和耐化学性。

3.5.3 封闭型多异氰酸酯(*blocked polyisocyanates*)

聚氨酯技术一个有趣的变化就是封闭型多异氰酸酯。想要用化学固化聚氨酯的化学加工特性但由于技术或者经济原因双组分涂料不能作为一种选项时，就要采用这样的变异技术。解开异氰酸酯封闭状态需要加热，所以，这些涂料适合车间和工厂里使用，而不适合现场使用。

配制通用化学组成包括如下两个步骤：

① 加热解开异氰酸酯的封闭状态。

② 异氰酸酯与含有氢的共反应物发生交联(图 3.8)。

$$\underset{\displaystyle \overset{\|}{O}}{RNHCBL} \xrightarrow{\triangle} RNCO + BLH$$

$$RNCO + R'OH \longrightarrow \underset{\displaystyle \overset{\|}{O}}{RNHCOR'}$$

图 3.8　封闭型异氰酸酯的通用化学反应

聚氨酯粉末涂料是封闭型多异氰酸酯技术应用的一个例子。这些涂料一般含有固态封闭型异氰酸酯和固态聚酯树脂，它们与颜料及助剂掺混熔融，用挤出机挤压后再研磨成粉末。封闭型多异氰酸酯技术也能够用于配制水性聚氨酯涂料[8]。

有关封闭型多异氰酸酯化学的详细资料，可以查阅 Potter 等人的论述[13]和 Wicks 的论文[14-16]。

3.5.4 健康问题

过度暴露于多异氰酸酯能够刺激眼睛、鼻子、喉咙、皮肤和肺部。其能够导致肺部损伤并降低肺功能。过度暴露造成的皮肤和呼吸过敏能够出现哮喘症状，并且这可能是永久存在的。在混合和涂装聚氨酯涂料时以及在涂料涂装完成后清洁时，工人必须恰当防护。必须避免吸入、接触皮肤、接触眼睛。应当向聚氨酯涂料供应商咨询，了解涂料配制作业时需要穿戴的恰当人员防护装备。在打磨或者焊接有聚氨酯涂层的表面时，聚氨酯会发生热降解而释放出二异氰酸酯，在这样作业期间，工人也需要恰当防护。

3.5.5 水性聚氨酯(*waterborne polyurethane*)

很久以前，人们认为聚氨酯技术是无法有效用于水性涂料系统的，因为异氰酸酯与水会发生反应。然而，过去 20 年里，聚氨酯水性涂料技术已经有了非常大的进展，近年来，双组分聚氨酯水性涂料系统已经获得一定的商业价值。

有关双组分水性聚氨酯技术的化学，可以阅读 Wicks 等人的论述[16]。Bassner 和 Hegedus 全面叙述了双组分水性聚氨酯配方对涂料特性和涂装的影响[11]。

3.6 聚酯

从 20 世纪 60 年代起，人们已经在使用聚酯涂料和乙烯酯涂料了。它们的特征包括：

- 良好的耐溶剂性和耐化学性，特别是良好的耐酸性(在高温下聚酯往往依然能够维持良好的耐化学性[17])；
- 在强碱性条件下，酯链容易受到侵害。

因为聚酯能够配制涂装成非常厚的涂膜，所以被广泛用作衬里。它们也可以涂装成较薄的涂层，普遍用于涂装卷材制品。许多粉末涂料也是以聚酯为基础的(见第 6 章)。

3.6.1 化学

“聚酯”(*polyester*)这个术语含义广泛，既包含热塑性聚合物，也包含热固性聚合物。在涂料配方中，只使用热固性聚合物。聚酯是通过如下工艺配制成涂料的：

- 乙醇和有机酸的缩聚生成酯类。这是不饱和聚酯预聚物。其溶解在一种不饱和单体中(通常是苯乙烯或者类似的乙烯型单体)而生成一种树脂。
- 用不饱和单体使聚酯预聚物发生交联。此树脂里加入一种过氧化物催化剂，这样能够发生自由基加成反应，将液态树脂转化成固态涂膜[17]。

制成范围广泛各种各样的聚酯是可能的，这取决于选用的反应物。最常用的有机酸是间苯二甲酸、邻苯酸酐、对苯二甲酸、富马酸和马来酸。缩聚中用的乙醇反应物包括双酚 A、新戊二醇、丙二醇[17]。乙醇和所用有机酸的组合决定了聚酯的机械特性、化学特性、热稳定性和其他特性。

3.6.2 皂化

在碱性环境中，聚酯中的酯链能够发生水解，也就是说，酯键断裂并重组成乙醇和酸。这个皂化反应不宜在酸性或者中性环境中发生，而宜在碱性环境中发生，因为碱与酯类中的酸组分反应会生成盐。这类脂肪酸盐叫作“皂类”(*soaps*)，因此，这种聚合物降解过程叫作“皂化”(*saponification*)。

特定聚酯易受碱侵蚀的程度取决于生成聚酯预聚物的反应物以及与其交联的不饱和单体的组合。所以，许多聚酯具有耐碱性，可以涂装在混凝土上。

3.6.3 填料

聚酯涂料中的填料是非常重要的，因为这些树脂异乎寻常存在内部应力累积的倾向。固化涂膜中产生这些应力有两个原因：固化过程中的收缩和高热膨胀系数。

固化过程中，聚酯树脂一般会收缩较大的量，即收缩 8%～10%(体积)[17]。然而，一旦固化膜已经在底材上形成不饱和键，那么，只有与底材垂直的方向上，收缩才能够自由发生。而在另两个方向(与底材表面平行)收缩受阻，由此在固化膜里产生内应力。

由于热膨胀系数很高，聚酯中也会产生应力。聚酯的热膨胀系数范围为36×10^{-6}～72×10^{-6}mm/mm/℃，而钢材的热膨胀系数一般只有 11×10^{-6} mm/mm/℃[17]。

填料和增强材料，如玻璃鳞片，对于最大程度减小涂膜的内应力和脆性是很重要的。因为同样的理由，恰当的表面清理准备是至关重要的，建议用钢砂喷砂清理达到 Sa 2½以及中等和重度的粗糙度。

3.7 醇酸树脂

自从 1927 年开始商业化应用以来，醇酸树脂(*alkyds*)是使用最广泛的防锈涂料之一[18]。它们是单组分常温固化涂料，因此，相当容易使用。醇酸相对来讲不太贵，能够配制成溶剂型涂料和水性涂料。

醇酸涂料并非完美无缺：

- 固化后，醇酸与大气中的氧气继续发生反应，发生额外的交联，并且，随着涂料老化而增加脆性[18]。
- 醇酸不能耐受碱性条件，因此，它们不适宜用在金属锌表面或者类似混凝土这样预期会形成碱性条件的材料表面。
- 它们对紫外线辐照多少有点敏感，这取决于树脂配方[18]。

- 它们不适用于浸泡用途，因为浸泡在水里时，它们会失去与底材的附着力[18]。

此外，应当注意，醇酸树脂通常对水蒸气的屏蔽特性比较差。因此，对于这类涂料，选择有效的防锈颜料是很重要的[1]。

3.7.1 化学

醇酸是一种聚酯。醇酸中的主要酸成分是邻苯二甲酸或其酸酐，并且，主要的乙醇通常是甘油[18]。通过缩聚反应，有机酸和乙醇生成一种酯类。当反应物里含有多个乙醇和酸根时，缩聚反应产生一种交联的聚合物[18]。

3.7.2 皂化

在碱性环境中，醇酸中的酯链断裂，并且重组成乙醇和酸。已知醇酸涂料易于皂化的习性使它们不适用于碱性环境，也不适宜涂装在碱性表面上。例如，混凝土原本就有高碱性，而某些金属例如金属锌，由于它们的腐蚀产物经过若干时间也变成了碱性。

选择涂料用的颜料时，也应当考虑到醇酸的这个特性。碱性颜料，例如红铅或者锌白，通常能与醇酸中未反应的酸根发生反应，从而增强了涂膜，然而，假如涂装前涂料发生了胶凝，这也会使涂料保质期出现问题。

3.7.3 浸泡特性

制造醇酸树脂时，为控制黏度，普遍使用过量的乙醇试剂。因为乙醇是水溶性的，这些过量乙醇意味着涂料里含有水溶性物质，因此，容易吸收水分并溶胀[18]。所以，浸没在水里时，醇酸涂料往往会失去与底材的化学附着力。这个过程通常是可逆的。正如 Byrnes 描述的那样："它们的表现就好像靠水溶性胶水附着在底材上"[18]。因此，醇酸涂料不适合水中浸没用途。

3.7.4 脆性

醇酸的固化是不饱和脂肪酸成分与大气中的氧发生反应来实现的。一旦涂料已经干燥，此反应不会停止，而会继续发生交联。最终，随着涂料的老化，涂料会出现不合意的脆性，使涂料更加容易受到冻融应力这类外力的伤害。

3.7.5 暗黑环境老化

Byrnes 注意到某些醇酸有个令人感兴趣的现象：假如长时间处于暗黑环境中，醇酸涂料会变得又软又黏。含有较多亚麻籽油的醇酸常常见到这样的反应[18]。为什么维持固化涂膜需要光亮的原因尚不清楚。

3.8 聚硅氧烷

最早一批聚硅氧烷类涂料是20世纪90年代进入市场的，现在人们已经认识到它们既有防护特性，也有装饰特性。此种聚合物的硅氧烷主链使涂料具有很强的抗紫外线辐照能力和卓越的保光性。聚硅氧烷(*polysiloxanes*)的主要特性概括如下[19]：

- 卓越的抗紫外线性能和保光性；
- 也能配制成屏蔽型涂料；
- 良好的附着力与内聚特性；
- 良好的耐化学性；
- 高固体分、低挥发性有机化合物成分；
- 有限的表面容忍度，通常需要涂敷一层底漆。

3.8.1 化学

聚硅氧烷是一种有机与无机混合型聚合物，其中，无机硅氧烷与丙烯酸树脂或者环氧树脂发生反应。图3.9形象地描绘了环氧改性聚硅氧烷的结构。聚硅氧烷能配制成单组分涂料，也能配制成双组分涂料。单组分聚硅氧烷的固化需要大气中的水分，因为固化反应涉及硅烷中乙氧基的水解，释放出乙醇，并生成Si—OH键，其聚合并生成硅聚合物。在双组分聚硅氧烷中，已经在该树脂(组分A)中生成硅链，靠硅烷与组分B中理想的官能团实现固化。例如，图3.9中的环氧改性硅烷树脂可以用一种氨基硅烷(带有一个胺官能团的硅烷)固化。就像传统环氧树脂那样，环氧硅烷与氨基硅烷以常见方式发生反应。

工业品中成膜物质里无机成分的比例从37%~77%(质量比质量)不等，但是一般为60%左右[20]。有高交联密度的配方会生成坚实、硬质、防护型耐化学性涂层，但是，涂层会十分脆，而且表面容忍度很差。有机成分比例高会造成较低的交联密度，使涂层有更好的柔韧性，但是不能成为良好的屏障。后者更适合作为面漆，例如，涂装在防腐性环氧涂层上，而前者可以作为抗紫外线的屏蔽型涂料。众所周知，环氧树脂的抗紫外线性能很差，这表明环氧改性聚硅氧烷比丙烯酸聚硅氧烷对紫外线老化更敏感。然而，实际情况未必如此。有机改性成分的总量似乎更为重要，但是，即使聚硅氧烷有最高含量的有机改性成分，其保光性也优于聚氨酯[19]。

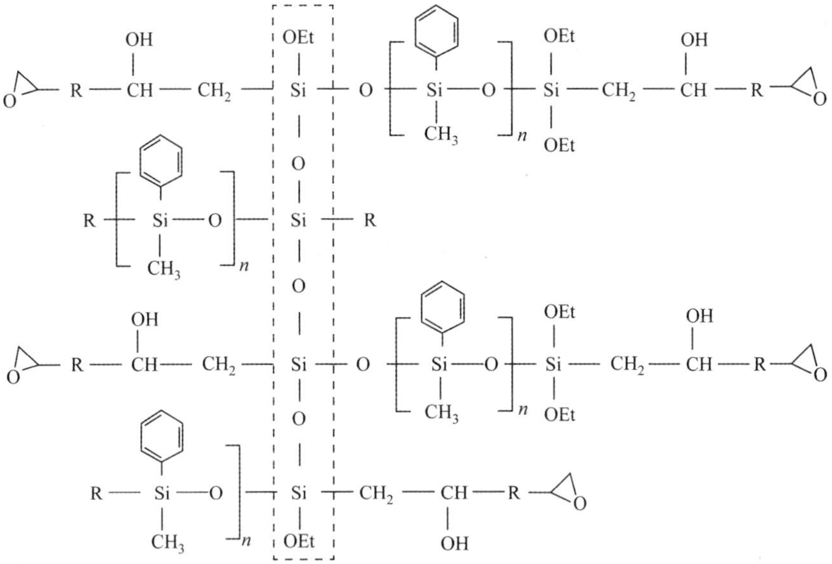

图 3.9　环氧改性聚硅氧烷的结构

3.8.2　聚硅氧烷涂料系统的性能

正如上文所述，聚硅氧烷不可直接涂装在钢材上，需要一层底漆。配制防护屏蔽型涂料时，为了有非常好的抗紫外线性能，可以采用两道涂层系统，例如，涂装在富锌环氧底漆上面。两道涂层系统的涂装成本比较低，因此在几个海上平台选择其作为主要防护系统。然而，这造成严重的涂层老化问题[21]。涂料特性的彻底调查结果表明，聚硅氧烷并没有什么特别的弱点[22-24]。调查结果认定失效是因为涂膜厚度太薄所致。涂装海上平台这样的大型构筑物时，不可避免每次涂装的涂膜厚度会有很大差别，在某些部位的涂膜太薄。在三道涂层系统中，即使某一道涂层太薄，可以用下一道涂层补救。在两道涂层系统中，缺少这样的补救措施，使涂层系统变得更加脆弱。后来根据实际经验修订了挪威石油工业标准 NORSOK M-501 涂料技术规程，现在要求采用三道涂层系统[25]。

现在，聚硅氧烷主要用于替代聚氨酯来增强涂层的保光性，因为这些场合使用聚氨酯受到某种限制。

3.9　其他成膜物质

其他成膜物质包括环氧酯类和硅基无机富锌涂料。

3.9.1 环氧酯(*epoxy ester*)

尽管名称里含有“环氧”，但是，环氧酯并非真正的环氧树脂。事实上，Appleman是这样叙述环氧酯的：“最好描述为环氧改性的醇酸”[26]。它们是由环氧树脂与一种油(干性油或植物油)或者一种干性油酸混合而成的。环氧树脂在此并没有依照常用环氧树脂的方式发生交联。取而代之，树脂与油或干性油酸处于240~260℃的高温惰性气体氛围中，引起酯化反应。结果，成膜物质靠氧化反应而固化，因此，可以配制成单组分油漆。

总的说来，环氧酯具有的附着力、耐化学性、抗紫外线、防腐保护特性，大约介于醇酸树脂与环氧树脂之间[27]。它们还具有耐受汽油和其他石油燃料飞溅的能力，因此，普遍用作机械设备的涂料[28]。

3.9.2 硅酸盐类无机富锌涂料

硅酸盐类无机富锌涂料几乎完全是锌颜料，含锌量等于或大于90%是很普遍的。它们含有足够数量的成膜物质，确保锌粉与底材实现电接触，并且相互保持电接触。无机富锌底漆中的成膜物质是一种无机硅酸盐，其可以是溶剂型的、部分水解的烷基硅酸盐(典型的硅酸乙酯)或者是水性的、强碱性硅酸盐。

这些涂料常见特性包括：

- 比有机涂料能够容忍更高的温度[无机富锌底漆一般能够容忍370~400℃(700~750℉)]；
- 极佳的防腐保护特性；
- 在高pH值或者低pH值条件下，需要涂装面漆；
- 钢质底材需要非常彻底的磨料喷砂清理，一般要达到近白金属(Sa 2½)。

有关无机富锌底漆的详细讨论，可参见第4.1节。

参考文献

[1] Smith, L. M. *J. Prot. Coat. Linings* 13, 73, 1995.

[2] Salem, L. S. *J. Prot. Coat. Linings* 13, 77, 1996.

[3] Flynn, R., and D. Watson. *J. Prot. Coat. Linings* 12, 81, 1995.

[4] Bentley, J. Organic film formers. In *Paint and Surface Coatings Theory and Practice*, ed. R. Lambourne. Chichester: Ellis Horwood Limited, 1987.

[5] Forsgren, A., M. Linder, and N. Steihed. Substrate-polymer compatibility for various waterborne paint resins. Report 1999: 1E. Stockholm: Swedish Corrosion Institute, 1999.

[6] Billmeyer, F. W. *Textbook of Polymer Science*. 3rd ed. New York: John Wiley & Sons, 1984, p. 388.

[7] Brendley, W. H. *Paint Varnish Prod.* 63, 19, 1973.

[8] Potter, T. A., and J. L. Williams. *J. Coat. Technol.* 59, 63, 1987.

[9] Gardner, G. *J. Prot. Coat. Linings* 13, 81, 1996.

[10] Roesler, R. R., and P. R. Hergenrother. *J. Prot. Coat. Linings* 13, 83, 1996.

[11] Bassner, S. L., and C. R. Hegedus. *J. Prot. Coat. Linings* 13, 52, 1996.

[12] Luthra, S., and R. Hergenrother. *J. Prot. Coat. Linings* 10, 31, 1993.

[13] Potter, T. A., J. W. Rosthauser, and H. G. Schmelzer. In *Proceedings of the 11th International Conference on Organic Coatings Science and Technology*, Athens, 1985, paper 331.

[14] Wicks, Z. W., Jr. *Prog. Org. Coat.* 9, 3, 1981.

[15] Wicks, Z. W., Jr. *Prog. Org. Coat.* 3, 73, 1975.

[16] Wicks, Z. W., Jr., D. A. Wicks, and J. W. Rosthauser. *Prog. Org. Coat.* 44, 161, 2002.

[17] Slama, W. R. *J. Prot. Coat. Linings* 13, 88, 1996.

[18] Byrnes, G. *J. Prot. Coat. Linings* 13, 73, 1996.

[19] Graversen, E. Comparison between epoxy polysiloxane and acrylic polysiloxane finishes. Presented at CORROSION/2007. Houston: NACE International, 2007, paper 7008.

[20] Andrews, A. F. Polysiloxane topcoats—A step too far? Presented at CORROSION/2005. Houston: NACE International, 2005, paper 5007.

[21] Knudsen, O. Ø. Review of coating failure incidents on the Norwegian continental shelf since the introduction of NORSOK M-501. Presented at CORROSION 2013. Houston: NACE International, 2013, paper 2500.

[22] Axelsen, S. B., R. Johnsen, and O. Knudsen. *CORROSION* 66, 125003, 2010.

[23] Axelsen, S. B., R. Johnsen, and O. Knudsen. *CORROSION* 66, 065005, 2010.

[24] Axelsen, S. B., R. Johnsen, and O. Ø. Knudsen. *CORROSION* 66, 065006, 2010.

[25] NORSOK M-501. Surface preparation and protective coatings. Rev. 6. Oslo: Norwegian Technology Standards Institution, 2012.

[26] Appleman, B. R. *Corrosioneering* 1, 4, 2001.

[27] Kaminski, W. *J. Prot. Coat. Linings* 13, 57, 1996.

[28] Hare, C. H. *J. Prot. Coat. Linings* 12, 41, 1995.

4 防锈颜料

防锈颜料主要有三大类型：牺牲型、缓蚀型、屏蔽型。牺牲型颜料要加入很大的量才有利电流的流通。与钢材表面发生电接触时，牺牲型颜料在宏大的腐蚀电池中起到阳极的作用，保护了作为阴极的钢材。含有缓蚀型颜料的涂料会从颜料里释放出钼酸盐或者磷酸盐这样的可溶解成分，进入任何渗透涂层的水分里。这些成分被携带到金属表面，促进表面保护膜的生成[1]，或者朝有利钢材的方向调整 pH 值，由此延缓腐蚀的发生。可溶性和反应性是缓蚀型颜料的关键参数，人们为此开展了大量研究控制颜料的可溶性，降低颜料的反应性。缓蚀型颜料和牺牲型颜料两者都是仅仅在紧贴钢材的那层涂料(即底漆)中才能有效发挥作用。屏蔽型涂料可能是最早的涂料类型[1]，它们对颜料的要求是完全不同的。尤其要求屏蔽型颜料有化学惰性，并要加工成鳞片状或者薄片状。与缓蚀型或者牺牲型颜料不同，屏蔽型涂料可以作为底漆、中间涂层或者面漆，因为它们中所含的颜料并不与金属发生反应。

4.1 锌粉

富锌漆或者富锌底漆已经用于钢结构防腐几十年了[2]，锌粉是目前涂料中使用最广泛的防锈颜料。如果一种涂料被称作“富锌”，那么涂料干膜必须含有超过 80%(质量)的锌粉。有些产品甚至含有超过 90%的锌粉。富锌底漆适合与两类成膜物质配套使用：无机硅酸盐成膜物质和有机成膜物质，后者如环氧树脂。它们有不同的特性，以不同的方式使用。这两类成膜物质中，富锌底漆的重要功能就是阴极保护效应。锌粉腐蚀并使钢材阴极极化。为了达到这样的效应，锌粉必须与钢底材电接触，也就是说，富锌底漆总是应当直接涂敷在钢材上。因此，人们通常叫它富锌底漆。

讨论富锌底漆时，涉及一个重要参数：颜料体积浓度 PVC(*pigment volume concentration*)，也就是涂料干膜中颜料占有的体积。在某个颜料体积浓度成膜物质不再会润湿所有颜料，漆膜变成多孔状，这个颜料体积浓度就叫作临界颜料体积浓度 CPVC(*critical pigment volume concentration*)。许多富锌底漆的锌粉加入量高于这个临界颜料体积浓度。

4.1.1 富锌漆的类型

依据所用成膜物质的不同，富锌底漆有无机与有机两种类型[3]。图 4.1 所示是各种类型富锌底漆的系谱图。双组分环氧胺或者环氧酰胺、环氧酯、湿固化聚氨酯都属于有机成膜物质。有机成膜物质有致密的特点，具有防腐和电绝缘特性，正因为此，它们也可以保护锌粉，防止它们起到牺牲阳极的作用。大多数有机富锌底漆以接近临界颜料体积浓度的颜料体积浓度配制，目的使漆膜有足够的内聚力。这是以放弃涂料的牺牲特性为代价的。大多数富锌底漆依然能为钢质底材提供阴极保护。

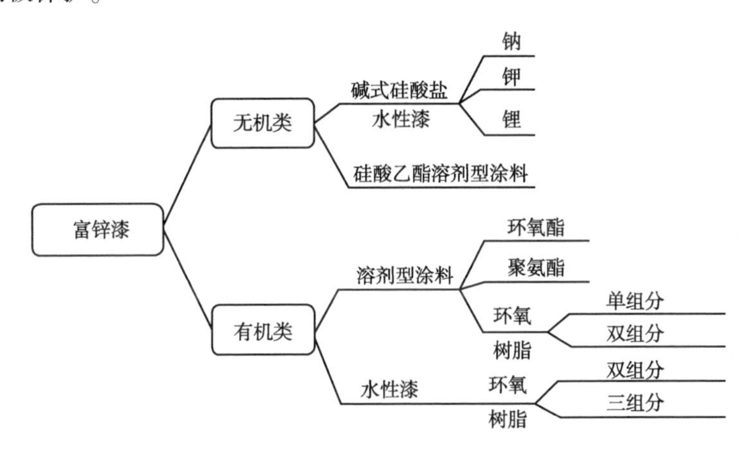

图 4.1 富锌底漆的系谱图

数据来源：Undrum，H.，*J. Prot. Coat. Linings*，23，52，2006

无机成膜物质以二氧化硅为基础，可以进一步细分为两类：溶剂型部分水解的硅酸烷基酯(大多数是硅酸乙酯)和水性高碱性硅酸盐。硅酸乙酯和碱式硅酸盐会生成相同的漆膜，但是未干的漆膜是很不相同的。碱式硅酸盐是水性的，而硅酸乙酯是溶剂型的。它们的固化反应也是不同的。硅酸乙酯需要空气有一定的湿度，以便在释放乙醇的反应中固化[图 4.2(a)和图 4.2(b)]。硅酸乙酯必须多少有点预水解才能达到恰当的固化。因此，硅酸乙酯有时会有储存稳定性问题。释放出的乙醇属于挥发性有机化合物排放。水在固化反应中的作用意味着空气需要一定的湿度，才能促成反应的发生。在复杂的反应过程中，当水分从涂膜里蒸发出来时，碱式硅酸盐发生聚合反应，生成了硅酸盐成膜物质和氢氧化物，结果使 pH 值升高。加入各种物质能够降低涂膜的 pH 值。暴露期间，氢氧化物渐渐被洗出。碱性硅酸盐的 pH 值比较高，使它们不太适合作为面漆涂料。固化不当是富锌硅酸盐涂料失效最常见的原因。

无机富锌底漆所含的有机物质非常少，因此，适合作为可焊接的底漆或者工厂临时防锈底漆。工厂临时防锈底漆很薄，仅仅作为施工期间堆放场钢材的临时防腐措施[4]。焊接涂敷了工厂临时防锈底漆的钢材时，由于成膜物质氧化而会产生气体，这些气体会进入焊缝并形成气孔，从而削弱焊缝的机械强度。如果使用工厂临时防锈硅酸盐底漆，就可以避免发生这个问题了。工厂临时防锈底漆中锌粉加入量是比较低的，一般处于28%～48%的范围内。有时候，为了降低成本，工厂临时防锈底漆会保留下来，成为最终防腐涂层系统的头道涂层[4]。永久性硅酸锌底漆里颜料的含量总是高于临界颜料体积浓度，因此，其孔隙度比较高。硅酸盐成膜物质的机械强度优于有机成膜物质，并且，与锌粉颗粒以及钢质底材都能形成共价键[图4.2(c)和图4.2(d)]，即使成膜物质较少，也具有足够的附着力和内聚力。为此原因，硅酸锌底漆的阴极保护能力更大。随着时间的推移(以及锌的腐蚀)，底漆结构里充满了锌盐，可构成非常致密的屏蔽涂层。

双组分富锌环氧树脂像普通环氧树脂一样固化，使得固化过程更容易加以控制。

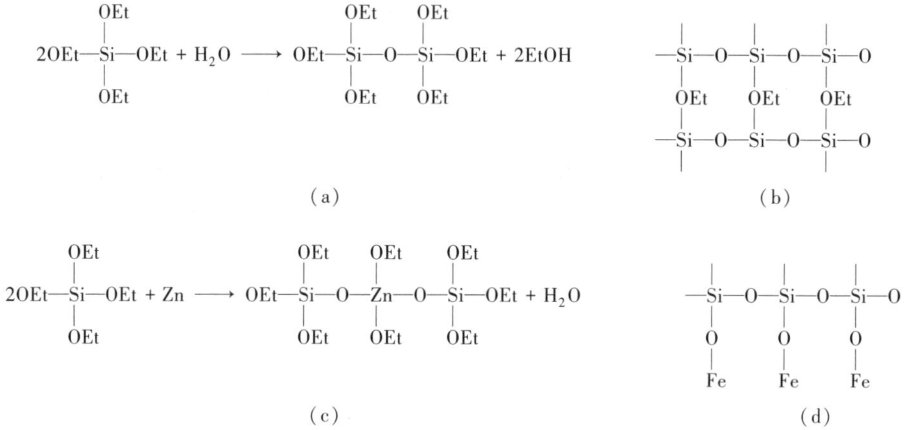

$$2\,\mathrm{OEt{-}Si(OEt)_2{-}OEt} + \mathrm{H_2O} \longrightarrow \mathrm{OEt{-}Si(OEt)_2{-}O{-}Si(OEt)_2{-}OEt} + 2\,\mathrm{EtOH}$$

(a)

$$\mathrm{{-}Si{-}O{-}Si{-}O{-}Si{-}O}$$
$$\mathrm{OEt\quad OEt\quad OEt}$$
$$\mathrm{{-}Si{-}O{-}Si{-}O{-}Si{-}O}$$

(b)

$$2\,\mathrm{OEt{-}Si(OEt)_2{-}OEt} + \mathrm{Zn} \longrightarrow \mathrm{OEt{-}Si(OEt)_2{-}O{-}Zn(OEt)_2{-}O{-}Si(OEt)_2{-}OEt} + \mathrm{H_2O}$$

(c)

$$\mathrm{{-}Si{-}O{-}Si{-}O{-}Si{-}O}$$
$$\mathrm{O\quad O\quad O}$$
$$\mathrm{Fe\quad Fe\quad Fe}$$

(d)

图4.2　硅酸乙酯的固化反应(a)，生成的硅酸盐成膜物质结构(b)，
硅酸盐能与锌反应生成硅酸锌聚合物(c)，
硅酸盐也能与覆盖在钢质底材上的氧化膜以及锌粉键合(d)

4.1.2　防腐蚀保护的机理

总的说来，认为锌粉通过如下三种机理为钢材提供防腐蚀保护：

① 对钢质底材提供阴极保护(锌粉起到牺牲阳极的作用)。这种牺牲阳极式阴极保护发生在涂料寿命期的初始阶段，但是，随着时间的推移，这种作用就自然消失了[5]。当然，唯有金属锌才有这样的牺牲阳极式阴极保护作用。

② 屏蔽作用。因为锌粉发生牺牲性腐蚀，释放出的锌离子进入涂料。这些离子与涂料中其他成分发生反应，生成不可溶解的锌盐。随着这些锌盐的沉淀，

它们填补了涂料中的空隙，减小了涂膜的可渗透性[2]。

③ 由于锌的腐蚀形成弱碱性条件，钝化了钢质底材或者中和了其他导致酸化的过程[5]。

在上述三种保护机理中，前两种机理取决于高含量的锌能否恰当起作用，而第三种机理与锌含量无关。阴极保护机理可能是最重要的保护机理。为了使富锌底漆能够提供阴极保护，必须满足下列先决条件：

- 正如上文所述，锌粉必须与底材实现电接触。
- 锌粉还必须与钢材实现电解性质接触，也就是说，钢材表面必须有层水膜。
- 锌粉必须有活性，也就是说，必须正在腐蚀。

锌粉有两种形状：片状锌粉和颗粒状锌粉。配制工业用富锌底漆主要用颗粒状锌粉，但是一些研究结果表明，片状锌粉的性能更好[6]。图 4.3 所示是富锌底漆的横断面。锌粉粒度为 1~10μm。为了使每粒锌粉都能够对钢质底材起到阴极保护作用，锌粉必须与钢材实现电接触。靠近底材的锌粉会与钢质底材直接接触，而分散在涂料里的其他锌粉也许实际上只能通过一连串锌粉与锌粉之间的节点与其下方的其他锌粉接触。假如缺失某个节点，就断开了与此节点以远锌粉的连接，这些锌粉就无法对钢质底材提供阴极保护。因此，锌粉的大小影响了涂料提供保护的能力。在一定的涂膜厚度下，锌粉越小，锌粉与锌粉之间的节点就越多。所以，较大的锌粉应当更加有利。事实上，粒度分布与锌粉形状似乎能够得到最好的结果，可能这归因于锌粉与锌粉之间有更多的接触机会，并且整个涂膜中节点的数量比较少[6]。图 4.3 富锌底漆的横断面表明，仅有少许锌粉是互相接触的，但这并不意味接触非常稀少。

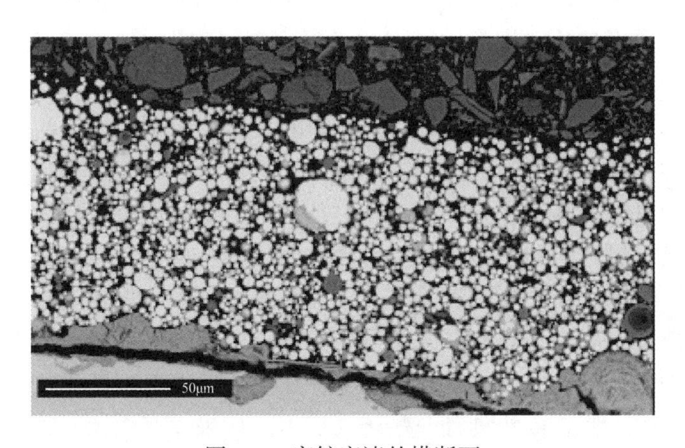

图 4.3 富锌底漆的横断面

这个照片所示是个两维横断面，实际上，在这个横断面以外，还有更多的接触点。

如果锌粉加入量比较多，就会增加整个涂膜中锌粉之间的接触机会。然而，能够加入涂料的锌粉数量有个限度。正如上文讨论的那样，优化配方时要考虑到防护特性和内聚强度。按照 ISO 12944-5 标准，富锌底漆的含锌量应当超过 80%(质量)[7]。富锌环氧底漆一般含有 80%~85%的锌粉，而富锌硅酸盐底漆一般含有 85%~90%的锌粉。因为锌粉密度远大于成膜物质，所以，锌粉体积分数就比较小。在锌粉加入量 85%(质量)的富锌底漆中，富锌环氧底漆里锌粉的体积分数大约为 55%，硅酸锌里锌粉的体积分数大约为 70%。通常，硅酸锌的孔隙也是比较多的，也就是说，并非所有锌粉都被硅酸盐充分浸润。这个问题使我们更加关注上述第三种保护机理——锌粉必须有活性并正在被腐蚀。成膜物质可以防止锌粉被腐蚀，特别是富锌环氧底漆会以这种方式失去更多的阴极保护能力。富锌环氧底漆所含的成膜物质比硅酸锌多，并且，环氧树脂是比铬酸盐更强的保护性成膜物质。

随着锌粉的牺牲和腐蚀，它们转换成锌的氧化物。也许我们会担心锌粉之间是否会迅速失去接触。幸好，氧化锌是一种半导体，所以，尽管失去了锌粉之间的金属接触，但是，电子依然能够流过氧化物并继续提供保护。

4.1.3 富锌底漆上是否需要面漆

一些非常有效的富锌底漆允许存在发生腐蚀的必要条件，即允许水、氧气和离子渗透穿过涂层。这些涂层并没有抑制腐蚀过程来起到防腐作用，而仅仅依靠锌粉提供阴极保护。这个机理要求富锌底漆不可采用面漆。这样，如果底漆出现较小的损伤，那么在此损伤部位周围的锌粉可以提供保护。相对于银-氯化银参比电极，钢的保护电位是-0.80V，而锌的电位一般为 1.00V。因此，锌与钢之间的电位降决不可超过 0.20V。暴露在大气中的表面仅仅覆盖了一层很薄的电解质膜，其必须为锌粉和钢之间提供电解质接触。这层电解质膜里的电位降取决于保护电流、其导电性、其尺寸大小，也就是这层电解质膜的厚度以及起到保护作用的锌粉与外露钢材之间的距离。实验已经表明仅仅在离富锌底漆边缘几毫米处的钢材才得到完全保护，而几毫米以外的钢材只是得到部分保护。这层膜具有一定的阴极保护能力，取决于膜的厚度。当底漆中所有锌粉都已经腐蚀时，也就失去了其阴极保护机理。虽然，排除水分后，涂层可能依然有保护作用。氧化锌会填充漆膜中的空隙，使它依然具有一些防腐能力。如果没有面漆，富锌环氧底漆不适宜暴露在外，因为紫外线会使环氧树脂成膜物质发生降解[8]。

当富锌底漆上涂装一层或者多层防护涂膜时，即使涂层上的缺陷很小，也无法利用富锌底漆牺牲阳极性质的保护作用，因为在涂层缺陷边缘能够起到阴极保护作用的锌粉含量太少了。锌粉现在被涂装的防护涂层覆盖，与外露的钢底材不再存在电解质接触。尽管如此，在许多情况下，富锌底漆上还是涂敷了面漆。主要因为如下两点原因。第一个原因是视觉外观。可用的富锌底漆色彩范围很有限，并且，发生反应时，其表面会覆盖一层白色的氧化锌。所以，涂层表面通常呈现灰色无光外观。第二个原因是底漆上涂敷了防护涂膜，涂层就能够达到较长的使用寿命。现在，涂层系统主要靠水的迁移机理起到保护作用，但是，富锌底漆会减慢腐蚀蠕变，也就是减慢涂膜缺陷部位涂层下金属的腐蚀蠕变。本书第12章讨论了腐蚀蠕变。那么有人会问，什么时候富锌底漆上需要涂装面漆，什么时候不需要涂装面漆呢？在许多情况下，色彩要求就是最好的答复。许多施工项目对构筑物的视觉外观或者标志色是有具体要求的。如果仅仅使用富锌底漆，这是无法达到的。

4.1.4 选择富锌涂料

多层防腐涂层系统通常优先选用富锌环氧底漆，因为在富锌环氧底漆上更容易涂敷面漆。硅酸锌的多孔特点使它们难以涂敷面漆。多孔硅酸锌中的空气会在下道涂层中形成气泡，所谓“冒泡”。当漆料太黏而无法一起散开并封堵小孔时，这些气泡往往就会破裂。为避免发生这样的问题，固化的硅酸锌涂膜上，通常会涂敷一层过渡涂层，一般会涂敷一层很薄的稀释的环氧树脂涂料来填塞这些小孔，并且允许空气泄出而不会形成气泡。通常这样做就能解决这个问题，但是，这样做增加了一道涂装工序，就会相应增加成本。此外，硅酸盐的固化质量有点靠不住[8]。假如空气湿度太低，反应就很慢，固化就可能需要相当长的时间，结果会延迟项目的施工进度。虽然湿气扩散穿过面漆也许几周时间里足以使硅酸盐固化[8]。

如果涂装的硅酸锌涂料太厚，它们就容易开裂，叫作“泥裂”。当涂膜固化时，涂膜内积累的张力会使涂膜开裂。这个张力随涂膜厚度增加而增加，从而使硅酸锌对较厚的涂膜厚度非常敏感。这个问题使大家普遍认为硅酸锌是较难涂装的涂料，这也成为人们优先选择富锌环氧底漆的又一个原因。

与有机富锌环氧底漆相比，无机硅酸锌能够耐受的温度高得多，能够用于高达400℃的使用温度，也就是说接近锌的熔点。富锌环氧底漆的使用受到环氧树脂适用温度范围的限制。无论如何，在涂装发挥阴极保护作用的涂层之前，由于存在电位反转的可能性，所以，应当对60~100℃的温度范围予以某些额外的考虑。在此温度范围，锌会钝化而变成阴极，导致钢材腐蚀[9]。据报告，盛装硬水的热水罐内壁的热浸镀锌层就发生了这样的问题。然而，暴露在大气中的锌粉从来没有报告过这样的问题。此外，富锌底漆中锌粉的表面积相当大，使它也不可能发生这样的问题。事实上，问题恰恰相反，也就是说，在升高温度下锌粉会迅速腐蚀。例如，已经在工艺装置有保温层的钢质管道和储罐上用硅酸锌作为防腐涂料。已有报告，假若水渗透进入保温层，就会迅速失去硅酸锌涂层[10]。

表4.1比较了硅酸锌与富锌环氧底漆的各种特性。

表4.1　硅酸锌与富锌环氧底漆的优缺点比较

	硅酸锌乙酯	碱式硅酸锌	富锌环氧底漆
上覆面漆	良好	不推荐	极佳
表面粗糙度要求	Sa 2½	Sa 2½	Sa 2½
温度范围	400℃	400℃	120℃
阴极保护	极佳	极佳	良好
容易涂装	尚可	良好	非常好
涂层大龟裂	尚可	干膜厚度很厚时有问题	非常好
韧性	有限	有限	非常好
内聚	尚可	尚可	良好

4.2　磷酸盐

磷酸盐(*phosphate*)这个术语用于表述含有磷和氧官能团的一大类颜料。其含义非常宽泛，磷酸锌(*zinc phosphate*)这个术语就包括但不限于以下这些磷酸盐：

- 磷酸锌，第一代 $Zn_3(PO_4)_2 \cdot 4H_2O$；
- 磷酸锌铝[11]或者磷酸铝锌[12]；
- 磷酸钼锌；
- 羟基磷酸锌铝[12]；
- 磷酸羟基钼酸锌或者碱式磷酸钼酸锌[12,13]；
- 碱式磷酸锌 $Zn_2(OH)PO_4 \cdot 2H_2O$[12,13]；
- 磷硅酸锌[14]；
- 多磷酸铝锌[12]。

无锌磷酸盐包括：

- 磷酸铝；
- 三聚磷酸二氢盐[13]；
- 三聚磷酸二氢铝[11,13-15]；

- 多磷酸铝锶[12]；
- 硅酸多磷酸铝钙[12]；
- 硅酸多磷酸锶钙锌[12]；
- 磷酸月桂胺[16]；
- 铁、钡、铬、镉、镁的羟基磷酸盐，例如：$FePO_4 \cdot 2H_2O$、$Ca_3(PO_4)_2$-$1/2H_2O$、$Ba_3(PO_4)_2$、$BaHPO_4$、$FeNH_4PO_4 \cdot 2H_2O$[11]。

本章节下文详细讨论的颜料包括各种磷酸锌和一种无锌磷酸盐——三聚磷酸铝。

4.2.1 磷酸锌

磷酸锌广泛用于许多成膜物质中，包括油基成膜物质、醇酸树脂和环氧树脂[17-25]。它们的溶解度和活性都很低，使它们成为极其多能的颜料，它们能够用在醇酸树脂这类树脂中，而许多碱性颜料在醇酸树脂中存在稳定性问题。在防护涂料中，通常加入10%~30%的磷酸锌。

如果查看一下毒理学检测数据，就很容易理解为什么广泛采用磷酸锌系列颜料。不管哪种形式的铅、铬、钡、锶，都有毒性。然而，磷酸锌没有任何已知的慢性毒性[12]。

通过如下多种机理，磷酸锌能够对钢材提供防腐蚀保护：

- 磷酸盐离子供体(*phosphate ion donation*)：仅仅黑色金属能够利用磷酸盐离子供体[11,13,14,21,26]。当水渗透穿过涂层时，磷酸锌会发生轻微的水解，结果生成次生的磷酸盐离子。这些磷酸盐离子转而形成有保护作用的钝化层[27,28]，其有足够厚度时，就可以阻止阳极腐蚀[29]。磷酸盐涂膜的孔隙度与涂膜的防护性能密切相关[11]。这种磷化的金属化合物分子式大致是这样的：$Zn_5Fe(PO_4)_2 \cdot 4H_2O$[30]。
- 阳极上生成防护膜(*creation of protective films on the anode*)：以此模式，Pryor和其他人[31,32]认为，涂膜中溶解的氧被吸附在金属上。其经过非均相反应而生成一层γ-Fe_2O_3保护膜；这层膜不断增厚，直至达到20nm的平衡值。这层膜阻止铁向外扩散。虽然看起来磷酸盐离子并没有直接促成氧化膜的生成，但是，其通过阻断非连续性使Fe(Ⅲ)离子的阴离子沉淀而起到了完成和维持氧化膜的作用。Romagnoli和Vetere指出Pryor用的是可溶解的磷酸盐，而不是涂料中常用的不溶性磷酸盐，所以，推断这些结果时应当格外小心[11]。其他研究成果也已经发现保护膜中皆包含有羟基氧化物和磷酸铁[33]。
- 与某些油基成膜物质生成缓蚀型水浸提取物(*inhibitive aqueous extracts*

formed with certain oleoresinous binders)：成膜物质里羧基和羟基这类成分与磷酸锌反应生成络合物，或者它们与磷酸锌被水解和离解时生成的中间化合物反应生成络合物。这些络合物然后与腐蚀产物发生反应，在底材上生成牢牢附着的缓蚀层[13,18-21,26,34]。

- 底材的极化(*polarization of the substrate*)：Clay 和 Cox[35]认为生成了几乎不可溶解的碱式盐并且完好附着在金属表面上。这些盐分限制了溶解氧进入到达金属表面并且极化了阴极区。这个理论得到 Szklarska-Smialowska 与 Mankowsky 研究结果的支持[36]。

4.2.2 磷酸锌的类型

因为磷酸锌有许多变异，所以将它们细分成若干类型讨论就比较方便。虽然不存在磷酸锌的任何正式分类，但是，因为多年的研发，人们已经将其划分为若干组或者若干代了。

最简单的类型或者说第一代磷酸锌是磷酸二钠与硫酸锌在沸腾温度下混合而成的，或者是饱和氧化锌的68%磷酸溶液在沸腾温度下制成的。这两种方法都得到结晶结构极端粗糙的沉淀物。进一步处理后，得到 $Zn_3(PO_4)_2 \cdot 4H_2O$，即第一代磷酸锌[11]。第一代磷酸锌的有效性受到其低溶解度的限制[37]，可用于保护金属的磷酸盐离子浓度很低。这是个问题，因为在 pH=5.5~7.0 的盐溶液里，只有阴离子浓度大于 0.001M(mol/L)时，磷酸盐才能起到缓蚀作用[32]。

经过改性能够增加磷酸锌在水里的溶解度或者在磷酸锌里加入能够起到缓蚀剂作用的官能团。通常，这需要在颜料里加入有机表面处理剂，或者在磷酸锌里掺加其他无机缓蚀剂[14]。表 4.2 所示是每升水中各种第一代磷酸锌和之后各代改性磷酸锌的磷酸盐离子毫克总量[38]。由此清楚地表明，为什么人们非常关注改性磷酸锌颜料：磷酸锌铝可提供的溶解磷酸盐总量相当于第一代磷酸锌的 250 倍。

表 4.2 磷酸锌与改性磷酸锌颜料在水里的相对溶解度

物　质	水溶性物质/(mg/L)(ASTM D2448-73，90mL 水里有 10g 颜料)			
颜料	总量	Zn^{2+}	PO_4^{3-}	MoO_4^{2-}
磷酸锌	40	5	1	—
有机改性磷酸锌	300	80	1	—
磷酸锌铝	400	80	250	—
磷酸钼锌	200	40	0.3	17

资料来源：Bittner，A.，*J. Coat. Technol.*，61，111，1989，Table 2，获得许可。

第二代磷酸锌可以划分为三组类型：碱式磷酸锌、磷酸与金属阳离子的盐、正磷酸盐。

第一代磷酸锌 $Zn_3(PO_4)_2 \cdot 4H_2O$ 是个中性盐。碱式磷酸锌 $Zn_2(OH)PO_4 \cdot 2H_2O$ 使溶液中的 Zn^{2+} 离子与 PO_4^{3-} 离子形成不同的比率，并且比中性盐有更高的活性[13]。已有报告，因为磷酸锌加上含有水溶性铬酸盐的颜料混合物，所以碱式磷酸锌是有效的缓蚀剂[39-41]。

另一组第二代磷酸盐颜料包括磷酸与不同金属阳离子生成的盐，例如水合改性羟基磷酸锌铝和水合磷酸羟基钼酸锌。用这些盐类在醇酸树脂成膜物质中试用结果表明，这类颜料能够起到相当于锌黄粉的防腐蚀保护作用[39,42,43]。

正磷酸盐属于第二代磷酸锌的第三种类型，是正磷酸与碱性化合物发生反应制备的[12]。这一组包括：

- 磷酸铝锌。这是磷酸锌与磷酸铝在润湿阶段组合而成的，铝离子水解造成酸性，继而增加磷酸盐浓度[12,44,45]。加入磷酸铝使得磷酸盐含量更高。
- 有机改性的碱式磷酸锌。一种有机成分固定在碱式磷酸锌颗粒表面上，明显改善了与醇酸树脂的相容性，并且用物理方式干燥树脂。
- 碱式磷酸钼锌水合物。将钼酸锌加入碱式磷酸锌水合物里，这样就能够用于水溶性系统，例如，苯乙烯改性的丙烯酸分散体[12]。此颜料产生钼酸盐阴离子(MoO_4^{2-})，其是有效的阳极抑制剂，其钝化能力仅仅略小于铬酸盐阴离子[11]。

第三代磷酸锌由多磷酸盐和多磷酸盐硅酸盐构成。多磷酸盐——一个以上的磷原子与氧结合而成的分子，这是在比生成正磷酸盐更高的温度下酸性磷酸盐缩聚而成的[12]。这组化合物包括：

- 多磷酸铝锌。如果按 P_2O_5 来分析，这种颜料比磷酸锌或者改性正磷酸锌含有更高百分比的磷酸盐。
- 多磷酸铝锶。这种颜料的磷酸盐含量也比第一代磷酸锌高。与两性金属锌相比较，因为金属内夹杂了碱性氧化物，所以进一步改变了溶解特性[12]。
- 多磷酸铝钙硅酸盐。因为钙，这种颜料呈现改变了的溶解特性。这种组成很有意思：活性成分固定在惰性填充料钙硅石的表面。
- 多磷酸锶钙锌硅酸盐。此种颜料中的电化学活性成分也固定在钙硅石的表面上。

4.2.3 加速试验以及为什么磷酸锌有时候失效

虽然磷酸锌在现场表现的性能是合意的，但是在加速试验中，它们普遍表现性能欠佳。这可能是受它们溶解度非常低的影响。在加速试验中，侵蚀性离子的渗透速率飞快加速，但是磷酸锌的溶解度却没有增加。这样，侵蚀性离子的总量超过了磷酸盐阴离子和金属底材上这层氧化铁的保护能力[11]。Bettan 假定磷酸锌存在一个初始滞后时间，因为在钢材表面慢慢形成保护性的磷酸盐络合物。由于从加速试验一开始引起腐蚀的离子总量就开始增加了，所以在此滞后时间里腐蚀过程就开始了。在现场条件下，这个滞后时间不是问题，因为侵蚀性成分的渗透也有其自己的滞后时间。Angelmayer 也支持这种解释[40,46]。

Romagnoli 和 Vetere[11]也指出之所以研究人员的发现不一致，可能的原因是：

- 磷酸锌颜料的实验变量也许有差别。粒度分布就是一个例子，粒度越小意味着表面积越大，由此增加了颜料浸出的磷酸盐总量。溶液里磷酸盐阴离子越多，其防腐蚀保护效果就越好。特定涂料配方中用的颜料体积浓度和临界颜料体积浓度也是非常重要的，却往往被忽视。当然，因为“磷酸锌”这个术语既适用于颜料系列，也适用于某种特定配方，所以磷酸锌的确切类型是非常重要的。
- 成膜物质类型与助剂不是同一类的。在加速试验中，因为其屏蔽特性，成膜物质类型通常是最重要的因素。只有在成膜物质的屏蔽作用被打破后，颜料的作用才会变得十分明显。

不过，也有许多加速试验取得很好结果的报告。在一项维修涂料的研究中，加了磷酸锌颜料的环氧底漆性能与富锌环氧底漆相当[47]。

4.2.4 三聚磷酸铝

水合三聚磷酸二氢铝($AlH_2P_3O_{10} \cdot 2H_2O$)是一种酸，其离解常数 pKa 大约为 1.5~1.6。其单位质量的酸度大约是氢氧化铝和氢氧化硅等其他类似酸类的 10~100 倍。

溶解时，三聚磷酸铝离解成三磷酸盐离子：

$$AlH_2P_3O_{10} \longrightarrow Al^{3+} + 2H^+ + [P_3O_{10}]^{5-}$$

Beland 认为其防腐蚀能力源自三聚磷酸盐离子螯合铁离子的能力(使金属钝化)，也源自三聚磷酸盐离子解聚成正磷酸盐离子的能力，使得其磷酸盐含量高于磷酸锌颜料或者磷酸钼颜料[14]。

Chromy 和 Kaminska 将防腐蚀功能完全归功于三磷酸盐。他们认为阴离子 $(P_3O_{10})^{5-}$ 与铁阳极反应生成一层不可溶解的物质，其主要是三磷酸铁。这层磷酸盐膜不溶于水，而且非常坚硬，与底材有极好的附着力[13]。

三聚磷酸铝在水里的溶解度很有限，人们往往用锌或者硅进行改性来控制其溶解度和反应性[14,48]。研究人员已经证实，三聚磷酸铝与各种成膜物质相容，包括长、中、短油醇酸树脂，环氧树脂，环氧-聚酯以及丙烯酸-三聚氰胺树脂[49-52]。Chromy 和 Kaminska 注意到在快速损坏的涂层上其特别有效，因此，其可以用作罩面涂层[13]。

4.2.5 其他磷酸盐

除了磷酸锌和磷酸铝之外，技术文献中较少关注其他磷酸盐颜料。这组化合物包括金属铁、钡、铬、镉、镁的磷酸盐、羟基磷酸盐、酸式磷酸盐。对于铁和钡，重要的磷酸盐可能仅仅包括 $FePO_4 \cdot 2H_2O$、$Ca_3(PO_4)_2 \cdot 1/2H_2O$、$Ba_3(PO_4)_2$、$BaHPO_4$、$FeNH_4PO_4 \cdot 2H_2O$[11,13]。磷酸铁其单独的测试性能至少在加速试验中表现很差，但是，与碱式磷酸锌一并使用时，却是大有希望的。已经发现诸如钼酸钠和间硝基苯酸钠这样的反应促进剂可以改善含有磷酸铁涂层的防腐蚀性能[53]。

该文献中也将磷酸氢钙（$CaHPO_4$）作为一种防锈颜料进行了讨论。Vetere 和 Romagnoli 已经研究用其替代四碱式铬酸锌。在酚醛氯化橡胶成膜物质里使用时，磷酸氢钙的性能胜过最简单的磷酸锌 $Zn_3(PO_4)_2$，并且，在盐雾试验中的表现与四碱式铬酸锌相当。然而，研究人员无法搞清楚这种颜料如何保护金属的机理。在腐蚀电位测量时，此颜料水悬浮液中的铁样品显示一些钝性。防护层组成分析结果表明，其大部分为铁的氧化物，虽然存在钙和磷酸盐离子，但可能其含量并没有如同预期那样可成为良好的钝化颜料[54]。

已经研究的另一种磷酸盐颜料是磷酸月桂铵。然而，有关这种颜料的资料信息非常少。Gibson 和 Camina 简要叙述了使用月桂磷酸铵的研究情况，但是，所得结果似乎难以保证继续对此种颜料开展研究[16]。

4.3 铁氧体颜料

铁氧体颜料通用分子式是 $MeO \cdot Fe_2O_3$，式中 Me=Mg、Ca、Sr、Ba、Fe、Zn 或者 Mn。它们是金属氧化物煅烧而成的。在大约 1000℃温度下的主要反应是：

$$MeO+Fe_2O_3 \longrightarrow MeFe_2O_4$$

因为这样高的煅烧温度使这类颜料生产成本相当高[14]。

铁氧体颜料在涂层与金属的界面生成一个碱性环境，并且与某种成膜物质形成金属皂，以此保护钢材。Kresse[44,55] 发现铁酸锌和铁酸钙与成膜物质里的脂肪酸反应生成皂类，由此在涂层中形成的碱性环境有助于金属的钝化防腐蚀保护。

Sekine 和 Kato[56] 同意这个皂类生成机理。然而，他们也已经测试了环氧成膜物质里的几种铁氧体颜料，预期它们是不会与金属离子生成皂类的。所有加了铁氧体颜料的环氧涂料都比加了氧化铁红防锈颜料的同种成膜物质以及不加任何防锈颜料的成膜物质具有更好的防腐蚀保护特性。查验涂敷钢板试件对应浸泡时间的静电位，结果表明在此项研究中，从初始浸泡到钢板钝化的滞后时间大约为

160h。这两位研究者的结论是只有水已经渗透涂层并且到达底漆或者金属界面后，金属才会被钝化[57]。在一项水性涂料中铁酸锌的研究中，发现铁氧体增加了钢底材的极化电阻，也就是说钢材被钝化了。认为这样的效果是因为在钢材与涂层之间的界面上形成了一个碱性环境[58]。

Sekine 和 Kato 还查验了铁氧体颜料水性提取物的 pH 值以及低碳钢在这些溶液里浸泡后的腐蚀速率[57]。表 4.3 列出了这些查验结果。这些数据很有意思，因为除了生成皂外，它们还暗示这些颜料也能够在金属或者油漆界面形成一个碱性环境。基于电化学测量值，这些作者发现在环氧漆膜中铁氧体颜料的防腐蚀特性(按照逐步减小的顺序) Mg>Fe>Sr>Ca>Zn>Ba。应当强调指出，这个排列顺序是仅仅从一项研究中取得的：在铁氧体系列中的相对排列顺序可能归因于多个变量，诸如各种颜料的颗粒大小和颜料体积浓度(可比较的质量百分数而不是使用的颜料体积浓度)。

表 4.3　低碳钢在颜料提取物水性溶液里的腐蚀速率

颜料	pH 值	腐蚀速率/[g/(dm²/d)]
镁铁棕	8.82	12.75
铁酸钙	12.35	0.26
锶铁氧体	7.85	16.71
钡铁氧体	8.20	18.00
铁铁氧体	8.40	14.95
锌铁棕	7.31	14.71
氧化铁红	3.35	20.35
无颜料添加	6.15	15.82

资料来源：Sekine，I. 与 Kato，T.，*Ind. Eng. Chem. Prod. Res. Dev.*，25，7，1986. Copyright 1986，American Chemistry Society，转载获得许可。

Verma 和 Chakraborty[59]分别比较了铁酸锌及铁酸钙与红丹及铬酸锌颜料在侵蚀性工业环境中的性能。这些颜料用的媒液是长油亚麻仁醇酸树脂。钢板试件在尿素厂、硝酸铵厂、氮磷钾肥(NPK)厂、硫酸厂、硝酸厂等五种化肥厂环境里接受了 8 个月的暴露试验。他们注意到这些化肥生产企业里酸雾和化肥厂粉尘散落几乎是持续发生的。结果差异极大，取决于化肥厂的类型。在硫酸厂，两种铁氧体颜料性能优于红丹和铬酸盐颜料，差别非常大。在尿素厂和氮磷钾肥厂，铁酸钙颜料优于任何其他颜料。在硝酸铵厂，铁酸钙颜料的性能比其他颜料明显差了许多。在硝酸厂，铬酸锌颜料的性能比其他三种颜料明显差不少，但是，在这三种颜料中的差别却并不很大。这些研究者认为铁酸钙比铁酸锌的性能更加优越的原因归因于铁酸钙可控的并且更高的溶解度。他们认为，溶液里的金属离子与渗透进入涂层的侵蚀性成分发生反应，由此阻止它们抵达金属与涂层之间的界面。

4.4 其他缓蚀型颜料

其他缓蚀型颜料包括钙离子交换型硅、偏硼酸钡、钼酸盐、硅酸盐。

4.4.1 钙离子交换型硅颜料

钙离子交换型硅颜料是通过离子交换将防腐蚀阳离子钙置换到硅的多孔无机氧化物表面上。这种防护机理是离子交换：当侵蚀性阳离子(如 H^+)渗透通过涂层时，它们被优先置换到颜料的基体上，与此同时，释放出的 Ca^{2+} 离子可保护金属。钙本身并不能钝化金属，也不会直接减缓腐蚀。代之以其起到絮凝剂的作用。溶液里少量硅(酸碱度值大约为 pH=9 时，每毫升水里含有 120μmol)在 Ca^{2+} 离子周围絮凝。Ca-Si 组分带有很小的"δ+"或者"δ-"电荷，由此推动它朝金属表面运动(由于金属与溶液之间的界面存在电位降)。硅和钙的颗粒团聚在油漆与金属的界面上。在此，碱性 pH 值导致自发合并成硅和钙的薄膜[60]。俄歇电子能谱(AES)已经确认浸泡试验后硅富集在钢材与涂料之间的界面上[61]。这种无机涂膜的最大优点也许是能够阻止 Cl^- 和其他引起腐蚀的成分到达金属表面。

钙离子交换型硅颜料既截留侵蚀性阳离子又释放出缓蚀剂的双重行为使得它比传统防锈颜料多了两个优点：

① 只有存在侵蚀性阳离子时才会释放出"缓蚀剂"离子，这意味着没有必要为了确保溶解度而使用过量的颜料。

② 通过离子交换，涂膜中不会产生空隙，涂层具有相当恒定不变的渗透性[12,60,62,63]。

4.4.2 偏硼酸钡

要避免用偏硼酸钡作为颜料。它含有大量可溶解的钡，这是一种急性毒物。由于具有毒性，它也在涂料中用于杀菌目的。不管是制造过程或是涂装过程中产生的废料，或是重新涂装构筑物前清理原先涂装的涂料所产生的废料，处置含有这种偏硼酸钡颜料的废料所需要的费用都是相当贵的。

偏硼酸钡形成一个碱性环境可减缓钢材的腐蚀，并且，偏硼酸盐离子也提供阳极钝化[14]。Beland 认为，这种颜料需要很高的加入量，大约为涂料质量的40%。其溶解度很高，而且与多种类型的成膜物质有相当强的反应性，这样，在酸性树脂、高酸性树脂、酸催化烤漆系统配方里使用时，就存在稳定性问题。为此，往往用一种改性硅涂料降低和控制溶解度。可以采用一种降低其反应性从而增加成膜物质比例的方法，就是用氧化锌或者用氧化锌与硫酸钙的组合将其改性[14]。厚膜涂装需要高比例的颜料，采用这种颜料配制涂料时，需要仔细关注颜料体积浓度与临界颜料体积浓度两者的比值。

有关偏硼酸钡实际使用性能的信息极少，即使存在这样的信息也未必可以证明使用这种颜料的正当性。20 世纪 80 年代初，马萨诸塞州曾经用常用的油性漆料或者醇酸树脂漆料掺加偏硼酸钡颜料修补涂装了一座桥梁。结果并不令人满意：6 年后，在横梁末端以及道路上的栏杆都发生了明显的腐蚀[1]。也许应当指出，醇酸树脂漆料并不是合意的选择，因为其未必形成理想的碱性环境，如果用性能更好的成膜物质也许会得到更好的结果。无论如何，因为可溶性钡的毒性问题，看来无法保证对偏硼酸钡进一步开展研究。

4.4.3 钼酸盐

钼酸盐颜料是沉积在碳酸钙这样的惰性核上的钙盐或者锌盐[22,64-66]。它们减缓阳极腐蚀反应来防止腐蚀[22]。在钢材表面这些颜料形成的钼酸铁防护层是不溶于中性和碱性溶液的。

因为价格昂贵，这些颜料的使用受到限制。已经研发应用磷酸锌型钼酸盐颜料，以此降低成本，改善与钢材的附着以及涂膜的柔韧性[14,22,64-66]。钼酸盐颜料系列包括：

- 碱式钼酸锌；
- 碱式钼酸锌钙。

总之，这些颜料作为油漆配方里的缓蚀剂在钢材上接受了测试，结果良莠不齐。现场施工人员宁可期望与其他颜料组配后能够改善钼酸盐的性能，从而获得一种协同效应。然而，在多项研究中发现其有个严重缺点，就是钼酸盐会使涂层变脆，也许是成膜物质过早老化所致[67-70]。

虽然认为钼酸盐颜料是无毒的[71]，但是，它们并非完全无害。在切割或者焊接有钼酸盐颜料的涂层部件时，会产生毒性较低的烟雾。如果采取恰当的通风措施，这些烟雾可能就没有那么有害了[68]。可能的毒性在于其大约 10%～20%的铬化合物[71,72]。

4.4.4 硅酸盐

硅酸盐颜料包括硼硅酸盐和磷硅酸盐的可溶性金属盐。在硅酸盐颜料中用的金属有钡、钙、锶、锌，认为含有钡的硅酸盐存在毒性问题。

硅酸盐颜料包括：

- 硼硅酸钙，根据 B_2O_3 含量的多少，其分成几种等级（不适宜水中浸没或者半浸没用途或者水性树脂[14]）；

- 磷硅酸钡钙；
- 磷硅酸锶钙；
- 磷硅酸锌锶钙，就成膜物质相容性而言，其是最万能的磷硅酸盐缓蚀剂[14]。

硅酸盐颜料可以两种途径减缓腐蚀：通过它们的碱性，以及在油性树脂的成膜物质中，通过与该漆料的某些组分生成金属皂。此过程的主导因素还不完全清楚，可能是因为此种颜料的功效还不完全清楚。当 Heyes 和 Mayne 查验干性油中的磷硅酸钙颜料和硼硅酸钙颜料时，他们发现与红丹相似的机理：此颜料与油性成膜物质反应生成金属皂，其降解并生成有可溶的缓蚀性阴离子的产物[73]。

Van Ooij 和 Groot 发现硼硅酸钙在聚酯树脂成膜物质中性能良好，但是在环氧树脂和聚氨酯中却很差[74]。这暗示在成膜物质范围内无法形成很高的碱性，否则，聚酯——对皂化反应更易受损，应当出现比环氧树脂或者聚氨酯更差的结果。当然，与环氧树脂或者聚氨酯未必生成金属皂。无论如何，如果按照这个广义的术语无法理解其确切含义的话，那么，对于聚酯，金属皂的可能性不能被绝对排除在外。

马萨诸塞州当年缺乏使用这类颜料的可靠经验，虽然可能是不同的等级。20 世纪 80 年代，马萨诸塞州在常用的油性树脂成膜物质里加入硼硅酸钙颜料维修涂装了许多桥梁——推测这种漆料会生成金属皂。涂装前进行了局部喷砂清理。与铅基油漆相比，硼硅酸钙涂层系统更加不能容忍质量较差的表面处理，并且发现很难控制最薄涂膜厚度。马萨诸塞州最终停止使用这种颜料，因为要改善表面处理质量和检查涂膜厚度需要很高的费用。

另一种硅酸盐，即磷硅酸钡钙，已经与其他 6 种颜料一起加在环氧树脂-聚酰胺成膜物质里并涂装在冷轧钢上进行了试验。在法国比亚里茨海洋环境中接受了 9 个月暴露试验后，加了磷硅酸钡钙颜料的涂料样品，以及加了偏硼酸钡颜料的涂料样品，结果都比加了三磷酸铝颜料或者离子交换型硅酸钙颜料的涂料样品差（它们用改性磷酸锌以及用铬酸锌颜料都已经取得明显优越的结果）。

4.5 屏蔽型颜料

屏蔽类涂料减少液体和气体渗透通过涂膜的能力，由此保护钢材。能够减少多少水分和氧气的渗透量取决于许多因素，包括：

- 涂膜的厚度；
- 涂膜的结构（成膜物质用的聚合物类型）；
- 成膜物质的交联程度；

- 颜料体积浓度；
- 颜料与填料的类型与颗粒形状。

在这方面，屏蔽类涂料里的颜料与其他防腐蚀涂料中用的活性颜料完全相反：在屏蔽类涂料中它们必须是惰性的，并且完全不溶于水。

常用的屏蔽型颜料能分为两大类：

- 矿物材料，如云母、云母氧化铁(MIO)、玻璃鳞片；
- 铝、锌、不锈钢、镍、白铜等片状金属。

必须当心避免第二类屏蔽型颜料中金属颜料与金属底材之间可能发生的电化学交互作用[75]。

正如图 1.1 和图 3.3 所示，片状颜料往往会自行与底材平行排列。这可能是因为涂装时湿漆横向流动所致。喷漆作业时，漆滴撞击表面并且流淌成涂膜，这意味着油漆会与底材平行流动。然后大部分片状颜料会与流动方向平行排列取向，因为这样流动阻力最小。颜料的表面处理和涂装参数都会影响这些片状颜料的排列取向[76]。

4.5.1 云母氧化铁

云母氧化铁是天然形成的氧化铁颜料，至少含有 85%的 Fe_2O_3。术语“云母状”(*micaceous*)指的是其颗粒形状，其成片状或者多层状：与颗粒自身面积比，颗粒非常薄。要保护钢材，云母氧化铁的形状是非常重要的。云母氧化铁颗粒自己会在涂料内排列取向，所以这些薄片会“平躺着”与底材表面平行排列。多层薄片构成有效的屏障阻止水分和气体的渗透[15,75,77-83]。云母氧化铁最吸引人的一点是其铁锈形态已作为屏蔽类涂料里的颜料使用几十年了，其有效保护了钢材不生锈。

要达到有效的屏蔽特性，采用的颜料体积浓度的范围为 25%~45%，并且，云母氧化铁的纯度必须至少达到 80%(质量)。因为云母氧化铁是天然形成的矿物，不同来源云母氧化铁的化学组成和粒度分布差别很大。如果薄片很小，意味着干膜涂层中有更多层的颜料，其增加了水分运移到达金属的通道。Schmid 提到，在典型的粒度分布状态下，多达 10%的颗粒因为太大而无法在薄涂层中有效发挥作用，因为没有足够多的薄片层来阻止水分的渗透。要在这些大颗粒附近形成良好的屏障，云母氧化铁要用于厚膜涂层或者多层涂层[84]。

以往人们都认为云母氧化铁涂料在锋利的边缘容易失效，因为云母氧化铁颗粒在边缘附近无规则的排列取向。当然，这样无规则的排列取向增加了水分沿着颜料表面流向金属底材的毛管流量。然而，Wiktorek 和 Bradley 用横断面的扫描电镜图像查验了锋利边缘上的云母氧化铁覆盖状况。他们发现即使在锋利的边缘上，片状云母氧化铁颗粒总是“平躺着”与底材平行排列。他们认为，如果发现边缘处涂料失效，真正的问题是这些部位的涂层太薄[85]。

除了能够起到阻止侵蚀性物质扩散透过涂层外，云母氧化铁还有如下优点：

- 增强漆膜的机械强度。
- 遮挡紫外线，由此防止成膜物质发生紫外线辐射破坏。

因为上述第二点原因，云母氧化铁有时候用作面漆配方，改善涂料的耐候性[15,75]。

云母氧化铁的化学惰性意味着它能用于各种成膜物质：醇酸树脂、氯化橡胶、苯乙烯-丙烯酸与乙烯基共聚物、环氧树脂、聚氨酯[15]。

文献没有说清楚涂料中云母氧化铁与铝粉颜料组合在一起会否发生问题。确实有人建议将两者组合在一起，也有人反对将云母氧化铁与这些颜料混合在一起。

在英格兰桥梁上各种油漆系统的大规模试验中，Bishop 发现加了云母氧化铁与铝粉颜料的面漆大面积生成白色沉积物。分析表明这些沉积物主要是硫酸铝，还有少量硫酸铵。该涂层系统中铝的唯一来源是面漆中的颜料。Bishop 没有发现这个问题的具体原因。他注意到美国的桥梁油漆普遍含有漂浮状铝粉，并且有关问题的报告很少[86]。

另一方面，Schmid 建议将云母氧化铁与其他片状材料组合在一起，例如片状铝粉和滑石，这样更紧密的颜料堆积有望改善涂膜的屏蔽特性[84]。

4.5.2 云母

云母是一类含水铝硅酸钾。这类物质的直径与厚度之比超过 25∶1，高于任何其他片状颜料。这使得干膜中云母成为非常有效的增厚层，由此增加了水分运移抵达金属的通道，减小了水的渗透率[87,88]。

4.5.3 玻璃

玻璃填料包括玻璃鳞片、玻璃珠、玻璃微珠、玻璃纤维、玻璃粉末。玻璃鳞片具有最好的涂料屏蔽特性。其他玻璃填料也能够形成一道防护屏障，因为它们在油漆涂料里紧密的堆积。在美国、日本、欧洲，玻璃已经用于需要耐受高温、强力耐磨损或者抗冲击的用途。添加玻璃鳞片的涂层厚度大约为 1~3mm，鳞片厚度 3~5μm，这样，每毫米涂料能够含有大约 100 层鳞片[75]。

研究结果表明玻璃鳞片的性能与薄片状不锈钢颜料以及云母氧化铁颜料相当，但是，比片状铝粉颜料性能差，在漆膜中铝粉颜料的排列取向比玻璃鳞片强[75,89-91]。在升高温度条件下，人们往往优先选用玻璃鳞片，不仅因为其在高温下能够维持耐化学性的能力，而且因为其热膨胀系数。加了玻璃鳞片的涂料，其热膨胀特性接近于碳钢。这样，即使处于热冲击下，它们依然保持良好的附着力[92,93]。

玻璃珠、玻璃微珠、玻璃纤维、玻璃粉末因为其耐热特性，所以也适用于耐火涂料。球形玻璃珠能够增强固化涂膜的机械强度。使用各种粒径的玻璃珠能够改善干膜内的堆积，由此增强它的屏蔽特性。玻璃纤维使油漆具有良好的耐磨特性。玻璃微珠是电力工业产生的粉煤灰的成分。更准确地讲，它们是铝硅酸盐微珠，粒径介于 0.3～200μm 之间，成分包括 Al_2O_3、Fe_2O_3、CaO、MgO、Na_2O、K_2O。确切的组成取决于所燃烧的燃料类型和来源[75]。

4.5.4 铝粉

除了能够降低水蒸气、氧气和其他腐蚀介质的渗透率外，铝粉颜料对紫外线辐照有反射能力，并能耐受较高温度。有两种类型的铝粉颜料：漂浮型或者非漂浮型。漂浮型颜料能够自行在涂层表面排列取向与底材平行，这样定位使得这种颜料能够保护成膜物质防止受到紫外线辐照损伤，但是，这未必是最大能力发挥其屏蔽特性的最佳位置。漂浮型特性取决于片状铝粉上是否存在一层很薄的脂肪酸，通常是硬脂酸。非漂浮型颜料分布在涂膜内部。它们往往自行排列取向与底材平行，在屏蔽型涂料中是非常有效的[75]。片状铝粉颜料也用在粉末涂料和水性漆中。在水性漆中，片状铝粉必须经过表面处理，防止它们在容器内析氢条件下发生腐蚀[94]。已经证实片状铝粉具有抗阴极剥离的良好效果[95,96]。这种效果归因于缓冲效果而不是屏蔽效应，因为铝粉颜料在油漆内被腐蚀，其消耗掉钢材与涂层界面高 pH 值环境中可能造成阴极剥离的氢(第 12.1 节)。

4.5.5 片状锌粉

不要将片状锌粉与富锌底漆中用的锌粉混淆了：它们的大小尺寸有不同的数量级。有些研究结果认为片状锌粉可能既有锌粉那样的阴极保护作用，又有片状颜料的屏蔽保护特性[75]。然而，实际上，这可能是很难达到的，因为富锌底漆中的锌粉必须实现电接触才能起到阴极保护作用。既想要涂料里的锌粉互相紧密接触又要锌粉与钢材紧密接触，并且要求颜料与成膜物质之间或者颜料颗粒之间完全没有任何空隙，要设计出这样一种涂料真是太难了。对于屏蔽型颜料，没有任何间隙是关键，因为恰恰就是这些间隙为水分和氧气提供了抵达金属表面的便捷通道。事实上，Hare 和 Wright[97] 的研究结果表明，当片状锌粉当作油漆中单一的颜料时，片状锌粉会在腐蚀性环境中迅速溶解，加了片状锌粉的涂料容易起泡。

4.5.6 其他金属颜料

其他金属颜料，例如不锈钢、镍和铜，已经被采用。比碳钢的电化学电位更高的活泼金属涂层中使用这些金属颜料时，这种涂层与金属底材之间存在一定的电化学腐蚀风险。必须使这种涂料的颜料体积浓度保持在远低于金属颜料颗粒互相电接触以及与碳钢电接触的水平。假如不能满足这样的条件，接着就会加速涂层蜕化变质和钢材的腐蚀。假如有必要在屏蔽层里使用一种电化学电位更高的导电颜料，Bieganska 建议在钢底材与屏蔽涂料之间使用不导电的底漆作为绝缘层[75]。他还告诫，虽然片状不锈钢的机械耐久性和耐高温特性使它成为理想的颜料，但是，它并不适合存在氯离子的地方[75]。

片状镍粉填充的涂料在强碱性环境中是很有用的。舰船保护中使用片状铜镍合金(Cu-10%Ni-2%Sn)，因为它们卓越的防污特性。之所以在此用途中对这种合金颜料很感兴趣，因为其耐浸出能力好于铜本身[75]。

4.6 选择颜料

选择颜料和配制油漆之前，必须解答一个问题：要求这种颜料具有活性还是钝性？颜料的作用，无论是活性还是钝性，必须在开始时做出决定，说白了，二者必取其一。例如许多颜料通过钝化能够有效减缓腐蚀，它们必须溶解成阴离子和阳离子，然后离子成分才能够钝化金属表面。如果没有水，这些颜料就无法溶解，也就无法发挥保护作用。当然，它也有意作为一种屏蔽型涂料，阻止水分抵达涂层与金属之间的界面。

一旦决定了颜料的活化或者钝化作用，颜料的选择取决于以下这些因素：

- 价格(*price*)。许多新型颜料是很贵的。确定某种颜料经济上是否可行时，涂料里需要加入颜料的总量以及各自对价格的影响起到极大的作用。
- 市场上有售(*commercial availability*)。在实验室里生产出几百克颜料是一回事，而要生产工业漆用的几百千克颜料却完全是另一码事。
- 掺和进真实配方里的难度(*difficulty of blending into a real formulation*)。颜料的作用绝不是仅仅保护金属。它们必须分散在湿漆中，而不是聚结成块。它们还必须良好附着在成膜物质上，这样，水分就无法通过颜料颗粒与成膜物质之间的间隙渗透通过涂层。许多情况下，颜料表面经过化学处理来避免这些问题的发生，无论如何，必须尽可能处理颜料时不要改变它们的主要特性(例如溶解度等)。
- 与关注的成膜物质的适用性(*suitability in the binders that are on interest*)。

当然，涂料不可能仅仅包含一种颜料，成膜物质对于油漆的成功是同样重要的。必须进一步研究选择的颜料与关注的成膜物质的相容性。

- 按照需要耐热、耐酸、耐碱或者耐溶剂。

4.7 因为毒性而被废弃的颜料

铅、铬、镉、钡的毒性使人们无法继续使用含有这些成分的油漆。伴随这些重金属存在的健康与环境问题是严重的，并且不断发现了新的问题。针对这个问题，如上文叙述的那样，颜料制造商已经开发出许多可替代颜料。提议的替代颜料数量不少，事实上，可利用的类型和数量几乎无计其数。

上列有毒颜料几乎完全被涂料行业废弃了，但是，本章节中还包括了铅和铬，因为开发新颜料时，人们对它们的保护机理是很感兴趣的。

4.7.1 铅基漆

发现铅基漆中红丹的缓蚀机理很复杂。可能认为铅基颜料是一种间接缓蚀剂，因为它们自身并不起到缓蚀作用，它们会与所选择的树脂系统发生反应，这个反应产生的副产品起到缓蚀剂的作用[14]。

Appleby 和 Mayne[98,99] 发现铅皂的形成是保护干净的(或者新的)钢材的机理。当与亚麻籽油配制在一起时，铅与油里的组分发生反应，在干膜里形成铅皂，这些铅皂在其他物质里降解成各种一元脂肪酸和二元脂肪酸的水溶性铅盐[100,101]。Mayne 和 Van Rooyen 也发现壬二酸、辛二酸、壬酸的铅盐都是铁腐蚀的缓蚀剂。Appleby 和 Mayne 提议如果能够生成不溶性铁盐，这些酸就能够减缓腐蚀，因为这些铁盐增强了空气里生成的氧化膜，直至其变得不让亚铁离子渗透。这个发现是基于这样的实验，他们将纯铁浸泡在壬二酸铅溶液里，测量浸泡之前及之后的氧化膜厚度。他们发现浸泡后氧化膜厚度增加了 7%~17%[98,102]。

壬二酸的铅盐在水里游离成铅离子和壬二酸盐离子。为了确定哪种成分在减缓腐蚀中起了关键作用，Appleby 和 Mayne 还用壬二酸钙和壬二酸钠重复进行了此项实验[99,103]。有意思的是，当铁块浸泡在壬二酸钙和壬二酸钠溶液里时，他们并没有看到类似的氧化膜增厚现象，由此证明铅本身，而不是有机酸，在铁的保护过程中发挥了作用。他们注意到水里有 5~20ppm($1ppm = 1\times10^{-6}$)的壬二酸铅就足以防止浸泡在此溶液里的纯铁发生腐蚀。他们还注意到，在此低浓度下，不能像在高浓度溶液里那样通过生成复合壬二酸盐来修补空气中生成的氧化膜达到缓蚀效果，而更准确地讲，似乎是与空气中生成的氧化膜不断增厚有关。

看来有可能起初溶液里的铅离子会给氧还原提供可替代的阴极反应，之后，在铁块表面阴极区还原成金属铅，使氧化还原反应去极化，由此保持足够高的电流密度来维持纯铁膜的生成。此外，由此生成的任何过氧化氢将有助于氧化膜中的铁离子保持纯铁状态，这样，空气中生成的氧化膜会增厚，直至铁离子无法渗透它[98]。

保护已经生锈的钢材，而不是保护干净的或者新的钢材，可能需要按不同腐蚀机理涂装油漆，原因很简单，因为此油漆不是直接涂刷在必须得到保护的钢材上的，而是涂刷在钢材表面的铁锈上了。油漆中缓蚀型颜料需要与金属表面紧密接触才能起到保护金属的作用，因此，如果有层铁锈就会阻止它们紧密接触，颜料就无法很好发挥其缓蚀作用。然而，红丹漆确实在生锈钢材上表现性能良好。有几种红丹漆在生锈钢材上保护机理的理论。

有人已提出铁锈浸渍理论。在铅基油漆中用的低黏度漆料使它能够渗透铁锈的表面结构。其有以下几个优点：

- 铁锈浸渍意味着它被隔绝从而减缓它的腐蚀作用。
- 油性渗透液发挥屏障作用，遮蔽铁锈阻止水分和氧气渗透，减慢了腐蚀[48]。
- 此种油漆能很好渗透和润湿铁锈使油漆更好的附着。

Thomas 用透射式电子显微镜观察了生锈钢材上铅基油漆和其他油漆的横断面[104,105]，她发现虽然油漆很好地渗透进入铁锈层的裂缝中，但是，没有任何证据证明铅基油漆渗透穿过致密的铁锈层到达铁锈与金属之间的界面(应当说明，此项实验使用的是烹饪用的亚麻籽油而不是未经加工的亚麻籽油。Thomas 还指出未经加工的亚麻籽油黏度更低，可能有更好的渗透效果)。凡是发现铅的地方总是在油漆与铁锈的界面附近，并且浓度很低。红丹漆溶解或者分解后，推测它已经扩散进入铁锈层，并且不会作为离散的 Pb_3O_4 颗粒存在。Thomas 还发现铅基油漆渗透进入铁锈层的状况并不明显好于所研究的环氧胶泥等其他漆料。最终，她发现水分透过 25μm 厚的亚麻籽油性铅基油漆膜的渗透速率大约为 $214g/(m^2 \cdot d)$，而氧气透过 100μm 厚的漆膜的渗透速率大约为 $734cc/(m^2 \cdot d)$[105]($1cc = 1mL = 1cm^3$)。可以渗透穿过漆膜的水分和氧气总量大于使无涂层钢材腐蚀的最小需要量。因此，可以稳妥地将屏蔽特性排除作为防护机理。看来卓越的渗透和润湿特性不能作为铅基油漆保护生锈钢材的机理。

铅基油漆可以降低硫酸盐和氯化物的溶解度，使这些侵蚀性离子变成惰性，从而使生锈钢材得到保护。可溶性铁盐转化成稳定的、不易溶解的、无害的化合物，例如，用钡盐处理后，硫酸盐就会变成“无害的”，因为硫酸钡是极不易溶解的。Lincke 和 Mahn[106]提议将此作为铅基油漆的保护机理，因为加了红丹颜料的漆膜被高浓度的硫酸亚铁、硫酸铁和氯化铁溶液吸收而发生沉淀反应。Thomas[107,108]

用激光微探针质谱(LAMMS)和带有能量分散X射线的透射电子显微镜观察了(有涂层样品暴露3年后)生锈钢材上铅基油漆的横断面。发现铁锈层里有少量铅，但是仅仅在铁锈与油漆界面30μm范围内。已知在铁锈与金属界面处有硫酸盐，但是在此处以及附近没有发现铅，即使有硫，整个铁锈层里也没有发现任何铅的分布。假如使侵蚀性离子变成惰性真的是保护机理，那么，在漆膜内应当生成$PbSO_4$这样不易溶的"沉淀物"，并且，铅与硫的比值应当等于或者大于1.0(假设存在过量的铅)。无论如何，没有看到铅的分布与硫(用X射线光电子能谱确认是硫酸盐)的分布之间存在什么关联关系，铅与硫的比值为0.2~1.0，Thomas由此得出结论，其不足以保护钢材。所以，降低硫酸盐的溶解度不能作为铅基油漆保护生锈钢材的机理。

先前叙述的研究中提到铁锈与油漆界面的30μm范围内，发现铁锈层附近有少量铅。Thomas认为因为铅盐看来无法到达金属底材去减缓阳极反应，所以有可能铅在铁锈层内发挥作用，通过干扰阴极反应来减慢大气腐蚀(也就是说，通过减缓已有铁锈的阴极还原，即主要是FeOOH还原成四氧化三铁)[108]。推测起来，这会抑制铁的阳极溶解，因为此反应应当被阴极反应所平衡。至今尚未得出真凭实据来支持或者反对此项理论。

最后，也有人提出了铅皂-壬二酸铅理论，就像在新钢材上一样，也在生锈的钢材上发挥作用。为了确认这种理论，Thomas寻找钢材与铁锈之间界面是否存在铅。涂刷了铅基油漆的钢板试样接受了3年的暴露试验，然后在激光微探针质谱仪上观察其横断面，然而在此界面上没有找到铅。正如Thomas指出的那样，这个发现并不能排除这种保护机理的可能性，铅可能依然存在，但是含量低于激光微探针质谱仪100ppm的检测极限[104,105]。Appleby和Mayne也说5~20ppm的壬二酸铅就足以保护纯铁[98]。预期保护生锈的钢材所需要的壬二酸铅的量不会那样低，因为如果存在氯离子或者硫酸盐离子时，与用于新的干净的钢材情况相比，阳极缓蚀剂需要更高的临界浓度[109]。有可能，20~100ppm的壬二酸铅的量就足以保护这样的钢材了。Appleby和Maybe提议，需要考虑的另一个方面是尚未确定由络合的壬二酸盐生成的钝化膜中可能存在铅的总量。看来铅皂-壬二酸铅理论是有望解释红丹漆如何保护生锈钢材最有可能的机理了。

总之，铅皂的生成看来是基于这样的机理，即铅基油漆减缓了干净钢材的腐蚀，也有可能减缓了生锈钢材上的腐蚀。当配方里加了亚麻籽油时，铅与油里的组分发生反应，在固化漆膜里生成皂，存在水分和氧气时，这些皂类会降解成各种一元脂肪酸和二元脂肪酸。壬二酸、辛二酸、壬酸的铅盐起到了缓蚀剂的作用，壬二酸铅在铅基油漆中是特别重要的。这些酸能够减缓腐蚀，它们会生成不易溶的铁盐，其能够增强金属的氧化膜直至其无法使铁离子渗透，由此抑制了腐蚀机理。相信铅皂的生成是新的(干净的)钢材与生锈的钢材防腐蚀保护的关键步骤。

4.7.2 铬酸盐

钝化离子的铬酸盐是已知最有效的钝化剂之一。然而，由于考虑到伴随六价铬存在的健康与环境问题，这类防锈颜料很快就消失了。

简单来讲，铬酸盐颜料促进金属表面上生成钝化层[110]。真正的机理可能更复杂。Svoboda 和 Mleziva 是这样描述铬酸盐的保护机理的："这个过程从物理吸附开始，之后转变为化学吸附，导致生成含有三价铬的化合物"[111]。

按照 Rosenfeld 等人叙述的机理[112]，CrO_4^{2-} 基团被吸附在钢材表面上，它们在那里被还原成三价离子。这些三价离子参与生成了络合化合物 $FeCr_2O_{14-n}(OH^-)_n$，其转而生成保护膜。Largin 和 Rosenfeld 认为铬酸盐不只是单纯在金属表面生成金属的混合氧化膜，而是伴随铁与氧原子之间键能的显著增加，它们会改变已有氧化膜的结构。这样使氧化膜的保护特性得到增强[113]。

也许还应当指出，在此领域的几位研究人员把这个保护机理描述得更加简单，就是生成了正常的有保护作用的混合氧化膜，Cr_2O_3 堵塞了氧化膜中的缺陷[14,32]。

主要的铬酸盐类颜料有碱式铬酸钾锌(也称作锌黄或者铬酸锌)、铬酸锶、四碱式铬酸锌。还有一些其他铬酸盐颜料，如铬酸钡、铬酸钾钡、碱式铬酸镁、铬酸钙、重铬酸铵，然而因为很少使用它们，所以本书恕不赘述了。

铬酸钾锌是重铬酸盐、氧化锌、硫酸之间抑制反应的产物。即使铬酸锌的加入量很少，其依然是有效的缓蚀剂[14]。

铬酸锶(*strontium chromate*)是最贵的铬酸盐缓蚀剂，主要用于铝材。其用于航空和卷材涂层行业，因为其加入量非常少，但效率相对高。

四碱式铬酸锌(*zinc tetroxychromate*)或者碱式铬酸锌，普遍用于生产双组分聚乙烯醇缩丁醛(PVB)磷化底漆。这些组分由磷酸与四碱式铬酸锌构成，后者分散在酒精里的聚乙烯醇缩丁醛溶液里。这些磷化底漆，正如其名，可用于钝化钢材、镀锌钢和铝材表面，改善后道涂层的附着。它们往往固体含量很低，适合涂装相当薄的漆膜厚度[14]。

铬酸盐颜料保护金属的能力来自其溶解和释放铬酸盐离子的能力。控制这种颜料的溶解度对于铬酸盐是很关键的。假如溶解度太高，其他涂料特性，如气泡生成，就会受到不利影响。在长期潮湿条件下使用含有大量可溶性铬酸盐颜料的涂料，能够起到半渗透膜的作用，水在一侧(在涂层的顶面)，含水颜料萃取物的饱和溶液在另一侧(在钢材与涂层之间的界面)。非常大的渗透力会导致气泡生成[111]。因此，铬酸盐颜料不适用于浸没条件，也不适用于长期有冷凝水或者其他暴露在湿气的条件下。

参考文献

[1] Hare, C. H. *Mod. Paint Coat.* 76, 38, 1986.

[2] Boxall, J. *Polym. Paint Colour J.* 181, 443, 1991.

[3] Undrum, H. *J. Prot. Coat. Linings* 23, 52, 2006.

[4] Ault, J. P. *J. Prot. Coat. Linings* 28, 11, 2011.

[5] Felui, S., Barajas, R., Bastidas, J., and M. Morcillo. *J. Coating. Tech.* 61, 775, 71-76, 1989.

[6] Zimmerman, K. *Eur. Coat. J.* 1, 14, 1991.

[7] ISO 12944-5. Paints and varnishes—Corrosion protection of steel structures by protective paint systems. Part 5: Protective paint systems. Geneva: International Organization for Standardization, 2007.

[8] Fultz, B. S. Zinc rich coatings—When to topcoat and when not to. Presented at CORROSION/06. Houston: NACE International, 2006, paper 06005.

[9] Zhang, X. G. *Corrosion and Electrochemistry of Zinc.* New York: Springer, 1996.

[10] Mitchell, M. Corrosion under insulation. New approaches to coating & insulation materials. Presented at CORROSION/2003. Houston: NACE International, 2003, paper 3036.

[11] Romagnoli, R., and V. F. Vetere. *Corros. Rev.* 13, 45, 1995.

[12] Krieg, S. *Pitture Vernici* 72, 18, 1996.

[13] Chromy, L. A., and E. Kaminska. *Prog. Org. Coat.* 18, 319, 1990.

[14] Beland, M. *Am. Paint Coat. J.* 6, 43, 1991.

[15] Boxall, J. *Polym. Paint Colour J.* 179, 129, 1989.

[16] Gibson, M. C., and M. Camina. *Polym. Paint Colour J.* 178, 232, 1988.

[17] Ruf, J. *Werkst. Korros* . 20, 861, 1969.

[18] Meyer, G. *Farbe Lack* 68, 315, 1962.

[19] Meyer, G. *Farbe Lack* 1963.

[20] Meyer, G. *Werkst. Korros.* 16, 508, 1963.

[21] Meyer, G. *Farbe Lack* 71, 113, 1965.

[22] Boxall, J. *Paint Resin* 55, 38, 1985.

[23] Ginsburg, T. *J. Coat. Technol.* 53, 23, 1981.

[24] Gooma, A. Z., and H. A. Gad. *J. Oil Colour Chem. Assoc.* 71, 50, 1988.

[25] Svoboda, M. *Farbe Lack* 92, 701, 1986.

[26] Robu, C., et al. *Polym. Paint Colour J.* 177, 566, 1987.

[27] Bernhard, A., et al. *Eur. Suppl. Polym. Paint Colour J.* 171, 62, 1981.

[28] Ruf, J. *Chimia* 27, 496, 1973.
[29] Dean, S. W., et al. *Mater. Perform.* 12, 47, 1981.
[30] Kwiatkowski, L., et al. *Powloki Ochr.* 14, 89, 1988.
[31] Pryor, M. J., and M. Cohen. *J. Electrochem. Soc.* 100, 203, 1953.
[32] Leidheiser, H., Jr. *J. Coat. Technol.* 53, 29, 1981.
[33] Kozlowski, W., and J. Flis. *Corros. Sci.* 32, 861, 1991.
[34] Kaminski, W. *J. Prot. Coat. Linings* 13, 57, 1996.
[35] Clay, M. F., and J. H. Cox. *J. Oil Colour Chem. Assoc.* 56, 13, 1973.
[36] Szklarska-Smialowska, Z., and J. Mankowsky. *Br. Corros. J* 4, 271, 1969.
[37] Burkill, J. A., and J. E. O. Mayne. *J. Oil Colour Chem. Assoc.* 9, 273, 1988.
[38] Bittner, A. *J. Coat. Technol.* 61, 111, 1989.
[39] Adrian, G. *Polym. Paint Colour J.* 175, 127, 1985.
[40] Bettan, B. *Paint Resin* 56, 16, 1986.
[41] Bettan, B. *Pitture Vernici* 63, 33, 1987.
[42] Adrian, G., et al. *Farbe Lack* 87, 833, 1981.
[43] Bittner, A. *Pitture Vernici* 64, 23, 1988.
[44] Kresse, P. *Farbe Lack* 83, 85, 1977.
[45] Gerhard, A., and A. Bittner. *J. Coat. Technol.* 58, 59, 1986.
[46] Angelmayer, K.-H. *Polym. Paint Colour J.* 176, 233, 1986.
[47] Bjørgum, A., et al. Repair coating systems for bare steel: Effect of pre-treatment and conditions during application and curing. Presented at CORROSION/2007. Houston: NACE International, 2007, paper 07012.
[48] Van Oeteren, K. A. *c* 73, 12, 1971.
[49] Nakano, J. *Polym. Paint Colour J.* 175, 328, 1985.
[50] Nakano, J. *Polym. Paint Colour J.* 175, 704, 1985.
[51] Nakano, J. *Polym. Paint Colour J.* 177, 642, 1987.
[52] Takahashi, M. *Polym. Paint Colour J.* 177, 554, 1987.
[53] Gorecki, G. *Metal Finish.* 90, 27, 1992.
[54] Vetere, V. F., and R. Romagnoli. *Br. Corros. J.* 29, 115, 1994.
[55] Kresse, P. *Farbe Lack* 84, 156, 1978.
[56] Sekine, I., and T. Kato. *J. Oil Colour Chem. Assoc.* 70, 58, 1987.
[57] Sekine, I., and T. Kato. *Ind. Eng. Chem. Prod. Res. Dev.* 28, 7, 1986.
[58] Zubielewicz, M., and W. Gnot. *Prog. Org. Coat.* 49, 358, 2004.
[59] Verma, K. M., and B. R. Chakraborty. *Anti-Corros. Methods Mater.* 34, 4, 1987.
[60] Goldie, B. P. F., *J. Oil Colour Chem. Assoc.* 71, 257, 1988.
[61] Vasconcelos, L. W., et al. *Corros. Sci.* 43, 2291, 2001.
[62] Goldie, B. P. F. *Paint Resin* 1, 16, 1985.
[63] Goldie, B. P. F. *Polym. Paint Colour J.* 175, 337, 1985.

[64] Banke, W. J. *Mod. Paint Coat.* 2, 45, 1980.
[65] Garnaud, M. H. L. *Polym. Paint Colour J.* 174, 268, 1984.
[66] Sullivan, F. J., and M. S. Vukasovich. *Mod. Paint Coat.* 3, 41, 1981.
[67] Lapasin, R., et al. *J. Oil Colour Chem. Assoc.* 58, 286, 1975.
[68] Lapasin, R., et al. *Br. Corros. J.* 12, 92, 1977.
[69] Marchese, A., et al. *Anti-Corros. Methods Mater.* 23, 4, 1974.
[70] Wilcox, G. D., et al. *Corros. Rev.* 6, 327, 1986.
[71] Sherwin-Williams Chemicals. Technical Bulletin 342. New York: Sherwin-Williams Chemicals.
[72] ACGIH (American Conference of Governmental Industrial Hygienists). *Threshold Limit Values for Chemical Substances and Biological Exposure Indices.* Vol. 3, Report 1971. Cincinnati, OH: ACGIH.
[73] Heyes, P. J., and J. E. O. Mayne. Inhibitive pigments for protection of iron and steel in *6th European Congress on Metallic Corrosion*, London, 1977, paper 213.
[74] Van Ooij, W. J., and R. C. Groot. *J. Oil Colour Chem. Assoc.* 69, 62, 1986.
[75] Bieganska, B., et al. *Prog. Org. Coat.* 16, 219, 1988.
[76] Maile, F. J., et al. *Prog. Org. Coat.* 54, 150, 2005.
[77] Bishop, D. M. *J. Oil Colour Chem. Assoc.* 66, 67, 1981.
[78] Bishop, D. M., and F. G. Zobel. *J. Oil Colour Chem. Assoc.* 66, 67, 1983.
[79] Boxall, J. *Polym. Paint Colour J.* 174, 272, 1984.
[80] Carter, E. *Polym. Paint Colour J.* 171, 506, 1981.
[81] Schmid, E. V. *Farbe Lack* 90, 759, 1984.
[82] Schuler, D. *Farbe Lack* 92, 703, 1986.
[83] Wiktorek, S., and J. John. *J. Oil Colour Chem. Assoc.* 66, 164, 1983.
[84] Schmid, E. V. *Polym. Paint Colour J.* 181, 302, 1991.
[85] Wiktorek, S., and E. G. Bradley. *J. Oil Colour Chem. Assoc.* 69, 172, 1986.
[86] Bishop, R. R. *Mod. Paint Coat.* 9, 149, 1974.
[87] Oil and Colour Chemists' Association. *Surface Coatings.* Vol. 1. London: Chapman & Hall, 1983.
[88] Eickhoff, A. J. *Mod. Paint Coat.* 67, 37, 1977.
[89] El-Sawy, S. M., and N. A. Ghanem. *J. Oil Colour Chem. Assoc.* 67, 253, 1984.
[90] Hare, C. H. *Mod. Paint Coat.* 75, 37, 1985.
[91] Hare, C. H., and M. G. Fernald. *Mod. Paint Coat.* 74, 138, 1984.
[92] Hearn, R. C. *Corros. Prev. Control* 34, 10, 1987.
[93] Sprecher, N. *J. Oil Colour Chem. Assoc.* 66, 52, 1983.
[94] Karlsson, P., Palmqvist, A. E. C., and K. Holmberg, Surface modification for aluminium pigment inhibition, *Adv. Colloid Interface Sci.*, 128-130, 121-134, 2006.
[95] Knudsen, O. Ø., and U. Steinsmo. *J. Corros. Sci. Eng.* 2, 13, 1999.
[96] Knudsen, O. Ø., and U. Steinsmo. *J. Corros. Sci. Eng.* 2, 37, 1999.
[97] Hare, C. H., and S. J. Wright. *J. Coat. Technol.* 54, 65, 1982.

[98] Appleby, A. J. , and J. E. O. Mayne. *J. Oil Colour Chem. Assoc.* 50, 897, 1967.
[99] Appleby, A. J. , and J. E. O. Mayne. *J. Oil Colour Chem. Assoc.* 59, 69, 1976.
[100] Mayne, J. E. O. , and E. H. Ramshaw. *J. Appl. Chem.* 13, 553, 1963.
[101] Mayne, J. E. O. , and D. Van Rooyden. *J. Appl. Chem.* 4, 419, 1960.
[102] Hancock, P. *Chem. Ind.* 194, 1961.
[103] Rychla, L. *Int. J. Polym. Mater.* 13, 227, 1990.
[104] Thomas, N. L. The protective action of red lead pigmented alkyds on rusted mild steel, in *Proceedings of the* Symposium on Advances in Corrosion Protection by Organic Coatings. Pennington, NJ: Electrochemical Society, The protective action of red lead pigmented alkyds on rusted mild steel 1989, 451.
[105] Thomas, N. L. *Prog. Org. Coat.* 19, 101, 1991.
[106] Lincke, G. , and W. D. Mahn. In *Proceedings of the 12th FATIPEC Congress.* Paris: Fédération d' Associations de Techniciens des Industries des Peintures, Vernis, Emaux et Encres d' Imprimerie de l' Europe Continentale (FATIPEC), 1974, 563.
[107] Thomas, N. L. *J. Prot. Coat. Linings* 6, 63, 1989.
[108] Thomas, N. L. Coatings for difficult surfaces. Presented at Proceedings of PRA Symposium, Hampton, UK, 1990, paper 10.
[109] Brasher, D. , and A. Kingsbury. *J. Appl. Chem.* 4, 62, 1954.
[110] Pantzer, R. *Farbe Lack* 84, 999, 1978.
[111] Svoboda, M. , and J. Mleziva. *Prog. Org. Coat.* 12, 251, 1984.
[112] Rosenfeld, I. L. *Zashch. Met.* 15, 349, 1979.
[113] Largin, B. M. , and I. L. Rosenfeld. *Zashch. Met.* 17, 408, 1981.

5 水性涂料

大多数重要的现代溶剂型涂料——丙烯酸、环氧树脂、醇酸树脂、聚氨酯、聚酯——也有水性配方。水性涂料主要用于装饰目的，但是，也有双组分重防腐型水性涂料[1]。丙烯酸主宰着水性涂料市场，它的市场份额是其他几种水性涂料总和的好几倍。

水性涂料并非简单地用水取代溶剂型涂料里的有机溶剂，而是必须从根本上设计一个全新的系统。本章将讨论水性涂料与其对应的溶剂型涂料有哪些不同。

水性涂料自然比溶剂型涂料更复杂，更难配制。除了少数例外情况，可溶于水的聚合物极少，它们不包括任何能够用在油漆中的组分。从广义上讲，单组分溶剂型涂料是将聚合物溶解在适宜溶剂中构成的。漆膜的生成过程仅仅就是涂敷后再等待溶剂的挥发。而在水性涂料中，聚合物颗粒未必完全溶解，而是以固态聚合物颗粒分散在水中存在的。当润湿、热力学和表面能理论开始起作用时，漆膜的生成过程就更复杂了。面对种种挑战，水性涂料配方设计师必须做好以下各项工作：

- 设计要在水里发生的聚合物反应，这样单体高分子链节才能聚合成固态聚合物颗粒。
- 找到能使固态聚合物颗粒保持稳定和均匀分散的助剂，而不是让这些聚合物颗粒在涂料桶底部聚集成块。
- 找到能够多少软化固体颗粒外表面的助剂，这样在成膜过程中它们更容易流平。

所有这些都只是针对成膜物质的要求。还需要额外专用助剂，例如，为了防止颜料凝聚成块，在水这样的极性液体中颜料颗粒的分散特性通常与在非极性有机溶剂中是不同的。同样，加入这些化学物能使颜料与成膜物质很好整合成一体，这样在成膜物质与颜料颗粒之间就不会存在间隙。当然，还要使用许多水性涂料配方专用的助剂，防止水分蒸发之前，钢材发生闪锈(可能要注意，是否需要防闪锈助剂多少有点疑问)。

5.1 在水中的聚合物技术

大多数聚合物链是非极性的，而水是高度极性的，水是无法溶解这些聚合物的。然而，应用化学已经有了绕过这个问题的途径。涂料工艺技术已经采取多种方法使聚合物能够悬浮或者溶解在水里。所有这些需要对聚合物做些改性，使它们能够在水里稳定地分散或者溶解。极性官能团的浓度发挥了重要作用，它决定了水性涂料的类型：高浓度有助于聚合物在水里溶解，低浓度导致聚合物在水里分散[2]。人们已经开展了更多研究，看看极性基团在哪里导入以及如何导入而尽量不破坏母体聚合物。

5.1.1 水分散性涂料与水溶性涂料

无论是水分散性涂料还是水溶性聚合物，自然疏水性的聚合物链被改变了，亲水性链段，如羧酸基、磺酸基、叔胺被接枝到此链上，使之具有一定程度的水溶解性。

在水分散性涂料中，该聚合物是从易溶混于水的有机溶剂配制的溶液开始的。之后再加入水。疏水性聚合物分离成胶质颗粒，而亲水性链段会稳定这些胶质[3]。水分散性涂料就其本质而言，它们总是含有一部分有机溶剂。

水溶性聚合物并不是从有机溶剂开始的。这些聚合物设计成要直接溶解在水里。这个方案的优点是干燥变成简单得多的过程，因为涂料既不是分散体，也不是乳状液。此外，对于生成良好完整性的涂膜，温度也不是重要影响因素。然而，与用于分散型涂料的聚合物(相对分子质量为 $10^5 \sim 10^6$)相比，适合这种技术的聚合物本身的相对分子质量比较低($10^3 \sim 10^4$)[4]。

5.1.2 水乳液涂料

乳状液就是一种液体分散在另一种液体中，最熟悉的例子就是牛奶，其中，脂肪液滴乳化在水里。在乳液涂料中，液态聚合物被分散在水里。许多醇酸涂料和环氧涂料就是这类涂料的典型例子。

5.1.3 水分散体涂料

在水分散体涂料中，聚合物并非完全溶解于水。而是这些聚合物以非常细小的固体颗粒(粒度 50~500nm)分散在水里或者成了乳胶。应当指出，如果仅仅在有机溶剂中形成固体聚合物颗粒，除去溶剂后再将这些固体颗粒加入水里，这样是无法生产出水分散体涂料的。对于这些涂料，从一开始聚合物必须就在水里制取。大多数乳胶是从聚合物链段开始的，然后经历一个聚合过程。另一方面，聚氨酯分散体涂料是水性链段缩聚而成的[3]。

5.2 水与有机溶剂的比较

溶剂型涂料与水性涂料之所以有差别，这是水的独特性质造成的。就这些物质的大部分特性而言，水与有机溶剂是显著不同的。在制取水性涂料时，涂料配方设计师必须从头开始，重新选用从树脂到最终加入的稳定剂几乎每一样东西。

在许多方面，水与有机溶剂是不同的。例如，水的介电常数比大多数有机溶剂大了好几个数量级。水的密度、表面张力、导热系数都大于大多数常用的有机溶剂。无论如何，用在涂料中时，水和有机溶剂的以下差别是最重要的：

- 水不能溶解那些油漆中作为树脂使用的聚合物。因此，必须改变这些聚合物的化学特性，它们才能够用作涂料的骨干材料。在这些树脂中加入某些官能团，如胺、磺基、羧基，使它们能够溶解或者分散在水中。
- 水的冰点比有机溶剂高。水性涂料必须在无霜条件下储存和涂装。
- 水的蒸发相变焓比油漆中常用溶剂的低。因此水性涂料一般比溶剂型涂料干燥时间短。
- 水的表面张力比油漆中常用溶剂的高。这样高的表面张力对于乳胶成膜起到了重要的作用(见第 5.3 节)。

水性涂料总是含有某种有机溶剂(助溶剂)，一般含量为 5%～10%。这种溶剂往往是低相对分子质量的酮类、醇类、酯类。它们在油漆中的作用是有助于成膜过程。

5.3 乳胶漆成膜

水性分散体通过一个迷人的过程生成涂膜。为了发生交联并生成一个连贯的涂膜，分散的固体颗粒必须像水在蒸发那样铺展开。它们之所以这样是因为热力学上各个聚合物球状微粒优先发生的是聚结：总表面的最小化才允许减小自由能[5]。

成膜过程可以描述成如下三个阶段。图 5.1 所示是第一阶段与第二阶段。

① 胶体浓缩(*colloid concentration*)。新涂敷乳胶涂料里的大部分水分蒸发。随着球状聚合物颗粒之间的距离收缩，这些颗粒移动并互相滑过，直至它们紧密地压接在一起。这些颗粒靠水分蒸发而拉近相互之间的距离，但它们本身并没有受到什么影响，它们的形状也没有改变。

② 聚结(*coalescence*)。当只有水留在这些颗粒之间时，这个阶段就开始了。这个第二阶段，也叫作“毛细管效应阶段”，缝隙中水的表面张力成为一个影响

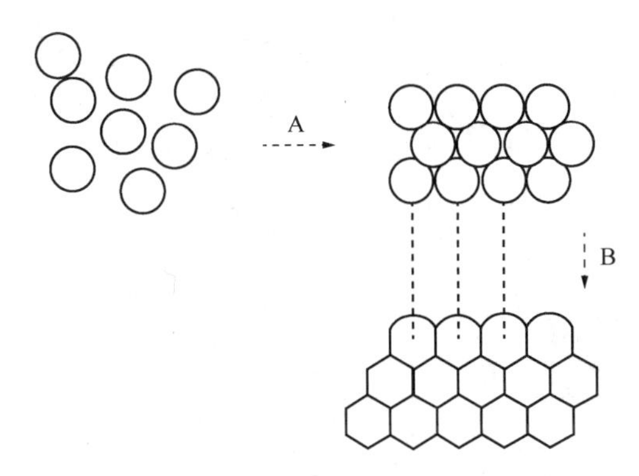

图 5.1 乳胶漆成膜：胶体浓缩(A)与聚结(B)

注：聚结过程中，颗粒之间的中心距是不变的

因素。在水与空气之间界面以及水与颗粒之间界面，水会努力减小其表面。实际上，这些水对固体聚合物颗粒有足够大的拉力使它们发生变形。这会发生在球形颗粒的侧面、上方与下方，只要与另一个球形颗粒接触的任何地方，蒸发的水分将它朝其他球形颗粒方向拉动。由于这种情况发生在所有各个方向以及所有球形颗粒上，结果形成一个十二面体的蜂窝状结构。有机助溶剂有助于聚结。

③ 大分子相互扩散(*macromolecule interdiffusion*)。在某些条件下，例如有足够高的温度，聚合物链能够跨越颗粒边界扩散。由此生成更均质的连续涂膜。这种涂膜的机械强度和防水性能都增强了[5,6]。

5.3.1 成膜的驱动力

成膜过程是极为复杂的，有许多理论——或者更确切地讲有许多不同的学派——描述着这个成膜过程。它们的最大不同的论点是颗粒变形的驱动力：聚合物颗粒的表面张力、范德华引力、聚合物与水界面的张力、空气与水界面上的毛细管压力，或者上述不同理论的组合。建立这些乳胶涂料成膜机理的模型是必要的，目的是改进已有水性涂料并设计出下一代水性涂料。例如，为了改善成膜率，重要的是要知道聚结的主要驱动力是位于聚合物与水的界面上，或者位于水与空气的界面上，或者位于聚合物颗粒之间。这个位置决定了应当优化哪些表面张力或者表面能。

近年来，似乎认为在空气与水的界面上或者在聚合物与水的界面上的或者两种界面上的水的表面张力是驱动力的舆论在增长。原子力显微镜(AFM)研究似乎说明空气与水的界面上的毛细管压力是最重要的[7]。Visschers 与其同伴用另一种方法开展了研究[8]，他们的报告支持这些研究结果。他们估计一个系统聚合物变形期间，有各种各样的力在起作用，其中，颗粒变形可能需要小于 10^{-7}N 的力。

这些颗粒之间以及在空气与水界面上靠毛细管流动的水产生的力都足够大了(表5.1)。

表5.1 颗粒变形过程中估计起作用的力

起作用的力的类型	估计力的大小/N
作用在颗粒上的地心引力	6.4×10^{-17}
范德华引力(分隔距离5nm)	8.4×10^{-12}
范德华引力(分隔距离0.2nm)	5.5×10^{-9}
静电排斥力	2.8×10^{-10}
由于水与空气界面退缩的毛管力	2.6×10^{-7}
由于液体桥接的毛管力	1.1×10^{-7}

资料来源：Visschers，M.，et al.，*Prog. Org. Coat.*，31，311，1997. With permission from Elsevier。

Gauthier 与其同伴也指出聚合物与水之间的界面张力以及空气与水之间界面上的毛细管压力表现为相同的物理现象，能够用杨氏拉普拉斯的表面能定律来描述[5]。事实上，存在两个最低成膜温度 MFFT(*minimum film formation temperature*)，一个是"湿态温度"，另一个是"干态温度"，这个事实可以表明减弱的聚合物与水的界面以及正在蒸发的缝隙水都在驱动漆膜的生成(见第5.4节)。

有关成膜过程和重要的热力学与表面能问题，可以浏览 Lin 与 Meier[7]、Gauthier 等人[5]或者 Visschers 等人的杰出论述，深入了解有关信息。所有这些论述都是涉及未加颜料的乳胶涂料系统。从事这个领域研究工作的读者还应当了解 Brown[10]、Mason[11]、Lamprecht[12]等人开创性的研究成果。

5.3.2 湿度与乳胶涂料的固化

大气中存在大量水分，研究人员估计大气中大约含有 6×10^{15}L 的水[13,14]。因为这样的事实，普遍认为相对湿度会影响水性涂料中水分的蒸发速率。商贸资料中普遍会暗示水性涂料对于高湿度条件多少有点敏感。然而，Visschers 等人明确指出这样的看法是错误的。他们结合应用热力学和接触角理论证实只要乳胶涂料没有被直接润湿，即被雨水淋湿或被冷凝水浸湿，那么实际上所有湿度下乳胶涂料都是会干的[8]。Forsgren 和 Palmgren 用实验证明了 Visschers 等人的研究结论[15]，他们发现相对湿度的变化并没有对固化乳胶涂料的机械特性和物理特性产生什么重大影响。Gautheir 与其同伴也用实验证明乳胶涂料的聚结并不取决于环境湿度。用测量重量损失方法研究水分蒸发时，他们发现水在第一阶段的蒸发速率取决于一定温度下的相对湿度。然而，在第二阶段发生聚结时，无法用相同模型解释水分的蒸发速率[5]。

5.3.3 真实的涂料

上述成膜模型是以单纯乳胶涂料系统为基础的。真实的水性乳胶涂料里含有许多其他成分：不同种类的颜料、用于软化聚合物颗粒外层的成膜剂、表面活性剂、乳化剂、增稠剂等，用于控制润湿和黏度，维持聚合物颗粒的分散度。

水性漆能否成功生成连续的漆膜取决于许多因素，包括：

- 聚合物颗粒被水润湿（Visschers 与其同伴发现在球形聚合物微粒上水的接触角对接触力影响极大，假如这个接触力是正值，其能够推动聚合物颗粒分开；假如这个接触力是负值，其能够将它们拉到一起[8]）；
- 聚合物的硬度；
- 成膜剂的有效性；
- 成膜物质与颜料的比值；
- 聚合物颗粒在颜料颗粒上的分散度；
- 乳胶涂料中颜料与成膜物质颗粒的相对大小。

5.3.3.1 颜料

配制涂料时，无论是溶剂型涂料还是水性涂料，涂敷后的成膜物质在固化过程中，颜料在成膜物质中要达到良好的分散度，而且颜料和成膜物质之间要有一个合适的配比。无论哪种涂料，颜料与成膜物质的合适配比都很重要。对于水性涂料，需要特别关注颜料在成膜物质中的分散度以及固化期间颜料靠成膜物质涂装的状况。

水的表面张力很高，不仅影响聚合物的分散度，也影响颜料的分散度。正如 Kobayashi 指出的那样，颜料分散中最重要的因素是溶剂润湿颜料的能力。因为需要考虑表面张力，颜料的润湿取决于两个因素：颜料的疏水性（或者亲水性）和颜料的几何形状。对此感兴趣的读者可以浏览 Kobayashi 的文献，了解更多水性涂料配方中颜料分散的信息[16]。

Joanicot 与其同伴观察了将粒度比乳胶涂料颗粒大得多的颜料加入配方时上述成膜过程会发生什么情况。他们发现此种情况下水性涂料配方与溶剂型涂料配方的状况相似：颜料体积浓度是关键。如果涂料的颜料体积浓度比较低，成膜过程就不会受到存在颜料的影响。如果涂料的颜料体积浓度比较高，那么水分蒸发时，乳胶涂料颗粒依然会变形，但是，没有足够多的量可以完全覆盖所有颜料颗粒。干燥后的涂料会重新组成一个颜料颗粒的架构，在许多点上它们靠乳胶漆颗粒保持在一起[17]。

图 5.2 所示是颜料体积浓度使颜料分散不平衡的问题。

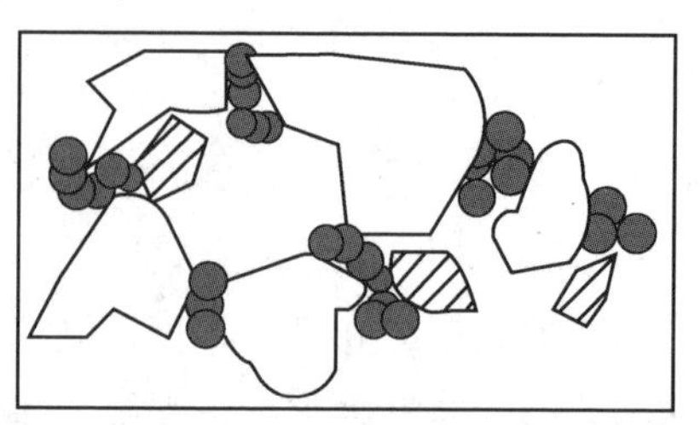

(a) 颜料体积浓度高，成膜物质颗粒聚集在颜料颗粒之间

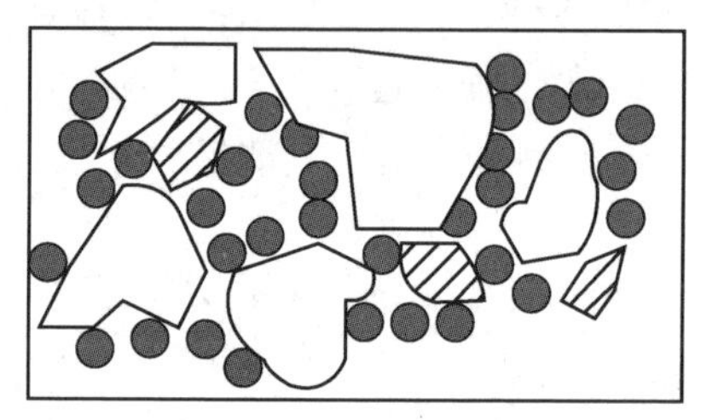

(b) 颜料体积浓度高和分散的成膜物质颗粒

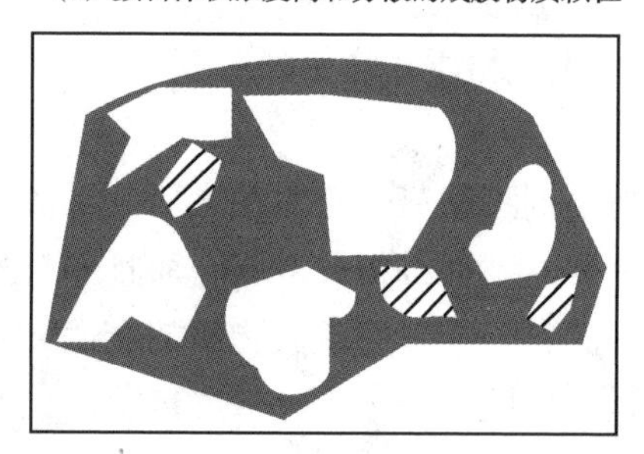

(c) 颜料体积浓度低并有足够多的成膜物质填满所有颜料颗粒之间的间隙

图 5.2　颜料与成膜物质颗粒的组合

注：聚合物颗粒是黑色的，颜料颗粒是白色的或是有条纹的(代表两种不同的颜料)

在图 5.2(a)中颜料体积浓度非常高，成膜物质颗粒凝聚在颜料颗粒之间有限的位点。当它们变形时，涂膜是由聚合物将颜料颗粒保持在一起构成的，到处都有空隙。

图 5.2(b)所示同样高的颜料体积浓度，但是在此成膜物质颗粒是分散的。这些成膜物质颗粒会环绕颜料颗粒形成一个连续涂膜，但是空隙依然存在，因为很简单，成膜物质数量不足。

图 5.2(c)所示是个理想状态：颜料体积浓度比较低，周围黑色成膜物质不仅能覆盖这些颜料颗粒，而且使涂膜之间不留下任何空隙。

5.3.3.2　助剂

在真实的水性涂料中，成膜过程会造成一层不均质的固化乳胶涂层。例如，Tzitzinou 与其同伴发现可以预期贯穿涂层深度的固化乳胶涂层的成分是有差异的。他们研究了丙烯酸乳胶涂膜中的一种阴离子表面活性剂。应用原子力显微镜和卢瑟福背散射光谱检测分析了固化涂膜，他们发现空气表面上的表面活性剂浓度高于涂料主体中的表面活性剂浓度[18]。Wegmann 也研究了固化后水性涂膜的非均质性，但是，他的发现主要归因于固化期间不能有效地成膜[19]。

真实乳胶涂料配方的化学是复杂的，目前面临的挑战是预测模型的建模。水性涂料模型建模工程师报告的一个问题是固化温度的升高对各种涂料组分的影响有很大差别。Snuparek 与其同伴在甲基丙烯酸丁酯-丙烯酸丁酯-丙烯酸的共聚物分散体中加了一种非离子型乳化剂。室温下发生固化时，随着乳化剂加入量的增加，涂膜的耐水性能增加。然而，如果在 60℃ 的温度下固化，随着乳化剂加入量的增加，涂膜的耐水性能却会减弱[4]。

5.4 最低成膜温度(MFFT)

最低成膜温度是成膜物质形成黏附的涂膜所需要的最低温度。虽然与玻璃化温度是两码事，但是，这个测量值确实是以聚合物的玻璃化温度为基础的。

假如涂料的涂装温度低于最低成膜温度(MFFT)，那么在第一阶段胶体浓缩时，水分会像描述的那样蒸发(见第 5.3 节)。然而，因为环境温度低于最低成膜温度(MFFT)，这些颗粒太硬而无法变形。这些颗粒无法像描述的第二阶段聚结过程那样缝隙水蒸发时颗粒聚结在一起。也不会利用颗粒间的范德华力和跨越颗粒边界扩散的聚合物分子而生成蜂窝状结构。

在实验室里，最低成膜温度(MFFT)能够作为成型的乳胶涂膜变得透明时的最低温度。这很简单，因为假如乳胶涂料没有形成一个黏附的涂膜，聚合物颗粒之间就会有许多空隙。这些空隙在涂膜内部构成的内表面导致涂膜不透明。

乳胶涂料必须总是在高于最低成膜温度(MFFT)的条件下涂装。此事说起来容易，办起来难，因为最低成膜温度(MFFT)是个动态值，是随时间变化的。在一个双组分系统中，最低成膜温度(MFFT)会随着组分的混合而增加。双组分水性涂料必须在最低成膜温度(MFFT)增加将近达到室温之前涂装与干燥。当水性涂料最低成膜温度(MFFT)已经达到室温，并且水性涂料的适用期已经结束时，与许多溶剂型涂料不一样，水性涂料的黏度不会随之增加[20]。因此，施工人员不能根据乳胶涂料黏度来判断其是否已经超出适用期，而必须以适用期时间为准。

湿态最低成膜温度(MFFT)和干态最低成膜温度(MFFT)。假如乳胶涂料在低于最低成膜温度(MFFT)下干燥，那么，任何颗粒不会发生变形。假如之后已经干燥(但没有成膜)的乳胶涂料温度再升高到略高于最低成膜温度(MFFT)，既不应当发生第 5.3 节描述的成膜，也不应当在退缩的空气与水的界面上产生毛细管力，由此不会发生任何颗粒变形。然而，假如进一步升高温度，最终会发生颗粒变形。这是因为毛管冷凝效应，这些颗粒之间总会残留一些水分。较高温度下，这些颗粒间的液体桥接能够产生足够迫使这些颗粒变形的力。

看来存在两种最低成膜温度（MFFT）：湿态最低成膜温度（MFFT）和干态最低成膜温度（MFFT）。正常的最低成膜温度就是湿态最低成膜温度，这是在正常情况下所看到的温度，此时涂装此乳胶涂料的环境温度高于此种聚合物的玻璃化温度，成膜过程完全按照第 5.3 节的描述分三个阶段完成。由于空气与水的界面退缩，这个湿态最低成膜温度伴随发生颗粒变形。

先前未成膜的乳胶涂层发生变形的较高温度就是干态最低成膜温度。此时颗粒间的水分少得多。在此较高的干态最低成膜温度下，水分的作用尚不清楚。也许少量水分能使颗粒变形，因为在升高温度下可能有不同的变形机理。或者有可能在这些条件下，聚合物颗粒变得更软了。这个现象是很有意思的，也许有助于改进乳胶涂料成膜模型[21-24]。

5.5 闪锈

Nicholson 的闪锈定义是这样的："一种含水涂料干燥期间底材的快速腐蚀，并在干漆膜表面可见腐蚀产物（即铁锈）"[25]。普遍认为闪锈是水性涂料可能存在的缺点，然而，Nicholson 指出人们对这个现象还了解甚少，还不清楚闪锈对涂层长期性能影响的重要性。人们已经开展研究来识别有效的防闪锈助剂，但是，因为他们完全是根据经验提出的方法，所以，闪锈的工作机理——或者有无必要开展这样的研究，都尚未确定。

全面讨论闪锈也许是没有必要的。Igetoft[26]指出闪锈不仅需要有水，还需要存在盐。事实上，即使钢材处于潮湿状态也未必会生锈。

Forsgren 和 Persson[27]所得的结果表明，对于现代水性涂料，闪锈不是个严重问题。他们应用接触角测量、傅里叶变换红外光谱（FTIR）、原子力显微镜研究了水性丙烯酸涂料固化前在钢材与涂层界面上的表面化学。特别是，他们研究了涂装前以及涂装后的瞬间，钢材及其电磁成分和酸基组分总的自由表面能。之前预期涂装后钢材表面能的酸性成分或者碱性成分或者两者都会立刻增加。然而，和预期相反，钢材总的表面能却减小了，并且，路易斯碱组分大幅度下降。比较与涂层接触后的接触角测量值，聚合物大于冷轧钢。光谱研究结果表明，在涂层中暴露两分钟后，钢材表面出现羧基和烷烃组分。原子力显微镜观察结果表明，涂层中短时间暴露后，比钢材软的圆形颗粒会分布在整个钢材表面上。他们推测，聚合物链上的附着力促进剂相当有效，以至于 20s 后第一批聚合物颗粒就已经附着在钢材上了，换言之，依靠水分蒸发而使聚合物颗粒发生任何变形之前。聚合物颗粒这样瞬间结合对短期和长期防腐蚀特性有什么影响还不得而知。更好了解涂料涂装后的瞬间在涂层与金属之间的界面上发生的变化过程，可能有助于明白和预防发生闪锈这样不受欢迎的现象。

参考文献

[1] Hawkins, C. A. , A. C. Sheppard, and T. G. Wood. *Prog. Org. Coat.* 32, 253, 1997.

[2] Padget, J. C. *J. Coat. Technol.* 66, 89, 1994.

[3] Misev, T. A. *J. Jpn. Soc. Colour Mater.* 65, 195, 1993.

[4] Snuparek, J. , et al. *J. Appl. Polym. Sci.* 28, 1421, 1983.

[5] Gauthier, C. , et al. *Film Formation in Water-Borne Coatings*, ed. T. Provder, M. A. Winnik, and M. W. Urban. ACS Symposium Series 648. Washington, DC: American Chemical Society, 1996.

[6] Gilicinski, A. G. , and C. R. Hegedus. *Prog. Org. Coat.* 32, 81, 1997.

[7] Lin, F. , and D. J. Meier. *Prog. Org. Coat.* 29, 139, 1996.

[8] Visschers, M. , J. Laven, and R. van der Linde. *Prog. Org. Coat.* 31, 311, 1997.

[9] Visschers, M. , J. Laven, and A. L. German. *Prog. Org. Coat.* 30, 39, 1997.

[10] Brown, G. L. *J. Polym. Sci.* , 22, 423, 1956.

[11] Mason, G. *Br. Polym. J.* 5; 101, 1973.

[12] Lamprecht, J. *Colloid Polym. Sci.* 258, 960, 1980.

[13] Nicholson, J. *Waterborne Coatings.* Oil and Colour Chemists' Association Monograph 2. London: Oil and Colour Chemists' Association, 1985.

[14] Franks, F. *Water.* London: Royal Society of Chemistry, 1983.

[15] Forsgren, A. , and S. Palmgren. Effect of application climate on physical properties of three waterborne paints. Report 1997: 3E. Stockholm: Swedish Corrosion Institute, 1997.

[16] Kobayashi, T. *Prog. Org. Coat.* , 28, 79, 1996.

[17] Joanicot, M. , V. Granier, and K. Wong. *Prog. Org. Coat.* , 32, 109, 1997.

[18] Tzitzinou, A. , et al. *Prog. Org. Coat.* 35, 89, 1999.

[19] Wegmann, A. *Prog. Org. Coat.* 32, 231, 1997.

[20] Nysteen, S. Personal communication. Hempel's Marine Paints A/S (Denmark).

[21] Sperry, P. R., et al. *Langmuir* 10, 2169, 1994.

[22] Keddie, J. L., *Macromolecules* 28, 2673, 1995.

[23] Snyder, B. S., et al. *Polym. Preprints* 35, 299 1994.

[24] Heymans, D. M. C., and M. F. Daniel. *Polym. Adv. Technol.* 6, 291, 1995.

[25] Nicholson, J. W. The widening world of surface coatings, in *Surface Coatings*, ed. A. D. Wilson, J. W. Nicholson, and H. J. Prosser. Amsterdam: Elsevier Applied Science, 1998, chap. 1.

[26] Igetoft, L. Våtblästring som förbehandling före rostskyddsmålning—literature-genomgång. Report 61132: 1. Stockholm: Swedish Corrosion Institute, 1983.

[27] Forsgren, A., and D. Persson. Changes in the surface energy of steel caused by acrylic waterborne paints prior to cure. Report 2000: 5E. Stockholm: Swedish Corrosion Institute, 2000.

6 粉末涂料

粉末涂料是最年轻的也是增长最快的涂料技术。粉末涂料最早是在20世纪50年代研发成功的，当时采用流化床工艺在预热钢材上涂装了聚乙烯粉末。20世纪60年代，研发成功如今大家已经熟悉的聚酯与环氧树脂粉末涂料，并且，粉末涂料的应用开始增长。目前，粉末涂料在世界涂料市场中大约占11%[1]。

粉末涂料中，包括成膜物质、填料、颜料、助剂在内的所有组分都是干的无溶剂粉末。粉末是用喷涂或者流化床工艺涂装在金属底材上的。喷涂粉末时，粉末颗粒通过带有静电荷的喷枪，这个电荷使这些粉末颗粒被吸引到电气接地的金属底材上。然后，这层粉末在160~210℃的烤箱里熔融，它们一起流动形成连续的涂膜。在流化床里，要涂装的工件需要预热到高于这种粉末的熔点温度，然后将工件处于流化床中，这些粉末就会熔融并黏附在工件上。

由于环保和法规的要求，无溶剂特性成为粉末涂料强有力的竞争优势。人们对溶剂排放问题与日俱增的关注正是粉末涂料技术增长最快并且依然在快速增长的重要原因。粉末涂料是能够解决溶剂排放问题的终极技术，因为涂装粉末涂料时，实质上能够实现挥发性有机化合物零排放。无论如何，粉末涂料的成功也与其非常有利的性价比有关。粉末涂料具有许多技术优势和经济优势，例如：

- 由于涂料粉末是靠它们带的静电荷被吸引到金属底材上的，所以实际上最终附着在金属底材上的涂料粉末比例非常高。与此相比，喷涂常用液体涂料时受到金属底材几何形状的限制，会有很大一部分液体涂料没有落在金属底材上而白白损失掉了。当然，喷涂时没有吸附到金属底材而落到喷粉房的粉末涂料可以循环利用，重新喷涂在工件上。与常用的液体涂料相比，使用粉末涂料既可以减少浪费，又能够改善涂装工艺的成本效益。
- 涂料粉末仅仅在几分钟内就完成了高温固化，冷却后涂装的工件可以立刻使用。相比之下，常用的湿漆在环境温度下需要几天时间才能使溶剂挥发和固化，而涂装了粉末涂料的工件，离开涂装生产线的产品就可以使用了。
- 因为粉末涂料是在自动化生产线上涂装的，所以它们的成本效益优于其他涂料。
- 高温固化能够生成非常致密坚牢的保护涂膜。

使用粉末涂料最大的限制条件是工件的大小。它们必须适合在粉末涂装生产线上运行。虽然相当大的工件也能够喷涂粉末，但是，这项技术对工件的尺寸还是有一定的局限性。虽然粉末涂料不适用于木材、塑料、陶瓷等不导电的材料，但是，也已经开发出这些底材的粉末涂料涂装方案。例如，墙体和家具用的中密度纤维板材(MDF)常常采用粉末涂装。尽管如此，90%的粉末涂料还是用在金属涂装上的。本书不讨论非金属材料用的粉末涂料，因为我们的主题是防腐蚀涂料。

6.1 普通类型粉末涂料及其用途

粉末涂料中最常用的聚合物是聚酯、环氧树脂、聚氨酯、聚酯与环氧树脂的混合物、丙烯酸树脂。与常用油漆一样，粉末涂料也分为热塑性涂料和热固性涂料。热塑性粉末涂料成膜过程中，粉末颗粒熔化并流动到一起，形成聚合物链互相交织在一起的连续涂膜。与物理干燥的未干涂膜一样，这层涂膜在高温下会重新熔融或者用溶剂溶解。在热固性粉末涂料制粉过程中，将两种反应物混合在粉末中，但是，在环境温度下它们的反应速率相当慢，所以在储存期间粉末涂料是比较稳定的。当温度远高于粉末熔点时，粉末涂料开始固化反应，从而生成涂膜。

6.1.1 热塑性粉末涂料

早期的粉末涂料是以热塑性聚合物为基础的，然而，当今粉末涂料市场中，热塑性涂料只占很小的份额。总的说来，热塑性涂料的附着力比较差，所以往往需要配套使用底漆。热塑性涂料的屏蔽性能也不如热固性涂料，所以热塑性涂层必须比较厚，要达到几百微米才能有效起到防护作用。大多数热塑性涂料的熔融温度高于热固性粉末涂料，因此需要更高温度的烘箱里熔融并生成涂膜。无论如何，各种热塑性粉末涂料也有某些独特的特性，使它们在许多用途中发挥自己的独特作用。最重要的热塑性粉末涂料有乙烯基粉末涂料、聚酰胺粉末涂料和聚烯烃粉末涂料。以往，热塑性粉末涂料都是采用流化床工艺涂装的，目前许多粉末涂料依然采用这样的涂装工艺。

乙烯基粉末涂料包括聚氯乙烯(PVC)和聚偏二氟乙烯(PVDF)，这是两种最重要的乙烯基粉末涂料。聚氯乙烯是一种又脆又硬的聚合物，必须加入增塑剂才能生成有足够柔韧性的涂膜。紫外光能够使聚氯乙烯降解，并且，聚氯乙烯的户外耐久性很差。因此，聚氯乙烯粉末涂料主要用于涂装室内用品。它们有良好的机械坚韧性，如果涂膜有足够厚度，就能起到很好的防护作用，所以，适合用于涂装洗碗机的碗、碟、篮、筐等，也已批准其适合与食品接触的用途。聚氯乙烯是一种比较便宜的聚合物材料，所以聚氯乙烯涂层是消费者承受得起的。即使需要较厚的涂膜，每千克粉末涂料的价格还是比较低的，所以单位面积的涂装成本与其他涂料相当。为了达到所需要的较厚涂膜，常常用流化床工艺涂装聚氯乙烯。尽管聚偏二氟乙烯与聚氯乙烯属于同一大类的聚合物，但是，两种粉末涂料的特性有很大差别，两者用途也不尽相同。聚偏二氟乙烯粉末涂料具有卓越的抗紫外线功能和保光性，以及良好的耐磨性。作为一种氟聚合物，它们的表面能比较低，使它们有很好的耐污性能。这些特性使得聚偏二氟乙烯成为极佳的面漆，特别适合作为建筑结构的装饰涂料。

聚酰胺类粉末涂料的特点是机械韧性强、耐高温、耐受化学剂和溶剂的范围很宽。因此，它们往往被用作栏杆、线缆制品、汽车部件和医用设备的涂层。它们可以作为聚氯乙烯涂层的替代品，在类似产品上，它们比聚氯乙烯涂层有更强的耐受机械磨损的能力和更好的抗紫外线性能。聚酰胺涂层也已经获得批准可以接触食品。

聚烯烃粉末涂料也就是聚乙烯和聚丙烯粉末，生成的涂膜具有光滑的表面、柔软的近似石蜡般手感。它们是没有官能团的惰性聚合物，几乎完全不吸水，并有很强的耐化学剂和耐溶剂性能。由于这些优点，聚烯烃涂料常常用作需要定期清洗的实验室设备涂层。因为价格便宜且容易涂装而被选用。它们的惰性和没有官能团的特征也意味着它们与金属的附着力很差，所以往往需要底漆或者附着力促进剂。与许多其他热塑性粉末涂料一样，通常要用流化床工艺涂装。

6.1.2 热固性粉末涂料

正如上文所述，热固性粉末涂料在粉末涂料市场中占主要地位，主要的热固性粉末涂料是聚酯、环氧树脂、聚酯与环氧树脂的混合物。环氧树脂用作重防腐涂料，聚酯用于装饰性用途和户外防护涂层。聚酯与环氧树脂的混合物涂料既有聚酯的装饰特性，也有环氧树脂的坚韧耐用特点，因此优先选做室内涂料的成膜物质。固化反应中，热固性成膜物质发生交联，继而将涂膜转化成实质上单个巨大分子的三维网格。成膜物质的特性取决于聚合物特性和交联密度。固化涂层中的交联密度取决于树脂和固化剂的官能度，也就是取决于活化点的数量。

环氧粉末涂料具有很强的附着力，非常强的耐化学性，非常强的耐磨性，非常卓越的防腐蚀特性。然而，与液体环氧漆一样，环氧粉末涂料耐紫外线能力很差，如果暴露在户外，就难免发生粉化或者泛黄，这是其用途的最大限制因素。粉末涂料中最常用的环氧单体是双酚 A，但是和液体环氧漆一样，也可采用双酚 F 和环氧酚醛。常用的固化剂有苯酚、双氰胺(DICY)、芳香胺、脂肪二胺。

环氧树脂粉末涂料一般用于防腐蚀保护，很少用于装饰目的。管道、钢筋、锚杆是采用环氧粉末涂层的典型钢制品。环氧粉末涂料最大的市场是陆上和海底油气管道。因为钢管尺寸比较大，环氧粉末涂料在管段上的喷涂工艺与其他粉末涂料涂装生产线是不同的，详见第6.3节的叙述。在管道涂料工业，环氧粉末涂料的名称是熔结环氧粉末(FBE)。术语“熔融黏结”(*fusion bonded*)是指成膜物质的交联过程。熔结环氧粉末涂层往往是管道多层防腐系统的头道涂层，但是，油气管道也可以单纯采用熔结环氧粉末涂层。Kehr全面阐述了管道熔结环氧粉末涂层防腐技术的应用[2]。

聚酯粉末涂料也有良好的附着和防护特性，而且，与环氧粉末涂料相比，它们抗紫外线特性相当好，可以暴露在阳光下。所以，聚酯粉末涂料适用于几乎一切暴露在户外的产品上。聚酯粉末涂料主要采用两种固化剂：异氰尿酸三缩水甘油酯(TGIC)和羟烷基酰胺。异氰尿酸三缩水甘油酯曾经是主要的固化剂，但是，因为其有毒性、刺激性、易过敏、诱变以及危害环境，所以现在被羟烷基酰胺取代了。羟烷基酰胺的使用更安全，所以现在已经完全主宰了欧洲的固化剂市场。而在世界其他地方，聚酯粉末涂料的固化剂还刚刚开始从异氰尿酸三缩水甘油酯转换为羟烷基酰胺。羟烷基酰胺固化剂的一点不足是固化反应过程中会产生水。必须除去固化过程中产生的这点水分，否则会在涂膜中形成空隙。这样就限制了羟烷基酰胺固化的聚酯涂膜的最大厚度。形成针孔的机会也会略有增加。通常用聚酯粉末涂料涂装的产品包括外墙板和门窗框等建筑物构件、汽车和自行车部件、农用设备、家用电器、电器外壳。

正如上文提及的那样，基于聚酯和环氧树脂混合物的混合型粉末涂料是室内暴露产品的优选涂料，普遍用于涂装家具和厨房器具。加入环氧树脂的主要目的是改善聚酯涂层的机械特性。环氧树脂与聚酯的混合型粉末涂料的耐候性与环氧树脂相仿。假如暴露在户外，它们依然容易发生粉化，并且会很快失去光泽。

丙烯酸粉末涂料主要用于汽车领域作为透明的面漆，使汽车部件有个非常光滑闪亮的外观。它们生成非常坚硬抗碎裂的涂层。成膜物质以甲基丙烯酸缩水甘油酯(GMA)为主。丙烯酸也能加入聚酯中，配制成聚酯与丙烯酸的混合型涂料，其中，丙烯酸会促进改善涂料的流动和流平性，还能够增强涂料的抗应变和耐化学性。丙烯酸也用作聚酯的交联剂，其还额外起到光泽控制剂的作用，可配制成装饰性无光涂层。

6.2 粉末生产

粉末涂料的制粉工艺与塑料生产过程差不多，不像溶剂型涂料或者水性涂料的生产工艺那么复杂。图6.1所示是粉末涂料的制粉生产线。这个生产过程可以是断续的即批量生产的，也可以是连续的，但是工艺步骤是相同的：

① 称重；
② 预混合；
③ 熔融、捏合、挤出；
④ 冷却和压碎；
⑤ 研磨成粉；
⑥ 粉末粒度分选；
⑦ 包装。

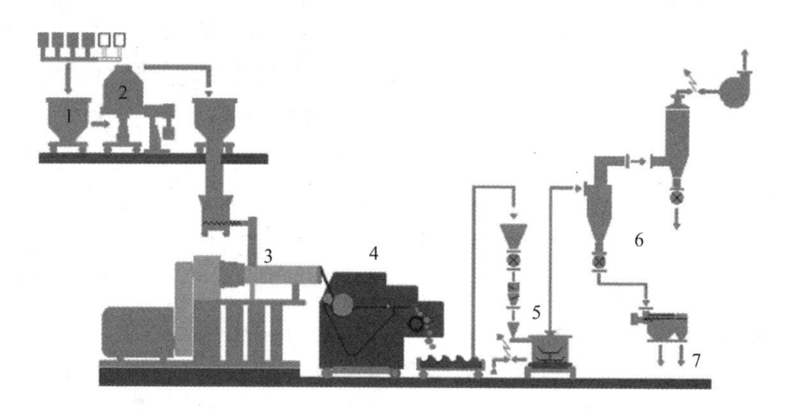

图 6.1　制粉生产流程

要使各种组分良好分布达到粉末要求的均匀性，粉末彻底的预混合是非常重要的。预混合之后，粉末进入挤出机，在此熔融和捏合，各种组分进一步均化。熔融温度通常大约为 120℃，此时热固性粉末中的树脂与固化剂之间的反应依然相当缓慢。然后，此混合物被挤压和冷却成固态物质。首先将其压碎成碎片，再研磨成粉末。研磨后粉末颗粒的粒径分布大小不均，所以接着用筛子或者离心机按照要求除去那些偏大或者偏小的粉末颗粒。筛选好的粉末分等级包装，同时将大小不合格的粉末颗粒重新循环进入制粉系统。

粉末颗粒的粒度是粉末涂料的一项关键参数，决定了粉末涂料的涂装和成膜特性[3]。一个理想的粒度分布是，10μm 以下的颗粒尽可能剔除，最大的粒度介于 40~100μm 之间，平均粒度 X_{50} 一般在 30~100μm 之间。以下章节将深入讨论粒度分布对涂装和成膜的影响。

6.3　涂装工艺

粉末涂料的涂装工艺当然与液体漆的涂装工艺截然不同。适用于粉末涂料的四种涂装工艺是静电喷涂、流化床、植绒喷枪、火焰喷涂，其中，静电喷涂是最常用的涂装工艺。

6.3.1 静电喷涂

静电喷涂的基本原理是借助压缩空气从喷枪里喷出粉末，在此带上静电荷。底材通过吊架实现电气接地，这样带有静电的粉末被静电力吸引到底材上。喷枪里喷出的空气也使粉末以一定的速度撞击底材。以聚合物为主的粉末涂料与电绝缘，当它们撞击底材时会保留相当多的电荷，从而使这些粉末粘在底材上。涂膜厚度多少受其自身的限制。在表面上聚积的带电粉末会产生屏蔽效应，减慢新的粉末颗粒的沉积，并将新的粉末导向粉末较少的部位。结果生成一个比较均匀的涂膜厚度。

没有碰撞或者黏附在底材上的粉末落到喷粉房底部，并被回收循环利用。在涂装工件上最终保留下来的喷涂粉末的体积分率叫作上粉率(*transfer efficiency*)。这个上粉率取决于工件的几何形状。像外墙板这样体积较大的物件，能够达到大约80%的上粉率，而像自行车架这样有许多开放空间的较小工件，上粉率可能只有大约25%。带静电荷越少的粉末在底材上沉积的几率越小，并且大部分最终进入了粉末回收循环系统。因此，循环利用的粉末里将含有很大部分带电性能很差的粉末。这样就限制了这些粉末的回收循环利用。到一定程度时，这样回收的粉末就应当报废了。

粉末涂料喷涂有两种类型的喷枪可以选择：摩擦静电喷枪和电晕喷枪(图6.2)，它们使粉末带有静电荷的原理是不同的。在摩擦静电喷枪中，粉末与喷枪内壁相互摩擦使粉末带上静电荷。在此粉末得到正电荷，粉末被吸引到电气接地

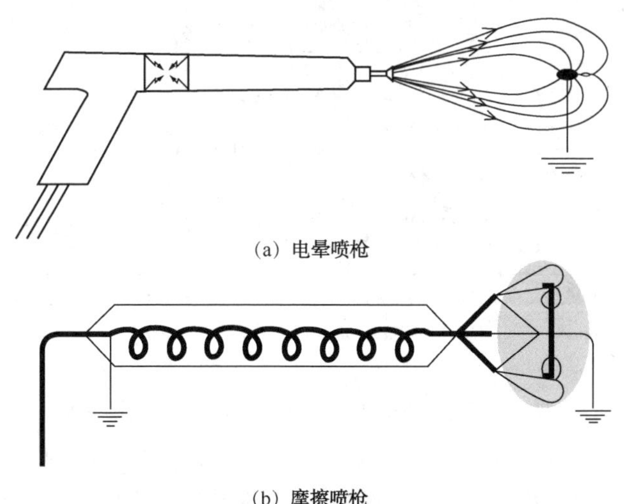

(a) 电晕喷枪

(b) 摩擦喷枪

图6.2 粉末涂料喷枪

的工件上。只有专为摩擦静电喷枪研发的粉末才可用此喷枪涂装。然而，大多数粉末涂料能够用电晕喷枪涂装。与电晕喷枪相比，摩擦喷枪使粉末带的静电荷比较小。在电晕喷枪中，粉末是靠电场带上静电荷的。在电学中，电晕放电是靠周围气体电离引起带电表面放电的。电晕喷枪中，高压电（30～100kV）使喷枪内或者喷枪嘴的空气发生电离。当粉末通过这个电离化的空气时，这些离子会附着在部分粉末上，使它们带有负电荷。尽管喷枪中的电压很高，但是电流非常小，所以能量输入相当低。

由于粉末是靠静电荷涂装的，所以喷枪与底材之间有个电场。在平整的底材上，形成一个非常均匀的电场，使粉末能够十分均匀地分布。然而有一定形状的工件上，电场往往会集中在最靠近喷枪的那些局部点上，所以这些部位沉积的粉末会比远离喷枪的部位多得多。这种法拉第笼蔽效应（*Faraday cage effect*）造成阴角和距离较远部位涂膜太薄。这种电场的有益效应是“迂回效应”。在小的工件上，从一侧喷涂能够同时涂装工件的正面与背面。电场将粉末吸引到工件的背面。表 6.1 列出了摩擦喷枪与电晕喷枪的各自优缺点[4]。

表 6.1　摩擦喷枪与电晕喷枪喷涂工艺各自的优缺点

<table>
<tr><th colspan="2">电晕喷枪喷涂工艺</th><th colspan="2">摩擦喷枪喷涂工艺</th></tr>
<tr><th>优点</th><th>缺点</th><th>优点</th><th>缺点</th></tr>
<tr><td>粉末快速强劲带电</td><td rowspan="3">自身限制效应：由于粉末带有很强的电荷而限制了涂膜的最大厚度</td><td rowspan="2">几乎没有法拉第效应，工件阴角、接缝和空隙都能良好涂装</td><td>气流无法控制而影响涂装</td></tr>
<tr><td>强劲的静电场促进粉末有效迁移到工件上</td><td>需要专用粉末，配方必须适合摩擦喷枪喷涂工艺</td></tr>
<tr><td>有可能修补上粉的表面</td><td>用定向指形喷嘴和空气动力学能更好喷涂粉末</td><td>小于 10μm 的粉末难带电</td></tr>
<tr><td>喷枪轻便耐用</td><td rowspan="3">强电场造成法拉第屏蔽效应，使粉末涂料无法恰当覆盖工件阴角和接缝</td><td>均匀的涂层</td><td>因为电晕使粉末沉积慢，需要更多喷枪</td></tr>
<tr><td>适用不同类型粉末涂料和粒度</td><td>不需要高电压发电机</td><td>相同输出能力的投资成本比较大</td></tr>
<tr><td>调整电压可改变涂膜厚度</td><td>自身限制效应小，有望涂装更厚的涂膜</td><td>喷枪内部构件磨损严重，使用寿命更短</td></tr>
</table>

资料来源：Thies，M. J.，Comparison of tribo and corona charging methods：How they work and the advantages of each，in *Powder Coating' 94*，Powder Coating Institute，Taylor Mill，KY，1994，pp. 235-251. With permission from Powder Coating Institute。

粉末涂料的粒度分布对涂料的涂装工艺有以下几方面的影响：

- 粉末在喷涂设备中的迁移：粒度小于 10μm 的粉末会造成流动问题。小颗粒粉末会填充大颗粒粉末之间的空隙，粉末被压实而难以流态化。需要更高的空气压力推动粉末通过喷涂系统。粉末流动不均匀，造成涂膜厚度不均和其他问题。

- 粉末带的静电荷：与大颗粒粉末相比，较小粉末单位质量带的静电荷更多，由此影响它们到达底材的流动形态。在底材上的粒径分布可能不均匀。
- 法拉第笼渗透：较小粉末的电荷与质量比值较高，产生更强的法拉第笼蔽效应。
- 上粉率：粒度小于 25μm 与大于 75μm 的粉末上粉率比较低，也就是说更容易被再循环。较大粉末的电荷与重量比值较低，在底材上的附着比较弱。小粉末颗粒难以带上电荷，可能也难以流态化。

所以，制粉期间控制粒度分布是至关重要的。

6.3.2 流化床

流化床粉末涂料涂装工艺与静电喷涂工艺截然不同。流化床工艺中不再用喷枪将粉末喷涂在工件上，也不必接着在烘箱里高温固化，而是将工件预热后浸没在流化床里，在此粉末碰撞工件表面熔融并生成涂膜。流化床由粉末容器和空气源构成，两者之间用多孔底板分隔开。洁净的空气流过多孔底板形成小气泡，将涂料粉末变成流态化，重新组成“沸腾的液体”(图 6.3)。用流化床工艺涂装的涂料粉末粒度分布范围从 30~250μm 不等，也就是说比静电喷涂用的涂料粉末粒度大。需要调节空气流量，防止产生粉尘。根据目标涂膜厚度和粉末特性，工件需要加热到 230~450℃，在流化床里浸没 2~10s。通常，生成涂膜厚度 200~500μm。

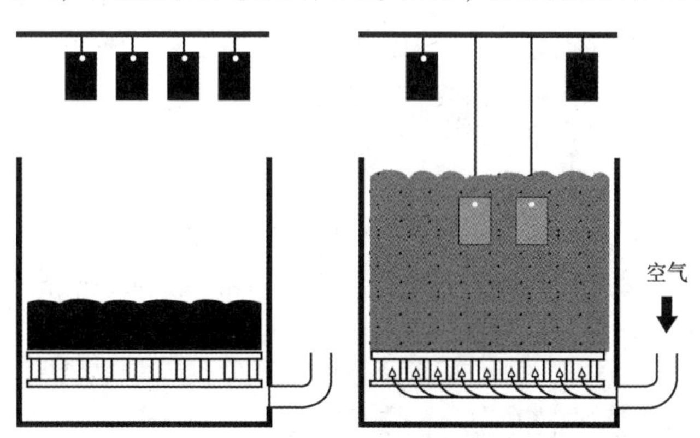

图 6.3 粉末涂料流化床涂装工艺

注：左图是流态化前。右图是空气吹入粉末时，体积增加，工件能浸没在流化床里

已开发出改进的流化床工艺，在此预热的工件通过流态化粉末容器上方形成的云团状带电粉末。

流化床涂装工艺的优点是：

- 涂装设备相当简单，所以投资小，维修成本低。
- 快速涂装相当厚的涂膜是流化床工艺的独到之处。

主要缺点是：

- 只能获得很厚的涂膜。
- 工件的几何形状应确保不会夹带粉末。
- 工件必须预热，有时候还需要后固化才能获得完美的涂膜。
- 流化床里需要加入大量粉末。改变颜色是涂装面临的挑战。假如想要涂装多种颜色，为每种颜色的粉末准备专用的一个流化床更合适。

6.3.3 火焰喷涂

火焰喷涂时，粉末仅仅在火焰上停留熔融需要的足够长时间并沉积在工件上，聚合物开始热降解之前就冷却下来。唯有热塑性涂料适合采用这种涂装工艺，因为完成固化反应所需高温下保持液态的时间太短了。正常情况下，涂层的涂膜厚度比底材厚度薄得多，这样只会适度增加底材温度。所以，工件的温度比静电喷涂或者流化床涂装工艺的工件温度都低。因此，人们认为热喷涂属于“冷加工”工艺。

粉末涂料用火焰喷涂工艺的优点是对要涂装的工件体积大小没有限制。并且，任何类型的底材都可以用火焰喷涂，包括金属、木材、聚合物和陶瓷。这种方法的主要缺点是在底材上的附着不是特别强，相当开放的涂膜结构使其防护特性比较差，以及无光表面效果。因为这些限制条件，聚合物粉末涂料的火焰喷涂使用规模有限，在粉末涂料的涂装工艺中占比最小。

6.3.4 植绒喷枪

用植绒枪涂装时，粉末是不带静电荷的。用压缩空气将粉末从植绒枪里直接喷出。这种方法主要用于预热工件上，因为干粉末无法完美附着在冷的底材上。与静电喷涂相比，这种方法用得少多了。

6.4 静电粉末涂料涂装生产线

静电粉末涂料涂装的最大优点之一是可以实现涂装工艺的高度自动化，由此可以降低生产成本，确保工件有始终如一的优质涂层。图6.4所示是典型的涂装生产线各种工序的示意图。下面章节将深入讨论此涂装工艺的主要工序：

- 装架或者悬挂①；
- 预处理(典型的是转化膜处理)②；

- 粉末涂装③；
- 成膜与固化④；
- 成品下线，检验、包装①；

只有第一道工序和最后一道工序需要手工操作，但是，其他工序的精心控制是至关重要的。在小规模生产线上，所有工序都可以手工操作。

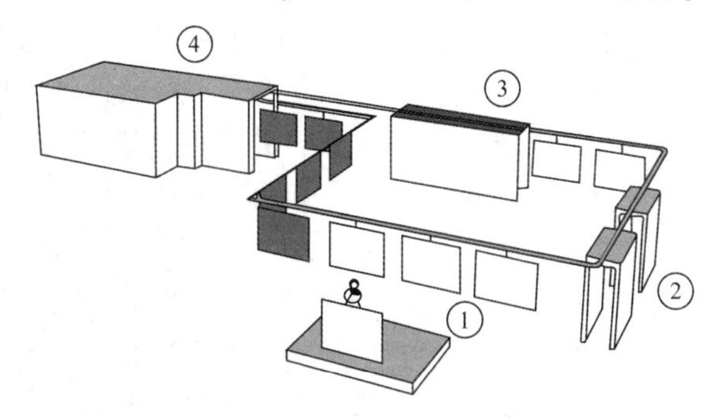

图 6.4　粉末涂料涂装生产线

6.4.1　装架或者悬挂

要涂装的产品需要悬挂在吊钩上或者安置在搁架上，并用传送带将这些产品通过涂装生产线。这些对于产品电气接地影响很大，需要格外仔细。这些挂钩会与产品一同被喷上粉末，这样随着时间推移，它们就不再能够良好接地，除非定期除去挂钩上的粉末涂层。虽然流经这些挂钩的电流非常小，有些涂层是可以容忍的，但是，电阻必须保持低于 1MΩ。无论如何，定期清理很重要。可以用多种方法除去挂钩上的粉末涂层：

- 加热清理：成膜物质靠高温热解能被烧掉，在挂钩上残留粉末中的无机成分必须分开洗掉。或者可以在砂子或者氧化物颗粒的高温流化床里进行加热清理。将这些挂钩放入流化床，再加热到使这些涂料能够降解的温度。流态化硬质颗粒的研磨作用有助于除去挂钩上已经降解的涂料。
- 喷砂清除：与涂装前的喷砂清理作业相似，可以用各种喷砂清理介质清理这些挂钩。
- 化学清理：可以将这些挂钩浸泡在化学品或者溶剂中。热塑性涂料能被溶解，而热固性涂料必须发生化学降解。通常在加热的碱浴中实现化学降解。碱浴中降解的涂料或者自行脱落或者之后随水流喷出。非常强的溶剂可以使热固性涂料发生溶胀，之后很方便用机械方法除去或者清洗干净。

或者可以使用一次性挂钩。这些一次性挂钩主要用于较小的工件。小挂钩很便宜，与回收清洁再利用相比，用新的一次性挂钩的性价比更优。

这道工序的另一个重要方面是搁架要尽可能多装点，避免因为粉末喷涂而互相发生屏蔽。搁架装得满点可以防止粉末过度喷涂和过度回收，由此提高生产效率。

6.4.2 预处理

在自动化涂装生产线上，产品的预处理就是要在产品上涂敷转化膜。本书第9章简要叙述了常用转化膜。大多数多道工序的涂装工艺需要涂敷转化膜，多道工序包括脱脂、浸蚀、活化、转化、干燥，还有多道中间冲洗工序。在粉末涂料涂装生产线上，预处理是最复杂、设备最大、最费时的工序。对于最终涂装产品质量而言，预处理也是至关重要的[5]。如果预处理不当，涂层的附着很差，防护特性也很差。

预处理中的一个复杂因素是大多数转化膜都是特料特用的。有的转化膜虽然在某些材料上是最好的，但未必适合其他材料。就用量而言，采用粉末涂料最重要的金属材料是钢、镀锌钢、铝、镁。虽然多种金属处理工艺已经适合腐蚀不太严重的使用条件，但是至今尚未发现适合腐蚀环境中使用的多种金属预处理工艺。由于预处理生产线是按照转化膜的化学特性专门设计的，所以，至少在涂装防腐型粉末涂料时，每条生产线专用于一种金属材料的预处理。为了解决这个问题，预处理可以在分开的浸涂生产线里完成。要涂装的产品堆放在搁架上，然后将搁架浸在各种处理工序的浸涂槽里。对于各种工艺，许多处理工序是相同的，所以，只要增加几个浸涂槽，同一条生产线就能够运行两个或者多个处理工艺。然而，预处理用的浸涂生产线运行费用通常比喷涂生产线贵很多，因为产品必须在两个分开的生产线上处理，两条生产线就需要双倍的手工操作。能为多家企业提供服务的专业涂装公司往往自带浸涂生产线，所以他们有更大的灵活性，能够涂装不同的金属材料。如果企业自己需要建造涂装生产线，通常选择喷涂生产线，因为成本比较低。实际上，喷涂生产线和浸涂生产线的涂装产品质量是一样的。

以往，涂装粉末涂料之前，铬酸盐处理和磷化是主要的预处理工艺。

6.4.3 粉末涂装

上文讨论了粉末涂装工艺。静电喷涂用的喷枪可以手工操作，也可以用机器人，但是，采用固定式或者摆头式喷枪的自动化喷涂生产线越来越普遍了。这些喷枪安装在一个喷粉房里，传送带携带要涂装的产品通过喷粉房。图6.5所示是带有粉末回收循环利用系统的粉末喷粉房示意图。没有黏附在产品上的粉末跌落到喷粉房底部，在此被回收循环利用。循环系统用风扇将空气吹进喷粉房，携带粉末进入再循环系统，防止过喷粉末从喷粉房逸出。主要通过调节粉末流量和喷枪的静电设定值来控制涂膜厚度，但是，喷枪的距离、喷枪的移动状况、搁架上的产品密度对涂膜厚度也有影响。

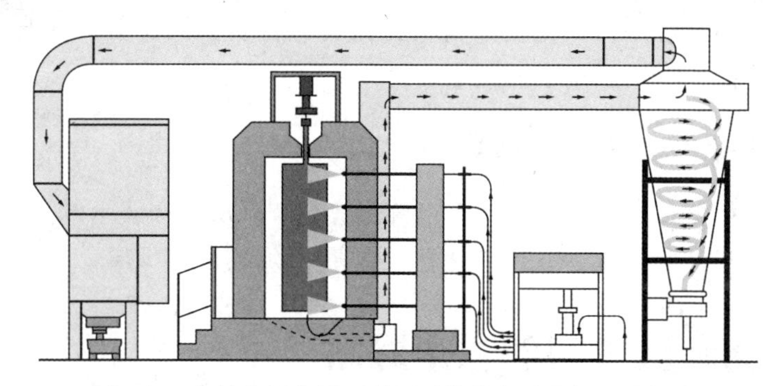

图 6.5 有粉末回收循环利用系统的自动化粉末喷粉房

6.4.4 成膜与固化

喷涂好粉末涂料的产品要进入固化烘箱。热塑性涂料熔融并一起流动形成一层连续的涂膜，同时，颗粒间的空气从涂膜里释放出来。这个过程一点也不复杂，结果形成良好流平的涂层和均匀一致的涂膜厚度。

热固性涂料的固化反应过程有点复杂。粉末固化依据两个原理：加热和紫外线。加热是至今最普遍采用的方法，而紫外线固化只用于专门为此设计的粉末。

在加热固化型粉末涂料中，随着温度升高，粉末开始熔融并一起流动。外部粉末先融化，因为底材比热容比较高，需要较长的加热时间。随着粉末温度升高，固化加速。然而，随着固化的进行，粉末黏度会增加。黏度变得很高之前，粉末间的所有空气必须从涂膜里释放出来。会生成水分子的固化反应也必须在固化过程中让水离开涂膜。黏度较高时，固化过程后期释放出的气体会在涂膜里生成气泡。假如气泡离开涂膜，而涂膜太黏而无法再次一起流动时，就会生成针孔。针孔对涂膜的装饰性外观和防护特性都是不利的。

粉末涂料的粒度分布对成膜过程也有影响[6]。一定的粒度分布是有益的，因为其允许涂装的粉末紧密压实，增强粉末的熔融，减少粉末间的空气。粉末的不规则形状会增加干粉末膜的空隙。因此，干粉末膜的厚度往往是固化涂膜厚度的好几倍。在粒度分布与最小涂膜厚度之间也存在关联关系。如果涂膜厚度比粉末粒度小很多，要生成均匀的涂膜是很困难的，除非这种粉末具有非常好的流动特性。

紫外光固化的粉末涂料应当首先加热，直至粉末熔融并聚集成一层熔融的涂膜。粉末可以用常用加热设备或者远红外加热设备加热。之后靠紫外光辐照使涂膜固化。固化过程仅仅几秒钟就完成了，所以紫外光固化比常规加热固化快得多。成膜与成膜物质的固化分两道工序完成，确保涂膜黏度开始增加之前排出气体，由此可以消除涂膜出现针孔。由于此种粉末仅仅加热到熔融状态，并且固化快得多，所以与常规加热固化型涂料相比，底材温度会低得多，升温时间更短。因此，紫外光固化特别适用于热敏型底材。

6.4.5 成品下线、检验、包装

与液体漆相比，粉末涂料的一个很大优势是产品从生产线上卸下后可以立刻使用。此时涂膜已经固化，并且已具有所有理想的特性。

6.5 钢筋和钢管用的粉末涂料

因为涂装产品的尺寸很特别，所以在混凝土钢筋和油气管道上涂装熔结环氧粉末涂料的工艺与上述生产线是完全不同的。图 6.6 所示是涂装钢管的工艺流程图。钢管首先要预热和喷砂除锈清理。然后用感应加热设备将钢管加热到大约230℃后再喷涂粉末。当粉末喷涂在已经加热的钢管表面上时，粉末就立刻熔融成液态，在钢管表面流动生成一层连续涂膜并开始固化。之后，钢管上再涂装一层额外的绝热材料，如聚乙烯或者聚丙烯。钢筋的涂装工艺与其相似，但是，能够并排涂装 10 根或者更多根钢筋。

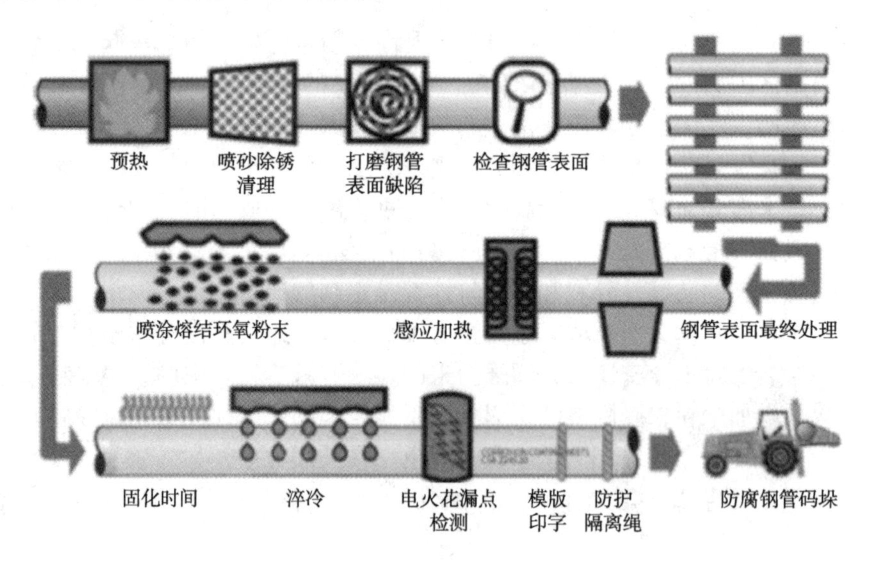

图 6.6　油气管道上涂装熔结环氧粉末涂层

注：由 Bredero Shaw 公司提供

6.6 常见问题、质量控制、维护保养

6.6.1 粉末涂料的常见问题

与所有涂料涂装一样，粉末涂料的涂装也有一些常见问题。有关资料做了综合评述[7]。最常见的问题可以简要归纳如下：

- 针孔；
- 涂膜太薄；
- 橘皮效应(*orange peel*)；
- 附着力差。

粉末涂层中的针孔是成膜过程后期排出气体造成的，此时固化过程进入黏度比较高的阶段，并且涂膜可能无法重新一起流动。凡是会增加气体量的任何物质必须离开涂膜，否则会增加产生针孔的风险。粗糙的或者多孔的底材会使底材上的粉末之间存在更多的空气。粗糙的底材也使熔融的粉末涂膜更难润湿底材。粗糙度可能是要仔细考虑的(喷砂清理)或者是不需要的，例如锌材上的白锈。假如粉末涂料存放在过于潮湿的条件下，粉末会吸水，成膜过程中必须将这些水分排出去，否则会增加针孔的风险。如果涂膜过厚，也会增加针孔的风险，因为涂膜的外表面可能已经固化而涂膜内部还处于完全熔融状态，从而将气体裹挟在涂膜里。加热过快也有类似的不利后果，因为涂膜黏度迅速增加，会将气体裹挟在涂膜里。

涂膜厚度偏薄是有机涂料常见问题，例如在锋利的边缘和焊缝部位。这也是粉末涂料涂装表面容易存在的问题。对于粉末涂料，有些特殊因素导致涂膜厚度偏薄，例如上文提及的法拉第笼蔽效应。热浸镀锌工艺会造成许多不同的表面缺陷，如表面凸起的浮渣或者灰尘会刺破粉末涂料涂膜。

橘皮效应通常是涂装作业不当或者粉末问题造成的。涂膜过薄或者过厚都会产生橘皮效应。如果涂膜太薄，表面上就没有足够的粉末熔融，就无法很好流动生成均匀的涂膜，这样生成的最终涂膜会出现颗粒状结构。如果涂膜太厚，可能生成波纹状橘皮外观。

附着力太差通常是底材表面预处理质量太差造成的。假如转化膜失效，粉末涂装在光滑的金属表面上，锚固点很少。金属表面可能化学活性太强，所以更容易引起腐蚀。湿态附着力就是暴露在潮湿环境时的附着力，尤其会受到影响。如果固化不完全，也会造成附着力太差。

6.6.2 质量控制

粉末涂料的质量控制方法基本上与其他有机涂料的质量控制方法是一样的，例如，第 14 章列出的附着力、粉化、腐蚀。涂料质量认证机构 Qualicoat 颁布了粉末涂料各种涂料质量测试的技术规程[8]。以下几项是粉末涂料专用的试验项目：

- 用差示扫描量热法（DSC）检查涂膜的固化与粉末的固化特性。特别在熔结环氧粉末涂装生产线上，差示扫描量热法是质量控制的重要组成部分。
- 用甲基乙基酮（MEK）试验检查固化状况：将棉棒浸入甲基乙基酮里，然后在固化粉末涂层上沿着一条直线来回摩擦几次。假如表面变粗糙了，并且摩擦阻力逐步增加，那么这样的固化状态是好的。相反，假如摩擦后表面变黏，并且摩擦阻力逐步减小，那么这样的涂层没有很好固化。
- 用蒸煮试验检查附着力：将涂装好的样品放入蒸馏水里蒸煮 2h。假如涂膜容易被剥离下来或者涂膜起泡，表明底材的预处理不当。

6.6.3 粉末涂料的维护保养

粉末涂料涂层可以用液体漆补伤。与修补液体漆相似，表面的清洁对结果是很重要的。还应当轻轻打毛粉末涂层达到锚固需要的粗糙度，确保补伤涂层的良好附着。

参考文献

[1] Acmite Market Intelligence. *Global Powder Coating Market*. Ratingen, Germany: Acmite Market Intelligence, 2011.

[2] Kehr, J. A. *Fusion-Bonded Epoxy (FBE): A Foundation for Pipeline Corrosion Protection*. Houston: NACE International, 2003.

[3] Horinka, P. R., *Powder Coating* 6, 37, 1995.

[4] Thies, M. J. Comparison of tribo and corona charging methods: How they work and the advantages of each in powder coating. Presented at *Powder Coating*'94. Taylor Mill, KY: Powder Coating Institute, 1994, pp. 235-251.

[5] Bjordal, M. J., et al. *Prog. Org. Coat.* 56, 68, 2006.

[6] Mazumder, M. K., et al. *J. Electrostat.* 40-41, 369, 1997.

[7] Pietschmann, J. *Powder Coating: Failures and Analyses*. Hannover: Vincentz Network, 2004.

[8] Qualicoat. *Specications for a Quality Label for Liquid and Powder Organic Coatings on Aluminium for Architectural Applications*. Zurich: Qualicoat, 2014.

7　喷砂清理和其他重防腐表面预处理

从广义上讲，金属表面的预处理有两个原因：除去不需要的物质，涂装前使表面达到理想的粗糙度。所谓“不需要的物质”泛指除了要涂装的金属本身之外的任何物质——维修涂装时——要使新涂敷的涂层牢牢附着在原有的涂层上。

对于新的构件，要除去的物质是轧制铁鳞和污物。最常见的污物是运输防锈油和盐分。运输防锈油是有益的(直至开始涂装之前)，盐分可能是给我们添乱的。运输防锈油可以在钢厂里涂刷，例如，建造桥梁用的工字钢要用平板拖挂从轧钢厂运输到施工现场或者装配工地，运输防锈油起到临时保护作用。可惜，工字钢上的这层防锈油仿佛有吸力，把灰尘、污物、柴油机的油烟和道路除冰盐等公路上可见的任何污物粘在工字钢上。除此之外，防锈油本身也给涂装造成不少麻烦。防锈油阻碍涂层附着在钢材上，就像油炸锅里的食油或黄油可以防止食物粘在锅上。毫无疑问，涂装前，新钢材表面必须进行预处理，最常用的方法是用碱性表面活性剂清洗，再用清水冲洗，还要用磨料喷砂除去轧制铁鳞。

大多数维修涂装工作是在原有构筑物的涂层已经蜕化变质时重新涂敷。表面除锈清理作业需要除去所有疏松的涂层和锈垢，只留下那些牢牢附着在钢材表面的铁锈和涂层。用针鏊除锈枪和钢丝刷能够除去疏松的锈垢和污物，但是，无法达到钢材重新涂敷所要求的洁净度和粗糙度。传统的干磨料喷砂法是最常用的预处理方法，然而，湿法磨料喷砂和高压水喷射清洗都是常用的极好的表面除锈清理方法。

开始任何预处理作业之前，钢材表面应当用碱性表面活性剂清洗，再用清水冲洗，除去钢材表面可能聚积的油脂。不管采用何种预处理方法，预处理之后以及涂敷新涂层之前，测试钢材表面氯离子含量(以及所有污染物)是至关重要的。

7.1　表面粗糙度

讨论表面预处理时，表面粗糙度是个非常重要的参数。通常，用轮廓曲线仪测量表面粗糙度，测量时要拖着轮廓曲线仪的探针沿着钢材表面成一条直线移动，记录垂直方向的偏差。然后用沿此直线得出的轮廓数据计算出能够描绘此轮廓特征的各种粗糙度参数。最常用的参数包括：

- R_a：偏离粗糙度轮廓中心线的平均偏差。
- R_y：沿此测量直线的最高峰值与最低谷值之间的高度差。
- R_z：实际上按照德国标准和日本标准会得出 R_z 两个略有不同的定义。按照日本标准定义，R_z 是五个最高峰值的平均值与五个最低谷值的平均值之间的高度差。按照德国标准，将评价长度分为五段等同长度的线段，R_y 是每段长度的计算值，R_z 是五个 R_y 值的平均值。

描绘表面特征时还可以采用的其他参数，包括：

- 峰值的个数：沿着每厘米评价长度中峰值的个数。
- 曲折度：沿着粗糙度轮廓的实际长度除以评价长度的公称距离。
- 文策尔(Wenzel)粗糙度系数：该表面轮廓中的实际表面积除以公称面积。

这些 R 参数无法完全描绘表面特征。图 7.1 和图 7.2 所示是两个涂装钢材的横截面。图 7.1 所示样品是用钢砂喷砂清理的，图 7.2 所示样品是用钢丸抛丸清理的。两个表面得出几乎相同的 R_a、R_y、R_z 值，但是表面轮廓差别很大。在喷砂清理表面上的涂层性能良好，而相同涂料在抛丸清理表面上的涂层质量很差。普遍认为喷砂清理形成锋利的轮廓使涂层性能更好，因此，通常技术规程都规定采用喷砂清理。

图 7.1　钢砂喷砂清理的钢材

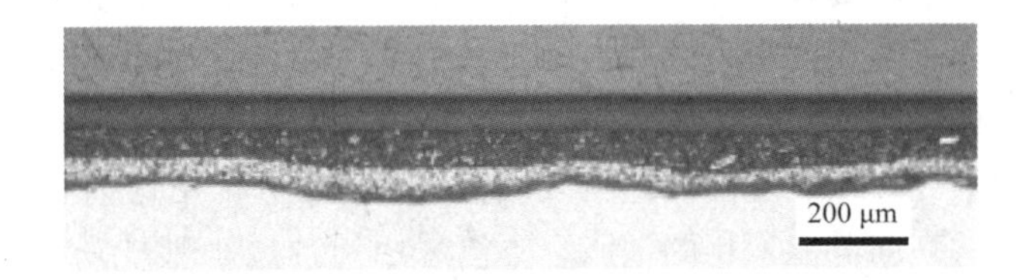

图 7.2　钢丸抛丸清理的钢材

7.2　喷砂清理概述

至今，涂装前钢结构最常用的预处理方法就是喷砂除锈清理，也就是用小的固体颗粒反复撞击钢材表面。假如每粒磨料颗粒都将足够的动能传递到钢材表面上，就能够除去轧制铁鳞、锈垢或者旧的涂层。用大家熟悉的方程[式(7.1)]所列出的质量(m)和速度(v)可以确定撞击前磨料颗粒的动能(E)。

$$E=(mv^2)/2 \tag{7.1}$$

撞击时，能用这个动能打碎磨料颗粒或使磨料颗粒变形，使旧漆开裂或者变形，或者会凿下锈垢。磨料的状况以及旧涂层的状况部分取决于其易于塑性变形还是弹性变形。

总的说来，传递动能的大小以及其是否足以除去锈垢、旧的涂层等，取决于如下多个因素的组合：

- 喷射磨料颗粒的速度和质量；
- 撞击面积；
- 被清理底材的强度和硬度；
- 磨料颗粒的强度和硬度。

使用最广的喷砂技术，在干磨料喷砂清理中，喷射颗粒的速度是由压缩空气的压力控制的。任何规定的干法喷砂设备的压缩空气压力是相对恒定的，因此，磨料颗粒的质量决定了其在钢材表面上的撞击效果。

在湿法磨料喷砂时，用水取代压缩空气作为喷射固体喷砂介质的推进剂，颗粒的喷射速度由水压控制。高压水喷射清理作业时，水本身既是推进剂，又是磨料(不用任何固体磨料)。两种湿法喷砂清理模式都可以通过改变水压来调节喷射速度。然而，应当指出，湿法磨料喷砂必须在相对低的压力下进行，因此，喷射速度远低于高压水喷射清理。

7.3 干磨料喷砂

准备涂装的钢材表面只能使用重质磨料。比较轻的研磨介质，如杏核、塑料颗粒、玻璃珠或者玻璃碴、核桃壳，不适合用于重型钢结构的喷砂清理。因为它们的密度低，无法提供使钢材表面有效清理所需要的足够动能。从工业可行性考虑，磨料应当满足如下要求：

- 重质，能够将非常大的动能传递到底材上；
- 坚硬，撞击时不易破碎成粉末或者发生塑性变形(由此浪费动能)；
- 不太贵；
- 能够大量获得；
- 没有毒性。

7.3.1 金属磨料

用作磨料的钢材有两种形式：

① 铸造成圆珠或者钢丸；

② 粉碎并回火到理想的硬度，形成有棱角的钢砂。

通常采用废钢材或者低质量钢材，往往还用各种添加剂确保始终如一的质量。钢丸和钢砂都有良好的清理效率，破碎率也很低。

钢丸和钢砂用于清除轧制铁鳞、锈垢、旧漆。这种磨料可以按照技术规程制造，具有均匀的颗粒粒径和硬度。钢砂和钢丸能够回收利用100~200次。因为它们产生的粉尘很少，喷砂过程的可见度优于其他磨料。

淬火处理过的铁丸或者铁砂能够用于清除锻造的、铸造的或者轧制的钢材上的锈垢、轧制铁鳞、热处理残垢、旧漆。撞击钢质底材后，这种磨料会逐渐破碎，所以需要不断筛选留下较大的颗粒，才能确保喷丸清理后的钢材表面达到理想的粗糙度。

7.3.2 天然生成的磨料

工业上可以选用几种天然生成的非金属磨料，包括石榴石、锆石、均密石英岩、燧石以及磁铁矿、十字石（硅酸铝铁矿）、橄榄石等重矿砂。无论如何，并非所有这些磨料都可以用于钢材涂装前的喷砂清理。例如，均密石英岩和燧石里含有大量游离硅，使它们不适合大多数喷砂清理作业。

石榴石（*garnet*）是一种坚韧的有棱角的喷砂清理用的介质。在东欧、澳大利亚和北美都发现了磁铁矿的矿床。其硬度达到莫氏硬度7~8，是天然生成最硬的磨料。其相对密度为4.1，在这类天然生成的磨料中，除十字石外，它比所有其他磨料更致密。撞击时，它的破碎率非常低，所以，这样的磨料可回收利用多次。这种天然磨料的众多优点中，突出的一点是磨料的消耗量非常低——在喷砂清除含有铅或者镉的旧漆时，这是非常重要的考虑事项。磁铁矿相对成本比较高，由此使它的应用局限于能够回收利用磨料的用途。无论如何，用过的磨料必须作为危险性废料处理时，与处置报废磨料的高昂费用相比，虽然磁铁矿的初始成本比较高，使用这样的天然磨料还是划得来的。

无硅矿砂（*nonsilica mineral sand*），如磁铁矿、十字石、橄榄石，都很坚韧（莫氏硬度5~7）和相当致密的（相对密度为2.0~3.0），但是，一般粒径比石英砂细小。这些重矿砂与石英砂相反，是不含引起硅肺病的游离硅的（第7.7节）。总的说来，新钢材用重矿砂喷砂清理是很有效的，但是在维修涂装时，重矿砂不是最佳选择[1]。

橄榄石（*olivine*）$[Mg, Fe]_2[SiO_4]$的喷砂清理效率比石英砂低[2]，偶尔会在喷砂清理后的钢材表面留下白粉笔样的白点。用它能够达到2.5mil（密耳，1mil=0.025mm）或者更好的粗糙度，这不太适合粗糙度要求比较高的钢材表面。

十字石(*staurolite*)是一种重矿砂，其粉尘量很低，许多案例中能够回收利用3~4次。已有报告，其有良好的拉毛功能，不会嵌埋在钢材表面里。

锆石(*zircon*)相对密度为4.5，比这类天然磨料中任何其他磨料的相对密度都大，并且非常坚硬，达到莫氏硬度7.5。锆石破碎率很低，也不含游离硅。但是它的粒度太细，喷砂清理无法达到理想的粗糙度，从而使它仅适合某些特殊用途。

均密石英岩(*novaculite*)是一种硅质岩，研磨加工后能够用作磨料。它是这类天然磨料中最软的，只有莫氏硬度4，用它喷砂清理后钢材表面比较光滑，所以仅适合特殊作业。均密石英岩的主要成分是游离硅，所以不推荐采用这种磨料，除非作业时采取专门防护措施，保护工人免受硅肺病的困扰。出于同样的原因，维修刷漆时也不推荐使用含有90%游离硅的燧石(*flint*)。

7.3.3 工业废渣磨料

用工业废渣磨料能够除去新的钢结构上的轧制铁鳞，也能够在维修作业时除去锈垢和旧漆。这些磨料是用冶炼金属的残渣或熔渣或者电厂的燃煤炉渣做成的。某些熔渣或者炉渣是多种氧化物的玻璃状同质混合物，它们的物理特性使它们成为理想的磨料。然而，并非所有工业废渣都有磨料所需的物理特性和无毒性。燃煤锅炉的炉渣、冶炼厂的铜渣和镍渣均适合成为这类磨料的主要来源。这三类工业废渣都是有棱有角的，硬度为莫氏硬度7~8，相对密度为2.7~3.3不等，这些特点组合在一起使它们能够有效用于喷砂清理。此外，三种工业废渣的游离硅含量都非常低(1%)。

铜渣(*copper slag*)是硅铁钙和正硅酸铁的混合物。铜渣是铜精炼厂熔炼和淬冷过程的副产物，其材料成本低，有良好的切削能力，使它成为最经济的消耗性磨料。许多行业都在使用，包括大型造船厂、石油天然气工业、钢材加工厂、槽罐建造商、压力容器制造厂、化学加工企业、海洋码头。用铜渣适合除去轧制铁鳞、锈垢、旧漆。其效率与石英砂相当[2]。铜渣略微容易嵌埋在低碳钢材料中[3]。

燃煤锅炉的炉渣(*boiler slag*)，也叫作煤渣，本质是硅酸铝。其切削效率比较高，能够使钢材表面达到一定的粗糙度。煤渣也略微容易嵌埋在低碳钢材料中。

镍渣(*nickel slag*)，与铜渣及煤渣一样，镍渣很坚硬，有棱有角很锋利，切割效率高，加工过程中镍渣略微容易嵌埋在低碳钢材料中。有时候，镍渣用在湿法喷砂清理中(见第7.4节)。

应当注意，因为这些磨料都是其他行业的工业废渣，所以它们的化学组成和物理特性差别非常大。结果，这类磨料报告的技术参数也有非常大的差别。例如，Bjorgum 报告了瑞典哥德堡艾尔夫斯堡大桥重新涂漆时的对比试验结果，用铜渣喷砂清理产生的碎屑比用镍渣产生的碎屑多[4]。这与表 7.1 所示 Keane[1] 报告的数据不一致。

表 7.1　工业废渣磨料的物理特性

工业废渣磨料	破碎率	回收利用能力
燃煤锅炉的炉渣	高	差
冶炼厂的铜渣	低	好
冶炼厂的镍渣	高	差

资料来源：Modified from Keane，J. D.，ed.，*Good Painting Practice*，Vol. 1，Steel Structures Painting Council，Pittsburgh，1982。

对比试验结果出现这样的矛盾当然应当归因于同类工业废渣磨料的不同来源，它们的化学组成、硬度、粒径都可能有很大差别。

因为这些工业废渣的化学成分可能差别很大，所以购买时要格外仔细，注意产品上有没有“无毒”字样的标签。依据废渣的来源，磨料可能含有少量有毒金属。Bjorgum 报告了瑞典哥德堡艾尔夫斯堡大桥重新涂漆项目喷砂清理用的铜渣与镍渣的化学分析结果[4]。Eggen 和 Steinsmo 也分析了各种喷砂介质的化学组成[5]。表 7.2 比较了两项研究结果。比较镍渣中的含铅量或者比较铜渣中的含锌量，都清楚地表明不同批次或者不同来源的工业废渣中某种化合物或者元素的含量有非常大的差别。

虽然至少某些工业废渣可以回收利用多次，但是，通常认为工业废渣只能作为一次性磨料。在瑞典哥德堡艾尔夫斯堡大桥重新涂漆项目中，Bjorgum 发现工业废渣使用一次后，80%的废渣颗粒依然大于 250μm，也就是说，这样的工业废渣有望可以回收利用 3~5 次[4]。

表 7.2　工业废渣磨料中部分化合物与元素的含量

喷砂介质	Pb	Co	Cu	Cr	Ni	Zn
铜渣[5]	0.24%	0.07%	0.14%	0.05%	71ppm	5.50%
铜渣[4]	203ppm	249ppm	5.6ppm	1.4ppm	129ppm	10ppm
镍渣[5]	73ppm	0.43%	0.28%	0.14%	0.24%	0.38%
镍渣[4]	1.2ppm	2.3ppm	4.5ppm	755ppm	1.1ppm	15.6ppm

资料来源：Bjorgum，A.，Behandling av avfall fra blåserensing，del 3. Oppsummering av utredninger vedrorende behandling av avfall fra blåserensing，Report STF24 A95326，SINTEF，Trondheim，1995；Eggen，T.，and Steinsmo，U.，Karakterisering av flater blast med ulike blåsemidler，Report STF24 A94628，SINTEF，Trondheim，1994。

7.3.4 人造磨料

第 7.3.1 节讨论的铁质和钢质磨料当然都是人造磨料。然而，在此章节我们用术语“人造磨料”(*manufactured abrasives*)表示这些磨料是按照韧性、硬度、形状等特定的物理特性制造的。在此讨论的两种磨料是非常重的、极端坚韧，当然也是相当贵的。它们的物理特性使它们能够切削非常坚硬的金属，如钛钢和不锈钢，并且可以回收利用多次，磨料颗粒才会严重破损。

人造磨料比工业废渣磨料要贵许多，通常两者相差一个数量级。然而，大多数人造磨料良好的机械特性使它们特别适合回收利用 20 次之多。在密闭喷砂清理作业时，磨料的循环利用设计成为系统的一部分，这些磨料的经济性很有吸引力。这些磨料另一个重要用途是清除那些含有铅、镉、铬的旧漆。如果废弃的磨料含有这些危险物质，这样的磨料需要作为危险材料处理和处置。假如废料的处置成本非常高，那么选用产生废料量较少的磨料，因为其可以多次循环利用，显然更有利了。

碳化硅(*silicon carbide*)或者金刚砂(*carborundum*)是一种致密的极端坚硬有棱有角的磨料(相对密度 3.2，莫氏硬度 9)。它的清理速度极快，能使金属表面达到理想的粗糙度。这种磨料用于清理非常坚硬的表面。虽然名字里有“硅”，实际上它不含游离硅。

氧化铝(*aluminum oxide*)是一种非常致密的极端坚硬有棱有角的磨料(相对密度 4.0，莫氏硬度 8.5~9)。它可以快速切割使金属表面达到理想的粗糙度，从而使涂料能牢牢附着在金属表面上。这种磨料产生粉尘量很少，磨料可以回收利用，因为相当贵，所以磨料的循环利用是必要的。氧化铝磨料里不含游离硅。

7.4 湿法磨料喷砂和高压水喷射

干磨料喷砂作业时，固体磨料是裹挟在压缩空气形成的气流中的。湿法磨料喷砂作业时，在固体磨料介质中加水。另一种方法叫作高压水喷射，是喷射水流里不裹挟任何磨料的，其完全靠水流以足够高的速度冲击钢材表面除去旧漆、锈垢和杂质。

干法或者湿法预处理方法中裹挟的磨料介质能够使金属表面达到理想的粗糙度。而高压水喷射是无法增加金属表面粗糙度的。这说明高压水喷射不适用于新的钢结构表面清理，因为之前新钢材表面从未具备油漆附着需要的粗糙度。然而，在重新涂漆或者维修涂装作业时，可以用高压水喷射剥离旧漆、锈垢等，恢复钢材原有的表面形状。高压水喷射作业也特别适合那些磨料会损坏其他设备的地方进行维修作业。

Paul[6]提及，因为湿法磨料喷砂能够极大减少产生的粉尘量，所以这种方法特别适合那些使用某些磨料可能危及人员健康的场合。然而，不应当将此作为争议使用有害健康磨料的论据，因为市场上已经有许多对人体健康无害的磨料。

7.4.1 术语

毫不夸张地讲，有关湿法喷砂的术语混乱不清，以下是《工业含铅漆清除手册》中发现的有用定义[7]：

- 湿法磨料喷砂清理(*wet abrasive blast cleaning*)：压缩空气推动磨料撞击金属表面。在磨料离开喷嘴之前或者之后，将水注入磨料流中。磨料、旧漆碎片和水一并收集起来处置。
- 高压水喷射(*high-pressure water jetting*)：用增压到10000psi(700bar，1bar=100kPa)的水流直接冲击金属表面，除去旧漆。不使用任何磨料。
- 注入磨料的高压水喷射清理(*high-pressure water jetting with abrasive injection*)：增压到20000psi(1400bar)的水流直接冲击要清理的金属表面。经过计量的磨料注入水流，有利于除去锈垢和轧制铁鳞，提高旧漆的清除效率。使用一次性磨料。
- 超高压水喷射(*ultra-high-pressure water jetting*)：用增压到20000psi(1400bar)至40000psi(2800bar)或者更高压力的水流直接冲击金属表面，除去旧漆。不使用任何磨料。
- 注入磨料的超高压水喷射清理(*ultra-high-pressure water jetting with abrasive injection*)：增压到20000psi(1400bar)~40000psi(2800bar)或者更高压力的水流直接冲击要清理的金属表面。经过计量的磨料注入水流，有利于除去锈垢和轧制铁鳞，提高旧漆的清除效率。使用一次性磨料。

7.4.2 缓蚀剂

闪锈确实是湿法喷砂清理部位存在的一个重要问题，其会出现在湿法喷砂清理后的表面上，从长远考虑，闪锈会否对之后涂层的使用寿命产生不利影响？水里加入缓蚀剂也许能够阻止闪锈的发生。

有关防锈剂的文献资料说法不一。有些文献报道防锈剂是十分有效的，但是，即便使用得当也可能会产生一些不利影响。有些文献认为防锈剂肯定有缺点。哪些化学物质适合作为防锈剂也是大家讨论的课题。

Sharp[8]列出了亚硝酸盐、胺类和磷酸盐可以作为配置缓蚀剂的常用化学剂，他指出了各种化学剂存在的问题：

- 假如流动水的酸碱度值很低(pH=5.5 或者更低)，亚硝酸盐类缓蚀剂残留能够导致生成很弱但有毒性的一氧化二氮，对工人的健康安全构成威胁。
- 在低 pH 值环境中，胺类缓蚀剂也会失去一些缓蚀功能。
- 当使用超高压以及喷嘴温度高于60℃(140℉)时，能使某些磷酸盐类缓蚀剂逆向变回磷酸，产生更多的污染物。

Van Oeteren[9]列出下列可能选用的缓蚀剂：

- 配有碳酸钠或者磷酸钠的亚硝酸钠；
- 苯甲酸钠；
- 碱性磷酸盐(磷酸钠或者六偏磷酸钠)；
- 复合磷酸；
- 水玻璃(硅酸钠)。

他还着重指出，涂层下的吸湿性盐导致涂层起泡，因此，湿法喷砂清理只能使用不会生成吸湿性盐的那些缓蚀剂。

McKelvie[10]建议不要用缓蚀剂的两个理由：第一，闪锈可用于表明钢材表面依然存在盐分；第二，他也认为钢材表面的缓蚀剂残留会导致涂层起泡。

在此有关缓蚀剂使用的全面讨论可能是没有必要的。Igetoft[11]指出，钢材表面闪锈的量不仅取决于有无水分，也在很大程度上取决于存在的含盐量。他的观点似乎暗示：假如湿法喷砂清理确实做得很好，充分清除了钢材表面的污染物，那么，事实上即使清理作业后的钢材是湿的，它也未必会生锈。

Bjørgum 发现闪锈未必降低涂层的性能[12]。他比较了涂装前生锈钢材表面采用的各种除锈方法，结果表明，尽管高压水喷射清理可能发生闪锈，但是超高压喷水清理效果确实优于喷砂清理。

7.4.3 湿法喷砂清理的优缺点

湿法喷砂清理有优点，也有缺点。报告部分优点是：

- 湿法喷砂清理能够清除更多的盐分(见第 7.4.4 节)。
- 几乎不会产生粉尘。这对于人员和周围设备都是很好的防护，因为湿法喷砂清理过后的表面没有粉尘污染。
- 精准喷砂清理或者集中喷射某个部位而不影响附近区域表面是可能的。
- 湿法喷砂清理作业不影响附近其他工作的进行。

报告的部分缺点是：

- 设备成本高。
- 工人视野受限，很难进入封闭的作业空间。
- 清洁更困难。

- 涂装前干燥处理是必不可少的。
- 会发生闪锈(尽管第7.4.2节里这个问题是有争议的)。
- 超高压水喷射对工人安全构成很大威胁。已有工人受到致命性伤害的报告。

7.4.4 清除氯化物

作为测试生锈的旧钢材表面除锈清理方法项目的一部分，Allen[13]查验了试验样板处理前后的盐分污染量。正如表7.3所示，他发现高压水喷射是清除盐分最有效的方法。

表7.3 各种预处理后氯化物的残留量

预处理方法	氯化物平均含量/(mg/m²)		氯化物清除率/%
	预处理之前	预处理之后	
手工钢丝刷除锈达到St 3	157.0	152.0	3
针錾枪除锈达到St 3	116.9	113.5	3
超高压水喷射清理达到DW 2	270.6	17.8	93
超高压水喷射清理达到DW 3	241.9	15.7	94
干磨料喷砂清理达到Sa 2½	211.6	33.0	84

资料来源：Allen，B.，*Prot. Coat. Eur.*，2，38，1997。

瑞典腐蚀学会的一项生锈钢材预处理研究得到类似的结果[14]。此项研究中，将热轧钢板做成的试件先用干磨料喷砂清除轧制铁鳞，之后每天用3%的氯化钠溶液喷在试件上，连续喷了5个月直至钢板试件表面覆盖一层厚厚的牢牢附着的铁锈。然后，用各种预处理方法尽可能多的除去试件上的铁锈，最后用布雷斯勒(Bresle)试验方法测试残留氯化物含量。结果见表7.4。

表7.4 各种方法预处理后氯化物的残留量

预处理方法	氯化物平均含量/(mg/m²)	氯化物清除率/%
没有任何预处理	349	—
钢丝刷除锈达到SB 2	214	39
针錾枪除锈达到SB 2	263	25
超高压水喷射清理2500bar，无缓蚀剂	10	97
用硅酸铝磨料湿法喷砂300bar，无缓蚀剂	16	95
干磨料喷砂达到Sa 2½(铜熔渣)	56	84

资料来源：Forsgren，A.，and Appelgren，C.，Comparison of chloride levels remaining on the steel surface after various pretreatments，in *Proceedings of Protective Coatings Europe* 2000，Technology Publishing Company，Pittsburgh，2000，p.271。

7.4.5 水中污染物

高压冲洗水里的污染物是个值得关注的问题。假如用高压水清除铅类旧漆，污水里会有悬浮的铅颗粒，污水排放前，需要用毒性特征浸出程序(见第8章)测试有无可浸出的铅。同样，用湿法喷砂清理或者高压水喷射清理除去含有镉或铬类颜料的旧漆时，排放污水也要进行这样的测试。假如用水量很少，把污水暂时储存在污水池里，之后再进行测试是可以接受的[13]。

7.5 非常规喷射清理方法

在可预见的将来，干磨料喷射清理技术是不会消失的。然而，当前人们对其他喷射清理技术越发感兴趣了。本章节简要叙述一些非常规喷射清理技术：用固态二氧化碳(干冰)干法喷射清理、用冰块作为磨料干法喷射清理，用苏打作为磨料的湿法喷射清理。

7.5.1 二氧化碳干冰

用压缩空气将米粒大小的二氧化碳(干冰)颗粒猛力撞击要清理的表面。这种“磨料”发生升华从固态变为气态，如此喷射清理后，金属表面只留下需要处置的旧漆碎片。据报告这种方法产生粉尘很少，由此降低了密闭要求。如果旧漆中含有任何重金属，操作工人仍然会有健康风险，所以必须加强防护。

这种方法的缺点是设备成本太高，清除旧漆速度太慢。此外，需要大量液态二氧化碳(也就是需要大型罐车运输)。制取固态二氧化碳(干冰)和喷射作业都需要专门的设备。虽然二氧化碳属于温室效应气体，但是，假如使用适宜的二氧化碳来源，那么不会增加排放的二氧化碳总量。例如，假如使用燃烧化石燃料的发电厂产生的二氧化碳，排放到大气中的二氧化碳总量并没有增加。

用这种方法能够清除旧漆，但是无法有效清除轧制铁鳞和较厚的铁锈。假如原有金属表面曾经喷砂清理干净过，那么，用干冰喷射清理后，往往能够恢复原有的表面形态。正如Trimber[7]归纳的那样：“用二氧化碳干冰喷射清理是个极好的主张，可能代表了未来除锈清理技术的发展趋势。”

7.5.2 冰块

用冰块可以清洁易碎的或者脆性底材，例如飞机中涂漆的塑料复合材料。冰块没有研磨作用，冰块撞击时能使油漆破裂，由此除去旧漆。冰块的动能被传递到涂层上，造成与底材有点垂直的锥形裂纹，然后再发展成横向和径向裂纹。当裂纹已经形成足够大的网格状时，一小片旧漆就脱落了。接着，冰块开始破坏已脱落的旧漆下面新露出的旧漆。融化的冰水冲洗旧漆已经脱落的表面。

Foster 和 Visaisouk[15]报告这项技术能够很好清除喷射清理表面裂隙中的污物。这种方法的其他优点有[15]：

- 冰块没有研磨作用，易碎表面往往不需要用其他材料遮掩。
- 喷射介质破碎后不会生成任何粉尘。
- 假如现场有水有电源，那么可以就地制作冰块。
- 散落的冰块对周围其他设备的损伤远小于磨料介质。

人们已经试验用冰块喷射方法清洁压缩机和飞机发动机的涡轮叶片。这项技术已经成功清除掉燃烧产物和腐蚀产物。也已经试验用此方法除去飞机涂料(聚氨酯面漆)上的液压液，除去石墨环氧树脂复合材料上的聚氨酯面漆和环氧底漆。

7.5.3 苏打

用压缩空气或者高压水推动碳酸氢钠(小苏打)磨料颗粒撞击要清洁的表面。碳酸氢钠能溶于水。旧漆碎片和铅能与水及溶解的碳酸氢钠分离，由此减少产生的危险废料。

同时用碳酸氢钠与水显著减少了粉尘。这些碎屑主要是旧漆碎片，虽然也有必要将水和溶解的碳酸氢钠作为危险废物处置，除非完全除去所含的铅。因为需要捕集水，密闭设计会有些困难。

这项技术能够有效除去旧漆，但是无法清除轧制铁鳞和较厚的腐蚀产物。此外，这样的清理质量未必能够满足某些涂料系统对底材表面粗糙度的要求，除非钢材表面先前已经经过喷砂清理。假如裸露的钢材要暴露在外，可能还需要加入缓蚀剂防止闪锈。

许多涂装承包商对这种方法不太熟悉，但是这种方法与湿法磨料喷砂清理技术以及高压水喷射清理技术十分相似，所以很容易调整。因为水能够抑制粉尘的发生，所以可以大大降低工人暴露在含铅排放气体中的风险，但是摄入风险依然存在[15]。

7.6 喷砂清理后的污染物测试

不管采用什么样的预处理方法，涂装之前有必要检查金属表面有无盐分、油脂和污物。

7.6.1 可溶性盐

无论新的涂层有多好，如果涂装在被氯化物污染的表面上，总会是个大麻烦。盐分污染来自许多不同的来源，例如，冬季用的道路除冰盐会造成公路附近钢质构筑物表面氯化物污染。海风是盐分的另一重要来源，其威胁着沿海地区的构筑物，盐分会迅速沉积在沿海地区各种物体表面。甚至涂装前对钢材进行预处理时，操作工的手指印可能留下足够的盐分，造成涂装的涂层起泡。

旧钢材上的铁锈也可以成为氯化物的重大来源。最初造成材料生锈的氯化物可能就裹挟在铁锈结构之中，事实上，出于氯化物的天然本性，它会存在于腐蚀坑的底部——这是清理时最难达到的部位[16,17]。

可溶解盐测试比较理想的非破坏性取样设备应当是这样的：

- 在现场而不是在实验室；
- 适合各种类型表面(粗糙的、光滑的、弯曲的、平的)；
- 快速，因为时间就是金钱；
- 容易，测试结果不会引起误解；
- 可靠；
- 不贵。

然而，实际上并不存在这样一种理想化的仪器。虽然没有单一的方法能够同时满足所有要求，但是有人已经做了非常好的尝试。所有的方法依靠润湿表面来析出氯化物和其他盐分，然后测量液体的电导率，或者之后测量氯化物含量。也许两种最常见的方法是布雷斯勒(Bresle)贴片和易高公司(Elcometer)的湿滤纸。

国际标准 ISO 8502-6 描述了布雷斯勒(Bresle)方法。周围有胶的测试贴片粘在测试表面。这个测试贴片有个已知的接触面积，通常是 1250mm^2。将已知体积的去离子水注入测试室。水和钢材接触 10min 之后，抽出水并分析氯化物含量。分析氯化物含量有多种选择：用已知的测试溶液现场进行滴定试验；用电导率测试仪；或者在设备允许的条件下使用一台更高级的氯离子分析仪。电导率测试仪不能区分化学物的种类。如果用在严重生锈的钢材上，电导率测试仪无法区分多少电导率是由氯离子造成的，多少电导率仅仅是由测试水中的铁离子造成的。

布雷斯勒(Bresle)测试方法很稳妥，能够用在非常不平整或者弯曲的表面上。这项技术容易操作，设备也不贵。主要缺点是需要一定的时间，普遍认为一次测试需要 10min 时间太长了。虽然不够快，但是其稳妥可靠的特点确实使这种方法很有吸引力。

用易高(Elcometer)滤纸测试快得多。将一张滤纸放在要测试的表面上，在纸上喷洒去离子水直至其达到饱和。然后将湿滤纸放在仪器上(例如易高公司的 SCM-400 测试仪)，测量它的电阻率。与上文讨论过的电导率测量一样，重新涂装作业用这种方法时，无法确定多少滤纸的电阻率是由氯化物造成的，多少电阻率单纯是由测试水中的铁锈造成的。总体来说，尽管初始设备成本相当高，但是这项技术是可靠的，操作也很简单。

不管用这两种方法的哪一种，都无法测出钢材中存在的全部氯化物。布雷斯勒(Bresle)方法估计能得出大约50%的浸出效率，用易高(Elcometer)滤纸技术多少会更高一点。然而有人提出异议，这些绝对值的用途非常有限，因为存在任何数量的氯化物都会使涂层产生问题。虽然正确值是300mg/m^2，也许某项测量技术报告200mg/m^{2}也根本不重要。因为两个值都太高了。目前对涂层盐分污染测试的容忍度尚未达成一致意见。无论如何，实验证据已经表明氯化物盐分污染比硫酸盐污染更为重要，并且，有富锌底漆的涂层系统，盐分的容忍度更大[18-20]。盐分污染对涂层老化的影响也取决于其暴露的状况[21]。Axelsen 和 Knudsen 发现，少量盐分对于暴露在淡水中的涂层是有害的。这种盐分对于海水中的涂层也有一些影响，而发现其对海洋大气中的涂层影响甚微。

7.6.2 碳氢化合物

与盐分一样，构成油品和油脂的碳氢化合物也来自各种不同的来源：穿行的交通工具或者固定设备马达所产生的柴油废气；来自压缩机和电动工具等润滑油；污染的喷砂磨料中的油和油脂；操作工手上沾的油等。上文已经提及，要涂漆的表面如果有油和油脂，就会阻碍涂层的良好附着。

碳氢化合物的测试比盐分的测试复杂得多，原因有两个。首先，碳氢化合物是有机物，总的来讲，有机化学比盐分的无机化学要复杂得多。涉及有机化学时，即使是个简单的试剂指标测试盒，研发过程也是很棘手的。其次，能够污染表面的碳氢化合物范围广泛，如果仅仅测试其中几种碳氢化合物，这样的测试结果简直是无用的。现在所需要的是在现场能够实施的足够简单的试验方法，并且这种方法有足够强大的能力，能够检测范围很宽的碳氢化合物。

至今科学家已经研发出许多测试碳氢化物的方法。一种方法是紫外线，或者说黑光。在紫外灯光照射下，大多数碳氢化合物显示不能引起食欲的黄色或者绿色。当然，这仅仅在黑暗中才有效，因此测试必须在暗室里进行，更像“世纪之交”的摄影术。这种方法的缺点是棉绒和粉尘可能呈现存在碳氢化合物污染的假象。此外，某些油分无法用黑光检测出来[22]。无论如何，总的说来，这种方法比其他方法更加容易使用。

目前正在研发的检测油分的其他方法[23]：

- 碘酒和布雷斯勒贴片(*iodine with the Bresle patch*)。按照布雷斯勒方法(气泡贴片和皮下注射器)进行取样，但用不同的浸出液。测试表面先用碘酒水溶液处理一下，再用蒸馏水清洗。之后借助碘化钾溶液萃取表面油分里溶解的碘。从污染的表面提取最初吸收的碘后，将淀粉加入碘化钾溶液。评估溶液变成蓝色的程度来确定从该表面萃取碘的量。因为萃取碘的量就是该表面残留油分总量的量值，所以就能确定该表面上油的浓度。

- 指纹跟踪法(*fingerprint tracing method*)。将固态氧化铝粉末吸附剂铺在整个测试表面上。热处理后，除去那些没有牢牢附着在污染表面上的过量吸附剂。之后刮下那些牢牢附着的吸附剂并称重。这个吸附剂总量就是该表面上残留的油或油脂总量的量值。
- 硫酸法(*sulfuric acid method*)。为了萃取表面上残留的油和油脂，也要用固态氧化铝吸附剂。将浓硫酸加到污染表面上刮下的氧化铝粉末里。然后将硫酸溶液与萃取的油和油脂残留一起加热。根据溶液颜色从无色到深褐色的变化来确定残留的油和油脂总量。

7.6.3 粉尘

粉尘来自喷砂清理用的磨料。所有喷砂磨料撞击被清理的表面时，都有一定程度的破碎。较大的颗粒会滴落到地面，但是最小的颗粒会变成肉眼难辨的细末。这些细微的颗粒靠静电附着在表面上，假如涂装前不除去这些粉尘，就会阻碍涂层与底材之间的良好附着。

表面粉尘的检测非常简单：只要用一块干净布擦一下金属表面。假如布脏了，说明表面太脏不宜马上涂敷。另一种方法是用胶带粘贴在要涂装的金属表面上。揭起胶带时，假如有胶一面粘有大量细末，表明此金属表面有粉尘污染。判断金属表面是否污染太严重时，说句公道话，从实际出发，实施常规喷砂除锈清理后的金属表面是不可能完全除净所有粉尘的。

涂装过程每道工序都应当检测一下粉尘，因为涂敷每道涂层后都很容易发生污染，粉尘使涂层不黏了。这样会使下道涂层无法很好地附着。

可以用吸尘器或者压缩空气吹扫除去金属表面的粉尘。用的压缩空气必须非常干净，因为压缩机是油污染的主要来源。检查压缩空气管路中有无油污染时，可以用一张干净的白纸放在压缩空气出口。假如白纸上出现油污(或者有水或者任何其他东西)，那么这样的压缩空气不够干净，不能用于吹扫涂敷前的金属表面。清洗压缩机的过滤器和分离器，重新测试直至压缩空气完全干净，不含任何水分[22]。

7.7 危险粉尘：硅肺病和游离硅

许多国家取缔或者限制用石英砂进行干磨料喷砂清理作业，因为其与硅肺病有关，这种疾病是操作工人长期吸入过量石英砂粉尘细末而引起的。本章节要讨论：

- 什么是硅肺病?
- 什么样的石英砂会引起硅肺病?
- 低游离硅磨料选项。
- 预防硅肺病的卫生保健措施。

7.7.1 什么是硅肺病?

硅肺病(*silicosis*)是由于吸入含有结晶二氧化硅的粉尘而引起的纤维结节性肺病。吸入小于1μm结晶二氧化硅颗粒时，它们会通过小支气管到达肺泡从而深入渗透进肺部。它们沉积在肺泡上产生强烈刺激作用并损坏细胞膜。肺泡出现炎症，其会损伤更多的细胞。纤维状结节和伤痕围绕结晶二氧化硅颗粒发展。当这样的损伤变得非常严重时，就会减少可以流动通过肺部的空气量，最终导致患者呼吸衰竭。流行病学研究表明硅肺病患者更易发生肺结核。两种疾病的结合称为硅肺结核，其死亡率超过了单纯的硅肺病[24-27]。

早在1705年就已发现许多石匠患有硅肺病。多年来人们已经认识到某些职业存在引起硅肺病严重危险，例如，在开矿和挖掘隧道时。最糟糕的硅肺病案例要数20世纪30年代在美国西弗吉尼亚州戈莱大桥隧道挖掘中发生的重大群发事件。施工中，大约有2000人参与了岩石的钻进开挖，结果，400人死于硅肺病，并且，其余1600人几乎都患有硅肺病。

从事磨料喷砂作业的工人需要特别关注防止硅肺病，因为喷砂清理作业中，石英砂撞击金属表面后会粉碎成粉尘。与早先破碎的石英砂相比，新破碎的石英砂表面似乎在肺部产生更严重的反应[28]，可能是因为新破碎的石英砂表面具有更强的化学活性。

7.7.2 什么样的二氧化硅会引起硅肺病?

并非所有形态的二氧化硅都会引起硅肺病。这种疾病与硅酸盐没有瓜葛，无论是地壳中通常分布的硅元素(Si)还是半导体工业中众所周知的人造单晶硅都与此无关。

硅酸盐(*silicates*)(—SiO_4)是硅和氧与铝、镁或铅等金属的化合物。例如云母、滑石、波特兰水泥、石棉、玻璃纤维。

二氧化硅(*silica*)(SiO_2)是硅和氧的化合物。这是一种化学惰性的固体，可以是无定形体，也可以是晶体。结晶二氧化硅(*crystalline silica*)也叫作“游离硅”(*free silica*)是一种引起硅肺病的二氧化硅。游离硅有几种结晶结构，最常见的(出于工业用途)几种是石英、鳞石英、方晶石。发现许多矿物中有结晶二氧化硅，例如花岗岩和长石，并且，结晶二氧化硅是石英砂的主要成分。虽然它有化学惰性，但是它能成为危险物质，总是应当认真对待。

7.7.3 哪些是低含量游离硅磨料？

所谓低含量游离硅磨料是游离(结晶)硅含量少于1%的磨料。以下是重工业用的低含量游离硅磨料的例子：

- 钢或者冷硬铸铁，加工成钢砂或者钢丸；
- 熔铜渣；
- 燃煤锅炉的炉渣(硅酸铝)；
- 熔镍渣；
- 石榴石；
- 碳化硅(金刚砂)；
- 氧化铝。

7.7.4 有哪些预防硅肺病的卫生保健措施？

磨料喷砂操作工人预防硅肺病的最佳途径就使用低含量游离硅磨料。已经有多种可以替代石英砂的磨料(见第7.7.3节)。许多国家禁止使用石英砂进行干磨料喷砂清理作业，几十年的实践证明，这些替代磨料是可靠的，也是比较经济实用的。

减少因为使用二氧化硅干磨料喷砂清理作业而产生的健康风险是可能的。为此，需要在以下四个方面进行努力：

- 选用低毒性磨料喷砂材料；
- 工程设计控制措施(例如通风)和工作实践；
- 给操作工人配备恰当和充分的呼吸防护系统；
- 医疗监督方案。

美国国家职业安全与卫生健康研究院(NIOSH)提议采取下列措施减少工作场所暴露在结晶二氧化硅下的风险，预防硅肺病[29]：

- 禁止使用石英砂(以及其他结晶二氧化硅含量超过1%的材料)作为磨料喷砂材料，用危害性很少的磨料来替代。
- 实施空气监测，测量工人操作环境的空气质量。
- 使用相对密闭作业方法，例如喷砂清理机和密闭喷漆橱，可减少粉尘风险，保护附近其他操作工人的健康安全。
- 执行良好的卫生作业方法，避免工人不必要的暴露在有害的二氧化硅粉尘中。
- 施工现场，操作工人一定要穿上可换洗的或者一次性的防护服。工人离开工作场地之前，应当淋浴并换上干净的衣服，防止车辆、住宅和其他工作区域被污染。

- 如果污染源控制无法保持在美国国家职业安全与卫生健康研究院规定的二氧化硅暴露下限时，工人一定要穿戴呼吸面具。
- 对可能暴露在结晶二氧化硅下的所有工人要定期进行身体检查。
- 张贴粉尘危险警示标记，告诫操作工人务必穿戴必要的防护装备。
- 对操作工人进行培训，告知有关结晶二氧化硅的健康危害、喷砂作业时的注意事项以及必要的防护装备。
- 向所属州地方劳动安全主管部门和美国国家职业安全与卫生健康管理局(OSHA)或者美国矿业安全健康管理局报告所有硅肺病案例。

如果有读者对此方面感兴趣的话，可以登录美国联邦政府卫生部网站或者与美国国家职业安全与卫生健康研究院联系，索取《预防喷砂作业造成硅肺病和死亡》小册子。

参考文献

[1] Keane, J. D., ed. *Good Painting Practice*. Vol. 1. Pittsburgh: Steel Structures Painting Council, 1982.

[2] Swedish Corrosion Institute. Handbok i rostskyddsmålning av allmänna stålkonstruktioner. Bulletin 85, 2nd ed. Stockholm: Swedish Corrosion Institute, 1985.

[3] NASA (National Aeronautics and Space Administration). Evaluation of copper slag blast media for railcar maintenance. NASA-CR-183744, N90-13681. Washington, DC: NASA, 1989.

[4] Bjorgum, A. Behandling av avfall fra bläserensing, del 3. Oppsummering av utredninger vedrorende behandling av avfall fra blåserensing. Report STF24 A95326. Trondheim: SINTEF, 1995.

[5] Eggen, T., and U. Steinsmo. Karakterisering av flater blast med ulike blåsemidler. Report STF24 A94628. Trondheim: SINTEF, 1994.

[6] Paul, S. *Surface Coatings Science and Technology*. 2nd ed. Chichester: John Wiley & Sons, 1996.

[7] Trimber, K. A. *Industrial Lead Paint Removal Handbook*. SSPC 93-02. Pittsburgh: Steel Structures Painting Council, 1993, chaps. 1-9.

[8] Sharp, T. *J. Prot. Coat. Linings* 13, 133, 1996.

[9] Van Oeteren, K. A. *Korrosionsschutz durch Beschichtungsstoffe*. Munich: Carl - Hanser Verlag, 1980, part 1.

[10] McKelvie, A. N. Planning and control of corrosion protection in shipbuilding. Presented at *Proceedings of the 6th International Congress on Metallic Corrosion*, Sydney, 1975, paper 8-7.

[11] Igetoft, L. Våtblästring som förbehandling före rostskyddsmålning -litteraturegenomgång. Report 61132: 1. Stockholm: Swedish Corrosion Institute, 1983.

[12] Bjørgum, A., et al. Repair coating systems for bare steel: Effect of pre-treatment and conditions

during application and curing. Presented at CORROSION/2007. Houston: NACE International, 2007, paper 07012.

[13] Allen, B. *Prot. Coat. Eur.* 2, 38, 1997.

[14] Forsgren, A., and C. Appelgren. Comparison of chloride levels remaining on the steel surface after various pretreatments. In *Proceedings of Protective Coatings Europe* 2000. Pittsburgh: Technology Publishing, 2000, p. 271.

[15] Foster, T., and S. Visaisouk. Paint removal and surface cleaning using ice particles. Presented at AGARD SMP Lecture Series on "Environmentally Safe and Effective Processes for Paint Removal," Lisbon, April 27-28, 1995.

[16] Mayne, J. E. O. *J. Appl. Chem.* 9, 673, 1959.

[17] Appleman, B. R. *J. Prot. Coat. Linings* 4, 68, 1987.

[18] Tator, K. B. *J. Protect. Coat. Linings* 27, 50, 2010.

[19] Appleman, B. R. *J. Protect. Coat. Linings*

[20] Mitschke, H. *J. Protect. Coat. Linings* 18, 49, 2001.

[21] Axelsen, S. B., and O. Ø. Knudsen. The effect of water-soluble salt contamination on coating performance. Presented at CORROSION/2011. Houston: NACE International, 2011, paper 11042.

[22] Swain, J. B. *J. Prot. Coat. Linings* 4, 51, 1987.

[23] Forsgren, A. *Prot. Coat. Eur.* 5, 64, 2000.

[24] Myers, C. E., C. Hayden, and J. Morgan. *Penn. Med.* 60-62, 1973.

[25] Sherson, D., and F. Lander. *J. Occup. Med.* 32, 111, 1990.

[26] Bailey, W. C., et al. *Am. Rev. Respir. Dis.* 110, 115, 1974.

[27] Silicosis and Silicate Disease Committee. *Arch. Pathol. Lab. Med.* 112, 673, 1988.

[28] Vallyathan, V., et al. *Am. Rev. Respir. Dis.* 138, 1213, 1988.

[29] NIOSH (National Institute of Occupational Safety and Health). NIOSH alert: Request for assistance in preventing silicosis and deaths from sandblasting. Publication (NIOSH) 92-102. Cincinnati, OH: U. S. Department of Health and Human Services, 1992.

8 磨料喷砂清理与重金属污染

第7章提到喷砂除锈清除含有铅系颜料的旧漆时，需要最大程度减少报废磨料。本章叙述了检测报废磨料中的铅、镉或铬的常用技术以及被铅基油漆(LBP)碎屑或者粉尘污染磨料的处置方法。无论是本章还是有关技术文献中，人们最关注的是铅。这一点也不奇怪，因为油漆中铅的问题依然大于镉、钡或铬。

在探讨处理铅污染磨料的大量文献中，很少有人区分旧漆中发现的不同类型的铅，尽管毒物学文献很关注这个问题。例如，红丹(Pb_3O_4)是旧底漆中最常见的铅系颜料，而铅白[$PbCO_3 \cdot Pb(OH)_2$]是旧面漆中常见的铅系颜料。在垃圾填埋场里，不知道这两种铅系颜料是否会以相同速率浸出。也不知道稳定化或者固定化处理时它们会否以类似的方式做出反应。在此领域还有大量研究有待进行。

油漆中的重金属问题依然与此极有关系。2015年在英格兰西南一个运动场的调查中，人们惊讶地发现许多样品中的铅、铬、镉、锑的含量都很高[1]。

8.1 检测重金属污染

实际上，检测是否存在铅或其他重金属时，需要解答两个问题：

① 正在清除的旧漆中是否含有重金属？

② 垃圾填埋后，铅是否会浸出？

油漆中的金属总量未必等于污染的喷砂磨料和旧漆填埋后将要浸出的金属总量[2-4]。有毒金属的浸出速率取决于许多因素。首先，浸出是从旧漆颗粒表面开始的。因此初始浸出速率在很大程度上取决于粉末状旧漆的颗粒大小。因而这也取决于要清除的旧漆状况、用的磨料类型，以及喷砂清理工艺[5]。最终，随着垃圾填埋场里旧漆聚合物主链的断裂，重金属就会从大部分蜕变破裂的旧漆颗粒里浸出。此时重金属的浸出速率更大程度上取决于油漆配方中用的树脂类型以及其在填埋场环境中的化学特性。

8.1.1 重金属的化学分析技术

有多种技术可以检测油漆中有无铅和铬这类有毒金属。特别适用于检测铅的行之有效的检测方法包括原子吸收光谱(AA)和电感耦合等离子体原子发射光谱(ICP-AES)。结合扫描电镜(SEM)的能量弥散X射线检测(EDX)属于比较新的检测技术。

用原子吸收光谱和电感耦合等离子体原子发射光谱检测时，要用酸浸法溶解旧漆碎片，然后用原子吸收光谱和电感耦合等离子体原子发射光谱分析技术测量出液体中的重金属总量。可以计算出铅、镉以及其他重金属的质量，以很高的精度作为旧漆总量里的质量百分比。这项技术最大优点是能够分析整个涂层系统，而无须将每一涂层分离开逐层进行分析。并且，因为整个涂层都溶解在酸液里，所以这种方法不受贯穿整个涂层的金属层理的影响。也就是说，不必担心大多数铅是包含在涂层主体部分，还是在涂层与金属的界面，或是在涂层最顶层表面。

结合扫描电镜的能量弥散X射线检测技术能够迅速分析旧漆碎片：其有强大能力可以识别出是否存在关注的金属，但是不能有效精准确定存在多少这样的金属。其能检测出硼和更重的元素。但用这些技术检测旧漆碎片表面时，检测深度只有大约5μm。这是个缺点，因为表面通常仅仅是由成膜物质构成的。有可能用极细的砂纸除去旧漆顶面那层聚合物，但是这项操作必须格外仔细，切勿除去整个旧漆层。当然，如果涂层已经严重老化和粉化，那么最顶层表面的那层聚合物早已消失了。因此，许多情况下就没有必要分析旧漆碎片的横断面，特别是由两层或者多层的涂层系统。因为涂层不是均质的，所以应当获得多个测量值。

8.1.2 毒性特征浸出程序

毒性特征浸出程序TCLP(*toxicity characteristic leaching procedure*)是美国环境保护署(EPA)强制规定的检测方法，用其检测固体废料可能会浸出多少有毒物质。在此简要说明一下这种方法。要确切了解这种检测程序，应阅读美国环境保护署出版物SW-846中的1311方法[6]。

按照毒性特征浸出程序，将100g旧漆碎片样品碾成细末，直至所有样品都能通过9.5mm标准筛。然后取5g研成细末的样品来确定采用哪种提取液。在5g样品中加入去离子水，配制成100mL溶液。搅拌溶液5min后测量溶液的pH值。如表8.1所示，根据pH值确定选择哪种提取液。表8.2所示是制作提取液的操作程序。将旧漆碎片样品和提取液一起装入专用容器。此容器以(30±2)r/min的速度旋转(18±2)h。在此期间，试验温度应维持在(23±2)℃。之后将此溶液过滤并进行分析。用原子吸收光谱或者电感耦合等离子体原子发射光谱检测方法分析铅和重金属的含量。

表 8.1　测量 pH 值来确定毒性特征浸出程序提取液

假如第一次实测的 pH 值	选用的提取液	
<5.0	使用 1 号提取液	
>5.0	加入酸。溶液先加热，再冷却。溶液冷却后，第二次测量 pH 值	
	假如第二次实测的 pH 值	选用的提取液
	<5.0	使用 1 号提取液
	>5.0	使用 2 号提取液

表 8.2　毒性特征浸出程序适用的提取液

	1 号提取液	2 号提取液
第一步	500mL 水里加入 5.7mL 冰醋酸	水里加入 5.7mL 冰醋酸(水量<990mL)
第二步	加入 64.3mL 氢氧化钠	加水直至达到 1L 的总量
第三步	加水直至达到 1L 的总量	
最终 pH 值	4.93±0.05	2.88±0.05

注：试验用水应符合 ASTM D1193 标准类型Ⅱ的要求。

毒性特征浸出程序是一项行之有效的检测程序，但是，依然需要更多了解报废磨料处置中涉及的化学问题。Drozdz 与其同伴报告假如还存在铬酸锌钾，那么毒性特征浸出程序中碱性硅铬酸铅的浓度会被抑制到低于检测极限值。实测的含铬量也受到抑制，尽管尚未低于检测极限。他们认为这样减少应当归因于两种颜料之间的相互反应生成了一种溶解性较差的铅的化合物或者络合物[7]。

8.2　最大程度减少危险性旧漆碎片的量

第 7 章中我们提及如果选用一种可以多次回收利用的磨料就可以减少报废磨料的总量。本章节叙述的方法用于将重金属与无害的磨料和油漆成膜物质分开，从而进一步减少必须作为危险性旧漆碎片处理的总量。采用的方法有：

- 物理分离；
- 烧掉无害的部分；
- 用酸提取后让金属沉淀析出。

目前，对于维修油漆中用的重质磨料的数量和种类而言，这些方法中没有一种是可行的。本章节的这些叙述有望成为铅污染喷砂清理旧漆碎片领域总的研发方向。

8.2.1　物理分离

物理分离方法取决于磨料物理特性(大小和电磁特性)和旧漆碎片物理特性

两者之间的差异。筛分要求磨料颗粒大小有差别，静电分离要求这些颗粒对电场有不同的响应。

8.2.1.1 筛分

Tapscott 等人[8]和 Jermyn 与 Wichner[9]调查了用筛子将旧漆颗粒与塑料磨料进行分离的可能性。可以推测塑料磨料介质与旧漆的机械特性很不相同，并且，喷射撞击时磨料不会像要清除的旧漆那样碎成粉末。

此项研究用的边界值是 250μm，并且假定比这还要小的颗粒属于危险性废料（被重金属污染的旧漆粉尘）。这个设想在理论上很好，但是，实际实施时却很难做到。显微照相表明，研究人员相信旧漆的许多极小颗粒附着在很大的塑料磨料颗粒上。在这种情况下，因为细小的旧漆颗粒与较大的磨料介质颗粒之间有较强的附着力，筛分就失效了。

这种方法的一个常见问题是有害颗粒与无害颗粒的粒径相当。根据用的磨料和旧漆的状况，它们都可能被破碎成类似大小的颗粒。这种情况下，筛选或者筛分技术就无法将废料分离成有害颗粒和无害颗粒。

8.2.1.2 静电分离

Tapscott 等人[8]也研究了报废磨料的静电分离结果。为此，他们将报废的塑料磨料注入高电压直流电场。材料分离取决于电场中颗粒的吸引状况。在理论上，金属污染物是能够与非金属旧漆碎片分离的。但是实际上，据 Tapscott 与其同伴的报告，有时候静电分离过程能够产生一部分浓度较高的重金属，但是这样的分离是不充分的。分离后的两部分物质都无法作为无害废料处理。总的说来，这些结果是没有规律的。

8.2.2 低温灰化（仅适用于可氧化的磨料）

可以用低温灰化 LTA（*low-temperature ashing*）处理可氧化的喷砂清理碎片，例如塑料磨料——从而极大减少喷砂清理作业产生废料的量。用此种技术处理塑料磨料的试验结果，固体废料量减少了 95%。氧化后剩余的灰分必须作为有害废料处理，但是显著减少了有害废料总量[10]。

低温灰化处理时，报废磨料应处于适度升高温度的轻微氧化条件下。处理过程比较简单：既不取决于废料颗粒大小这样的机械特性，也与废料中发现的颜料无关。这种方法适合那些 500~600℃ 温度下可分解的磨料，能显著减少固体量。这类入选的磨料包括塑料介质、核桃壳、小麦淀粉。

与高温焚烧相比，有人认为低温灰化的低温范围下可能会在固体灰分中残剩更多的有害成分。然而这样的观点可能是不切实际的，因为旧漆碎片与塑料或者农业磨料混合物的燃烧产物可能是更复杂的混合物[9,10]。对研磨成的核桃壳磨料经过低温灰化产生的混合物研究表明，其含有至少35种挥发性有机化合物，包括丙醇、乙酸甲酯、甲氧基苯酚和其他酚类，以及许多苯甲醛和苯化合物。在类似研究中，一种丙烯酸磨料低温灰化处理中产生的挥发性有机化合物包括烷醇、C_4二恶烷，还有异丁烯酸酯、烷酸酯、戊酸酯、醋酸酯[9,10]。

不能用低温灰化处理工业钢结构重防腐喷砂清理普遍用的矿渣磨料和金属磨料。然而，用于铝型材喷砂清理的轻质磨料也许可以采用低温灰化处理。在推荐采纳此项技术之前，需要进一步研究识别特定磨料介质产生的挥发性有机化合物。

8.2.3 酸提取和酸浸法

酸提取和酸浸法包括多道处理工序，要在酸性溶液里提取出喷砂清理报废磨料旧漆碎片中的金属污染物，然后将(固体)报废磨料旧漆碎片与溶液分离，再使金属污染物作为金属盐沉淀出来。这样处理后，可以认为报废磨料旧漆碎片不再是污染物，可以在垃圾填埋场处置。磨料碎片中的金属在沉淀物中依然是有害废料，但是总量已经大大减少了。

美国陆军试用此项技术处置了报废污染的煤渣、混合塑料磨料以及玻璃珠磨料。用了各种不同的酸和酸浸工艺，用毒性特征浸出程序测量了酸浸处理前后铅、镉、铬等可浸出金属的浓度。

试验结果却令人失望：酸浸过程仅仅除去这些磨料中全部重金属污染物的一小部分[10]。根据这些试验结果，看来用这项技术处理报废磨料是没有希望了。

8.3 稳定铅的方法

人们关心这些处理方法的持久性和有效性。本章节介绍主要的稳定方法。

8.3.1 用铁稳定铅

铁(或者钢)能够稳定旧漆碎片中的铅，这样可以极大减少铅浸出后进入水中的比率。一般来讲，在有色金属磨料里加入5%~10%(质量)的铁或者钢质磨料，就足以稳定绝大部分研磨成细末的含铅旧漆[2]。

虽然不清楚确切的机理，但是，这样的观点看来有点道理，即铅会溶解在浸出液水里，但之后很快沉积在钢铁上。通过与金属铁的反应，铅离子还原成铅金属[5]，如式(8.1)所示：

$$\underset{\text{(离子)}}{Pb^{2+}} + \underset{\text{(金属)}}{Fe^{0}} \longrightarrow \underset{\text{(离子)}}{Pb^{0}} + \underset{\text{(金属)}}{Fe^{2+}} \tag{8.1}$$

铅金属不溶于毒性特征浸出程序试验中提取金属用的醋酸(见第 8.1.2 节),因此,实测的可溶性铅减少了。Bernecki 等人[11]提出很重要的观点,即铁仅仅稳定旧漆碎片暴露表面上的铅,而旧漆碎片内的大部分铅是没有机会与铁发生反应的。所以,随着时间推移,铅类颜料周围的聚合物在垃圾填埋场里会慢慢分解,使旧漆内大部分铅被浸出。这样,决定要稳定多少铅时,研磨成细末的油漆颗粒大小将是十分关键的,小颗粒意味着有更高百分比的铅将有可能暴露并与铁发生反应。

用此技术时应当关注稳定铅的持久性。Smith[12]已经研究了铁能够稳定铅多长时间。他用旧漆碎片、煤渣和 6%钢渣反复进行了毒性特征浸出程序提取试验。起初浸出铅的总量为 2mg/L,但在第 8 次提取时,浸出铅的总量已经增加到高于允许的 5mg/L 了。另一组试验中报废磨料和油漆颗粒(没有用铁或者钢稳定处理过)的碎片初始浸出率为 70mg/L。加入钢砂后,可浸出的铅量降到低于 5mg/L。这些碎片在 6 个月储存期间定期加入新鲜的浸出溶液(模拟垃圾填埋场的条件)。6 个月后,浸出铅的总量回复到 70mg/L。这些试验表明,用钢或者铁稳定铅的方法不是个长久之计。

美国环境保护局已经决定这不是一项处理铅实际可行的方法。在 1995 年 3 月 2 日美国联邦公报的一篇文章中[13],美国环境保护局如下强调了这个问题:

鉴于铁能否生成临时的脆弱的离子复合物还有争议……,所以,用毒性特征浸出程序试验分析时,铅似乎已经被稳定了,但是,根据复合过程的特性,美国环境保护局认为这样的“稳定”是暂时的。事实上,在美国环境保护局编制的《铅污染材料的铁化学》报告(1994 年 2 月 22 日)中,特别强调了这个问题,发现铁与铅的结合是一种脆弱的吸附性表面结合,因此,不可能是永久性的。而且这种富含铁的混合物长时间暴露在水汽和氧化条件下,间隙里的水容易酸化,有可能使任何暂时稳定状态发生反向变化,增加铅的浸出能力。……所以,在废料里加入铁粉或者铁屑未必可以作为长久的处理方法。

8.3.2 通过调整 pH 值稳定铅

许多形式铅的稳定性取决于水或者浸出液的 pH 值。Hock 与其同伴[14]用毒性特征浸出程序试验测量了各种 pH 值条件下铅白颜料能够浸出多少铅。结果如图 8.1 所示。

喷砂作业前或者旧漆变成碎片后,可以在喷砂介质里加入碳酸钙这样的化学剂,由此改变毒性特征浸出程序中试验溶液的 pH 值。在正确的 pH 值条件下,例如图 8.1 中大约 pH=9 的条件下,铅不能溶解于试验溶液,所以测不出来。这样的旧漆碎片就“通过”了含铅量的测试。

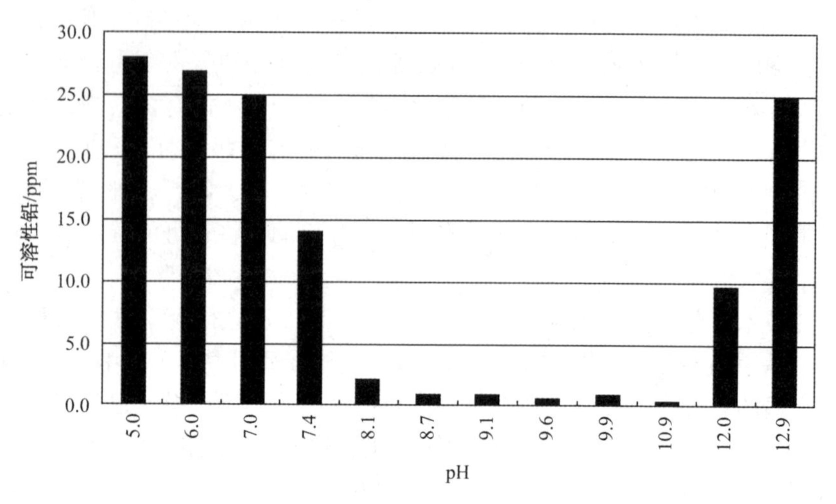

图 8.1　不同 pH 值条件下铅白的浸出能力

资料来源：Hock，V.，et al.，Demonstration of lead-based paint removal and chemical stabilization using blastox，Technical Report 96/20，U. S. Army Construction Engineering Research Laboratory，Champaign，IL，1996

无论如何，这项技术未被采纳，因为铅本身是无法永久稳定的。不溶性铅的影响绝对是短暂的，很短一段时间之后，即使未经任何处理，铅也会精准的浸出[14]。

8.3.3　用硅酸钙和其他助剂稳定铅

8.3.3.1　硅酸钙

Bhatty[15]用硅酸三钙稳定了含有镉、铬、铅、汞、锌等盐类的溶液。Bhatty认为在水里硅酸三钙变成了硅酸三钙水合物，其能够将镉和其他重金属的金属离子包容在其结构内。

Komarneni 与其同伴[16-18]建议为了稳定 Pb^{2+}，可以使硅酸钙与硅酸盐结构中的 Ca^{2+}进行置换。他们的研究表明，至少 99%的铅作为铅与硅酸盐的复合物沉淀物从溶液里消失了。

Hock 与其同伴[14]提出一个更复杂的机理来解释为什么水泥可以稳定铅：因为生成了碳酸铅。水泥加入水里时，这些碳酸盐是可溶的。同时因为氢氧化铅和铅的氧化物发生了离解，铅离子变成可溶的。这些铅离子与此溶液里的碳酸盐发生反应，生成溶解度十分有限的碳酸铅沉淀物。经过一段时间，混凝土的环境发生了变化，碳酸铅溶解，这些铅离子与硅酸盐发生反应生成不溶的复合硅酸铅。Hock 等人指出虽然没有任何混凝土证据支持这种机理，然而，它与此文献中的铅稳定数据是一致的。

8.3.3.2 硫化物

另一项铅稳定技术是将活性硫化物加入到旧漆碎片中。硫化物，例如硫化钠，与旧漆碎片中的金属发生反应，生成溶解度很低的金属硫化物(其溶解度比金属的氢氧化物低得多)。例如，铅的氢氧化物溶解度为20mg/L，而铅的硫化物溶解度只有 6×10^{-9}mg/L[19]。

假如降低了金属的溶解度，那么也会减少铅的浸出能力。Robinson[20]研究了包括铅、铬、镉在内的重金属硫化物沉淀与氢氧化物沉淀。他发现金属硫化物浸出少的，其溶解度也低。Robinson 还报告，某些硫化物工艺可以稳定六价铬而不会将其还原成三价铬(但是并不称其为硫化物沉淀，也没有描述其机理)。此领域其他研究人员没有报告这种情况。

Means 与其同伴[21]也研究了用硫化剂稳定旧漆碎片中的铅和铜，他们发现能够有效地稳定铅。他们提出一个很重要的观点：研磨成细末的旧漆的机械-化学特性影响铅的稳定效果。硫化剂需要能够渗透金属周围的聚合物，之后硫化剂才能与该金属发生反应并稳定该金属。在他们的研究中，Means 与其同伴为了得到最大的稳定效果，用了比较长的混合时间。

8.4 用报废磨料旧漆碎片作为混凝土的填充料

用波特兰水泥固结有害废料是一种行之有效的方法[19]，最早是 20 世纪 50 年代在核废料场采用了这种方法[5]。使用波特兰水泥有以下几个优点：

- 货源充足，价格不贵，各地生产的产品成分基本一致。
- 已经广泛研究了波特兰水泥的凝结和硬化特性。
- 它的天然碱性是很重要的，因为较高的 pH 值条件下，毒性金属不易溶解。
- 已经广泛研究了水泥中金属废料的浸出。

用波特兰水泥稳定重金属的一个主要缺点是：旧漆碎片中发现的某些化学物质不利于水泥的凝固和强度的增强。例如，铅会延迟波特兰水泥的水合作用。铝与水泥反应能够生成氢气，由此降低水泥的强度，增加水泥的渗透性[5]。无论如何已经开展了一些研究，在水泥中加入化学物质来抵消铅和其他有毒金属的影响。

波特兰水泥的组成也意味着除了正在发生固结外，至少某些毒性金属正在趋于稳定。

8.4.1 污染的旧漆碎片给混凝土带来的问题

水合反应是波特兰水泥与水之间的反应。最重要的水合反应是硅酸钙与水的水合反应，生成了硅酸钙水合物与氢氧化钙。硅酸钙水合物会在每粒水泥颗粒上形成一层覆盖物。存在水量控制了混凝土孔隙度：存在水量较少时，混凝土就有更加致密、强度更高的基体结构，这样的混凝土渗透性更低，耐用性和机械强度更强[22]。

铅化合物减慢了波特兰水泥水合反应的速度，仅仅 0.1%(质量分数)的氧化铅就能延迟水泥的凝结[23]。Thomas 与其同伴[24]提出氢氧化铅会非常迅速沉淀在水泥颗粒上，形成凝胶状覆盖层，其起到了阻止水扩散的作用，减慢但不是停止其与水泥颗粒接触的速率。这个模型与 Lieber 的观察是一致的，也就是说，铅不会影响混凝土的最终抗压强度，而只是影响混凝土的凝结时间[23]。Shively 与其同伴[25]观察到，与波特兰水泥混合时，如果加入含有砷、镉、铬、铅的废料，混凝土的凝结会有所延迟，但是这些废料的存在对水泥砂浆的最终抗压强度没有任何影响。与从原有废料(未经处理)浸出情况相比，从水泥里浸出的有毒金属大大减少了。Bishop 观察到用镉、铬、铅时有相同的结果[26]，他认为镉被吸附在水泥基体的小孔壁上，而铅与铬变成不易溶的硅酸盐，与基体本身结合在一起。许多研究人员发现硅酸钠之类的助剂能够避免水泥凝结延迟问题的发生，认为硅酸钠可能形成了溶解度很低的金属氧化物或者硅酸盐，或者有可能把金属离子封包在硅酸盐或者金属与硅酸盐的凝胶结构中。无论何种途径，这些金属沉淀在水泥颗粒上之前，已经从溶液里除去了这些金属。

与铅相比，镉和铬对波特兰水泥的硬化特性几乎没有什么影响[27,28]。

8.4.2 用水泥稳定喷砂磨料旧漆碎片的尝试

位于美国奥斯汀的得克萨斯大学已经用波特兰水泥处理报废的磨料介质进行了大量研究。Garner[29]和 Brabrand[30]研究了包括报废磨料和起抵消作用的助剂在内的混凝土混合成分对成型混凝土的机械特性和浸出特性即毒性特征浸出程序的影响。他们的结论是用报废磨料有可能使混凝土具有适当的抗压强度、抗渗透性、抗浸出性。他们的部分发现归纳如下：

- 水灰比和水泥含量是管控浸出能力、抗压强度和渗透性最重要的因素。总的说来，如果减小水灰比并增加水泥含量，就会减少浸出量，而抗压强度就会增加。
- 混合物的污染程度增加时，抗压强度就会减少(应当注意这与第 8.4.1 节 Shively[25]的试验结果是不一致的)。
- 实施毒性特征浸出程序时，渗透率较低的混合物浸出浓度也比较低。
- 对于混凝土的成功，混合顺序和时间也是很重要的。加入液体成分之前，先将干成分彻底混合，这样才能得到最佳性能。要确保报废磨料在混合物中充分均匀分布，水泥砂浆可能需要比普通混凝土更长的混合时间。

- 随着报废磨料污染程度的增加，混凝土的凝结时间和强度增强变得越发难以预测了。
- 报废磨料的污染程度是变化不定的。可能的影响因素包括要去除的旧漆状况和类型、磨料类型以及喷砂清理工艺类型。这些因素归根到底影响着磨成细末的旧漆颗粒大小及其在报废喷砂磨料中的浓度。
- 没有发现各种金属的浸出量与混凝土混合成分之间有任何关系。

Salt 与其同伴[5]研究了用促进助剂抵消报废磨料中铅和其他重金属对波特兰水泥与报废磨料碎片配制成的水泥砂浆的凝固、强度及浸出量的影响。他们的部分发现归纳如下：

- 对于波特兰水泥与严重污染的磨料碎片混合料，用硅酸钠缩短凝结时间是非常有效的，用硅粉和氯化钙的效果其次。而用亚硝酸钙无法有效减少这种混凝土的凝结时间。
- 结合使用硅酸钠和硅粉比分开使用这些成分可使混凝土有更高的抗压强度和更低的渗透性。
- 凝结时间与铅-波特兰水泥的比率成正比，如果减小这个比率，就可缩短凝结时间。另一方面，水泥砂浆的抗压强度与这个比率成反比。
- 对于污染最严重的混合物，需要促进剂达到要求的凝结条件。
- 实施毒性特征浸出程序时，被研究的所有水泥砂浆的浸出浓度都低于美国环境保护局的规定限值。发现废料中金属的类型和总量与毒性特征浸出程序浸出结果之间没有任何关系。
- 对于每批磨料旧漆碎片，应当用少量碎片样品、促进剂和水泥进行试验，由此决定这批磨料旧漆碎片需要的促进剂类型和用量(这批碎片可能是重新刷漆项目收集的全部磨料旧漆碎片，在大型构筑物上这个总量可能达到上千吨)。

Webster 与其同伴[31]用有序酸提取方法研究了波特兰水泥中有毒金属的长期稳定性。他们将波特兰水泥与被铅、镉、铬污染的喷砂磨料旧漆碎片混合在一起。然后将固结的水泥砂浆研磨后按照毒性特征浸出程序进行浸出试验。过滤后留下的固体与新的醋酸进行混合，然后按照毒性特征浸出程序重复进行试验。这一过程按照顺序持续进行，直至浸出和过滤后的液体酸碱度值低于 pH=4。他们的发现归纳如下：

- 铅浸出总量在很大程度上取决于和固体混合后液体的 pH 值，当酸碱度值低于 pH=8 时，铅开始浸出，每次按顺序降低 pH 值时，铅的浸出总量就会大幅增加。

- 和固体混合后液体的酸碱度值低于 pH = 8 时，镉也开始浸出，在酸碱度值等于 pH = 6 时，镉的浸出总量达到最大值，之后随着 pH 值的持续下降，浸出量也随之减少。然而，这可能是人为设想的最大值，因为一开始镉的总量就很低，当酸碱度值下降到 pH = 5 时，样品中几乎所有镉都会被浸出。
- Webster 等人研究认为，混凝土中钙基质对抗(由于酸化)破裂的能力对于铅和镉的稳定是重要的。
- 首次提取(pH = 12)时，铬开始浸出，酸碱度值降到 pH = 6 以下之前，每次按序连续提取的浸出量是恒定不变的。因为磨料旧漆碎片中铬的总量很少，所以，Webster 等人认为铬的浸出量与 pH 值没有多大关系，而仅仅继续发生直至完全浸出。这个发现得到如下事实的支持：如果增加喷砂磨料旧漆碎片中铬的浓度，那么毒性特征浸出程序得到的铬的浓度也会增加。
- Webster 等人注意到他们测试中发现的有序酸浸出情况实际上比在现场混凝土经历的情况严酷得多，然而，这确实暗示只有在混凝土没有破裂时，用波特兰水泥稳定有毒金属才有效。

8.4.3　混凝土中铝的问题

并非所有金属都能够仅仅用波特兰水泥就可以处理的，尤其是铝，可能会有问题。Khosla 与 Leming[32]研究了用波特兰水泥处理含有铅和铝的报废磨料。他们发现在潮湿的混凝土碱性环境中铝颗粒会迅速腐蚀而生成氢气。这些气体使混凝土膨胀产生很多孔隙，降低了混凝土的强度和耐用性。这项研究发现没有一种实际可行的快速凝结(避免膨胀)或者缓慢凝结(允许铝发生腐蚀而混凝土依然维持塑性)的方法(令人感兴趣的是浸出铅的总量低于美国环境保护局的限值，尽管混凝土的强度很差)。然而，Berke 与其同伴[33]发现亚硝酸钙可以有效延缓和减少混凝土中铝的腐蚀。

8.4.4　用波特兰水泥的稳定试验

在芬兰有人用波特兰水泥进行了稳定喷砂磨料旧漆碎片的现场试验。已有 125 年历史的科里亚铁路桥大约长 100m，桥梁用石英砂喷砂除锈清理。初期磨料旧漆碎片总量有 150t。这种碎片先通过一个负压旋风分离器处理，再用筛子将碎片筛分成四个等级。“有问题碎片”的总量，按照此试验项目设计每千克碎片中水溶性重金属含量超过 60mg 的碎片，分离后剩余的总量只有 2.5t。这些碎片掺入当地废料处置设施底板用的混凝土[34]。

美国海军也研究了造船厂降低矿渣磨料处置成本的途径，他们发现有两种经济上和技术上都可行的方法：重复利用磨料和稳定混凝土中的报废磨料。此项研究中的熔铜渣磨料在有机污染物(旧漆残屑)中占有很大的比重，考虑到此处混凝土的强度要求，这样的废料不适用于波特兰水泥混凝土。然而，这样污染的报废磨料也许适用于沥青混凝土[35]。

8.4.5 其他填充料的应用

喷砂磨料旧漆碎片也可以作为沥青和砖块中的填充料。有关这些用途的报告非常少，特别是何种化学物会形成重金属？浸出量是多少？总体安排能维持多久？挪威佩尔维斯特加德商贸公司自 1992 年以来一直在销售报废的喷砂介质用作沥青的填充料，自 1993 年以来销售报废的喷砂介质用作制砖的填充料。他们报告这些废料碎片质量(即污染程度)的差异变化是个问题[36]。

参考文献

[1] Turner, A., et al. *Sci. Total Environ.* 544, 460, 2016.

[2] Trimber, K. *Industrial Lead Paint Removal Handbook*. SSPC Publication 93-02. Pittsburgh: Steel Structures Painting Council, 1993, p. 152.

[3] Appleman, B. R. Bridge paint: Removal, containment, and disposal. Report 175. Washington, DC: National Cooperative Highway Research Program, Transportation Research Board, 1992.

[4] Harris, J., and J. Fleming. Testing lead paint blast residue to pre-determine waste classification. In *Lead Paint Removal from Industrial Structures*. Pittsburgh: Steel Structures Painting Council, 1989, p. 62.

[5] Salt, B., et al. Recycling contaminated spent blasting abrasives in Portland cement mortars using solidification/stabilization technology. Report CTR 0-1315-3F. Springfield, VA: U. S. Department of Commerce, National Technical Information Service (NTIS), 1995.

[6] EPA (Environmental Protection Agency). Test methods for evaluating solid waste, physical/chemical methods. 3rd ed., EPA Publication SW-846, GPO doc. 955-001-00000-1. Washington, DC: Government Printing Office, 1993, Appendix Ⅱ—Method 1311.

[7] Drozdz, S., T. Race, and K. Tinklenburg. *J. Prot. Coat. Linings* 17, 41, 2000.

[8] Tapscott, R. E., G. A. Blahut, and S. H. Kellogg. Plastic media blasting waste treatments. Report ESL-TR-88-122. Tyndall Air Force Base, FL: Engineering and Service Laboratory, Air Force Engineering and Service Center, 1988.

[9] Jermyn, H., and R. P. Wichner. Plastic media blasting (PMB) waste treatment technology. In *Proceedings of the Air and Waste Management Conference*. Vancouver: Air and Waste Management Association, 1991, paper 91-10-18.

[10] Boy, J. H., T. D. Rice, and K. A. Reinbold. Investigation of separation, treatment, and recycling options for hazardous paint blast media waste. USACERL Technical Report 96/51. Champaign, IL: Construction Engineering Research Laboratories, U. S. Army Corps of Engineers, 1996.

[11] Bernecki, T. F., et al. Issues impacting bridge painting: An overview. FHWA/RD/94/098. Springfield, VA: U. S. Federal Highway Administration, National Technical Information Service, 1995.

[12] Smith, L. M. and Tinklenberg, G. L. Lead-containing paint removal, containment, and disposal: Final report. Report No. FHWA-RD-94-100. Federal Highway Administration, U. S Department of Transportation: McLean, VA. 1995.

[13] The addition of iron dust to stabilize characteristic hazardous wastes: Potential classification as impermissible dilution. *Federal Register*, vol. 60, no. 41. Washington, DC: National Archive and Record Administration, 1995.

[14] Hock, V., et al. Demonstration of lead-based paint removal and chemical stabilization using blastox. Technical Report 96/20. Champaign, IL: U. S. Army Construction Engineering Research Laboratory, 1996.

[15] Bhatty, M. Fixation of metallic ions in Portland cement. In *Proceedings of the National Conference on Hazardous Wastes and Hazardous Materials*, Washington, DC, 1987, pp. 140-145.

[16] Komarneni, S., D. Roy, and R. Roy. *Cement Concrete Res.* 12, 773, 1982.

[17] Komarneni, S. *Nucl. Chem. Waste Manage.* 5, 247, 1985.

[18] Komarneni, S., et al. *Cement Concrete Res.* 18, 204, 1988.

[19] Conner, J. R. *Chemical Fixation and Solidification of Hazardous Wastes*. New York: Van Nostrand Reinhold, 1990.

[20] Robinson, A. K. Sulfide vs. hydroxide precipitation of heavy metals from industrial wastewater. In *Proceedings of the First Annual Conference on Advanced Pollution Control for the Metal Finishing Industry*. Report EPA-600/8-78-010. Washington, DC: Environmental Protection Agency, 1978, p. 59.

[21] Means, J., et al. The chemical stabilization of metal-contaminated sandblasting grit: The importance of the physiocochemical form of the metal contaminants in *Engineering Aspects of Metal-Waste Management*, ed. I. K. Iskandar and H. M. Selim. Chelsea, MI: Lewis Publishers, 1992, p. 199.

[22] Mindess, S., and J. Young. *Concrete*. Englewood Cliffs, NJ: Prentice-Hall, 1981.

[23] Lieber, W. Influence of lead and zinc compounds on the hydration of Portland cement. In *Proceedings of the 5th International Symposium on the Chemistry of Cements*, Tokyo, 1968, vol. 2, p. 444.

[24] Thomas, N., D. Jameson, and D. Double. *Cement Concrete Res.* 11, 143, 1981.

[25] Shively, W., et al. *J. Water Pollut. Control Fed.* 58, 234, 1986.

[26] Bishop, P. *Hazard. Waste Hazard. Mater.* 5, 129, 1988.

[27] Tashiro, C. , et al. *Cement Concrete Res.* 7, 283, 1977.

[28] Cartledge, F. , et al. *Environ. Science Technol.* 24, 867, 1990.

[29] Garner, A. Solidification/stabilization of contaminated spent blasting media in Portland cement concretes and mortars. Master of science thesis, University of Texas at Austin, TX, 1992.

[30] Brabrand, D. Solidification/stabilization of spent blasting abrasives with Portland cement for non-structural concrete purposes. Master of science thesis, University of Texas at Austin, TX, 1992.

[31] Webster, M. , et al. Solidification/stabilization of used abrasive media for non-structural concrete using Portland cement. NTIS Pb96-111125 (FHWA/TX-95-1315-2). Springfield, VA: U. S. Department of Commerce, National Technical Information Service, 1994.

[32] Khosla, N. , and M. Leming. Recycling of lead-contaminated blasting sand in construction materials. N. C. Department of Natural Resources & Community Development, June 1988.

[33] Berke, N. , D. Shen, and K. Sundberg. Comparison of the polarization resistance technique to the macrocell corrosion technique. In *Corrosion Rates of Steel in Concrete*. ASTM STP 1065. Philadelphia: American Society for Testing and Materials, 1990, p. 38.

[34] Sörensen, P. *Vanytt* 1, 26, 1996.

[35] NSRP (National Shipbuilding Research Program). Feasibility and economics study of the treatment, recycling and disposal of spent abrasives. Final report, Project N1-93-1, NSRP # 0529. Charleston, SC: NSRP, ATI Corp. , 1999.

[36] Bjorgum, A. Behandling av avfall fra bläserensing. Del 3. Oppsummering av utredninger vedrorende behandling av avfall fra blåserensing. Report STF24 A95326. Trondheim: Foundation for Scientific and Industrial Research at the Norwegian Institute of Technology, 1995.

9 金属表面化学预处理

金属部件进入粉末涂料、卷材涂料以及其他自动化涂料涂装工艺之前，金属表面一般都要进行化学预处理，因为化学预处理可以在涂料涂装生产线上实施。化学预处理也是高度自动化的工艺，既有经济优势，也能达到很高的生产效率。

化学预处理通常涉及转化膜的应用。转化膜的作用是用电化学方法钝化金属表面，生成有利于有机涂料附着的稳定的表面层。历史上，磷化和铬化都曾是主要的转化膜成膜工艺。然而，铬化工艺毒性很强，所以，铬酸盐转化膜现在已经被新的更加健康安全环保(HSE)的工艺取代了。人们为此开展了大量工作，分析研究了许多有望替代铬酸盐的不同化学品。其中有些已经形成工业化生产工艺，可以替代铬酸盐了。本章简要讨论了磷化、铬化、阳极氧化、以钛-锆(Ti/Zr)为主的表面预处理工艺以及基于三价铬 Cr(Ⅲ)的表面预处理工艺。对此课题有兴趣的读者，可以查阅参考文献中更多的表面预处理工艺：

- 基于上蜡的工艺[1,2]；
- 基于钒酸盐的工艺[3]；
- 基于高锰酸盐的工艺(用于镁)[4]；
- 基于钼酸盐的工艺[5]；
- 硅烷[6]；
- 自动合成分子[7,8]。

发现所讨论的大部分工艺都有许多不同形式，但是，我们不打算在此详细探讨。列举这些的目的仅仅是为了引入化学预处理这个主题。

9.1 磷化工艺

磷酸盐转化膜主要用在用途广泛的钢材和镀锌基材上。基于磷酸盐的表面预处理工艺也已经研发用于铝型材，主要是多种材料装配在一起的构件，但是效率不高，而且如有可能通常优先选用其他工艺。早在 1900 年之前，人们就开始用磷酸盐转化膜防腐蚀，并且，之后这项表面预处理工艺有了许多改进。所以，这是一项非常成熟的技术。Narayanan 全面评述了磷酸盐转化膜技术[9]。

磷酸盐转化膜本身并没有非常强的防腐蚀功能，所以，暴露在腐蚀环境中时，有磷酸盐转化膜的部件依然会发生腐蚀。无论如何，作为有机涂料涂装前的一项预处理工艺，它有助于构成一个非常耐用的涂层系统，特别在镀锌钢和热浸镀锌钢上。

9.1.1 磷酸盐转化膜的成膜

用稀释的磷酸溶液处理 Zn^{2+}、Mn^{2+}、Ni^{2+} 或者 Fe^{2+} 等有一个或者多个金属离子的金属。当金属底材暴露在这样的溶液中时，由局部阳极和局部阴极构成的一个微观电化学腐蚀过程就开始了。在局部阴极上，氢的析出会打破磷酸的各种离解状态之间的水解平衡，使其朝生成不溶性三代磷酸盐方向变化：

$$H_3PO_4 \rightleftharpoons H_2PO_4^- + H^+ \rightleftharpoons HPO_4^{2-} + 2H^+ \rightleftharpoons PO_4^{3-} + 3H^+ \tag{9.1}$$

然后，三代磷酸盐将与溶液中的金属离子一起沉淀在金属表面上，并且仅仅几分钟内，整个表面都覆盖了沉淀物[10]。图 9.1 所示是锌材上磷酸盐转化膜的显微照片。成功磷化后，锌材和钢材表面会有一个无光泽的灰色外观，这样很容易进行目测质量控制。在磷化表面上用指甲轻轻地划个十字，就会留下一道浅灰色的痕迹。

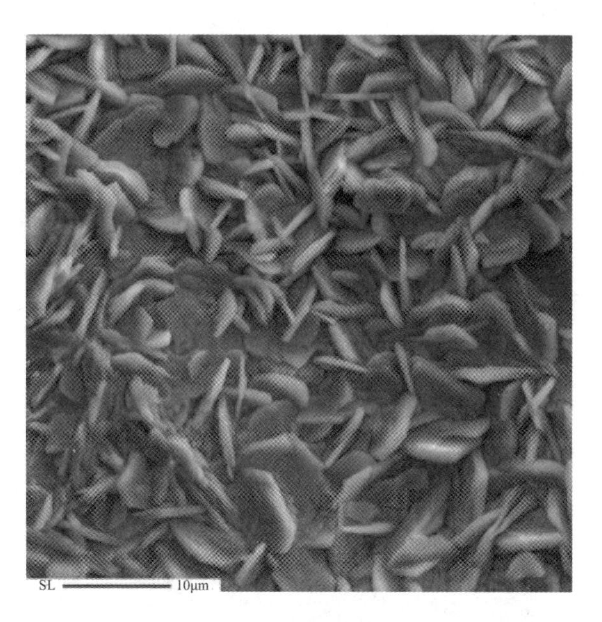

图 9.1　锌材上的磷酸盐转化膜(电子显微镜照片)

9.1.2 工艺步骤

图 9.2 所示是个典型的镀锌钢磷化生产线的七道工序。钢材磷化前，根据要

处理的钢材状况，脱去油脂后通常需要一道额外的酸洗工序除去锈垢和轧制铁鳞。活化工序要用弱碱性磷酸钛的胶态分散体处理钢材表面。这样会在钢材表面形成氧化钛晶体，其会成为下道工序磷酸盐转化膜沉积的成核点。锌材磷化时这道工序特别重要，如果没有活化就会生成非常粗的磷酸锌晶体。

1	2	3	4	5	6	7
碱法脱脂	清水冲洗	活化	磷化处理	清水冲洗	无铬钝化	干燥

图 9.2　用于镀锌钢的典型磷化生产线工艺步骤

磷酸盐转化膜的钝化要用不同的化学品，正如图 9.1 所示，以前六价铬 Cr(VI)曾经是钝化的标准化学品。现在，六价铬或多或少已经用不含铬的化学品替代了，例如锆类化学品。

9.1.3　不同形式的磷酸盐转化膜

正如上文所述，将各种阳离子加到磷化槽里能够改进生成的磷化膜特性。在此简要评述一下常见的不同形式磷酸盐转化膜和它们的用途：

- 磷酸铁：简单而又成本低廉的工艺，适用于户内暴露的钢制品涂装前预处理。对暴露在户外的钢材没有足够的防腐蚀保护作用。
- 磷酸锌：用于钢材和镀锌钢或者热浸镀锌钢涂装前的预处理。磷酸锌用于暴露在户外的锌材和钢制品的预处理。
- 三代磷酸盐：含有锌、锰、镍等阳离子。原先研发用于汽车工业电泳涂漆(E-coat)前镀锌钢的表面预处理。电泳涂装中，底材被阴极极化，金属表面形成碱性条件，三代磷酸盐能够耐受这样的条件[11]。现在许多行业涂装镀锌钢前都用三代磷酸盐进行表面预处理。三代磷酸盐转化膜适用于暴露在腐蚀环境中的产品。
- 磷酸锰：生成一层坚硬耐磨并有点防腐保护作用的磷酸盐膜。正常情况下，磷酸锰并不用于表面预处理，而是作为最后一道防护措施。其用在许多机加工的钢制品上，如发动机部件和模具。事实上，金属加工行业各部门都在用这种工艺。为了增强润滑特性和防腐蚀特性，普遍用油进行后处理。

9.2　铬酸盐转化膜：铬化

20 世纪，铬酸盐转化膜主要用于铝材、镁材、锌材的预处理。之所以广泛采用铬酸盐转化膜，是因为其有极好的耐腐蚀性，并有助于增强涂料的附着。然而，这种转化膜是由六价铬构成的，其有很强的毒性并致癌，所以，现在越来越多的行业都用其他工艺来替代了。例如，欧盟自 2003 年起汽车行业就禁止使用六价铬了，自 2006 年起电子行业也禁止使用六价铬[12,13]。预期今后会有更多的限制。

9.2.1 铬酸盐转化膜的成膜

转化过程中，六价铬与金属底材发生氧化还原反应，金属底材被氧化，六价铬还原成三价铬。在转化槽里六价铬能溶解而三价铬不能溶解，三价铬只能作为氧化物或者氢氧化物沉积在金属表面上。在铝材上的反应是这样的：

- 底材的氧化：

$$2Al \xlongequal{} 2Al^{3+}+6e^- \tag{9.2}$$

- 铬酸盐的还原反应：

$$Cr_2O_7^{2-}+8H^++6e^- \xlongequal{} 2Cr(OH)_3+H_2O \tag{9.3}$$

- 全部反应：

$$2Al+Cr_2O_7^{2-}+8H^+ \xlongequal{} 2Al^{3+}+2Cr(OH)_3+H_2O \tag{9.4}$$

在此过程中，氢氟化铝发挥了重要作用，减薄了铝材表面原先自然形成的氧化铝保护膜，否则，这层氧化膜会对抗六价铬并减慢氧化还原反应。Kendig 和 Buchheit 对铬酸盐转化膜的化学、成膜、毒性、微观结构、防护作用做了全面的评述[14,15]。

图 9.3 所示是铝材表面的铬酸盐转化膜。这层膜呈现泥裂效果，这是干燥过程中转化膜收缩造成的。这是正常现象，并不影响性能。在此过程中，金属的晶界被优先侵蚀，照片中肉眼可见十分清晰。照片左侧的蚀坑可能是表面外露夹杂的贵金属颗粒造成的。这样的颗粒导致铝材基质发生局部腐蚀，直至碱蚀期间发生表层下腐蚀并脱落。硅酸盐转化膜的厚度一般在 100~500nm 范围内，但是晶界会缺失这层膜[16,17]。此外，照片中所示裂纹穿透转化膜向下一直到底材。尽管如此，这层转化膜还是有很强的保护作用。

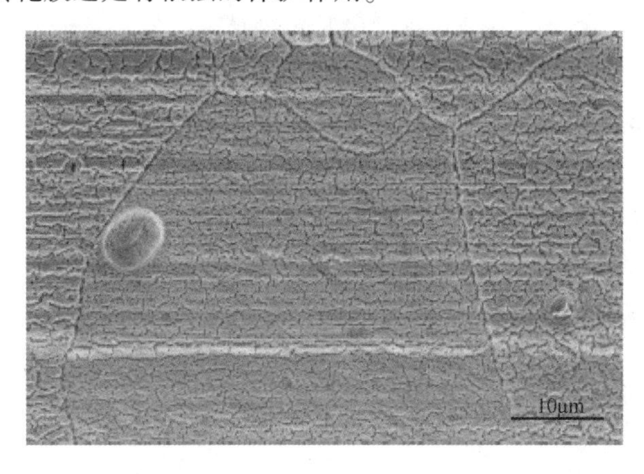

图 9.3 铝材上的铬酸盐转化膜

铬酸盐转化膜在金属镁上的成膜过程与在铝材上大致相似。欲知其详，可以浏览 Gray 和 Luan 的文献[4]。

9.2.2 防腐蚀保护

上文已经多次提及铬酸盐转化膜具有很强的防腐蚀保护作用，因为这层转化膜有多个有利特性。例如，其有疏水特性成为阻挡水分渗透的屏障，其在很宽的 pH 值范围内性能相当稳定，以及其能够有效抑制阳极反应与阴极反应[18]。此外，认为它还有一定的自愈合能力[19]。在三价铬氧化物成膜期间，六价铬也会沉淀[16,20]。这些残留物能够修补转化膜的小缺陷。六价铬会与破损部位外露的铝发生反应，生成新的氧化铬保护膜。

铬化工艺已经成功应用于铝材、镁材、锌材的防腐蚀保护，也用于上文提及的磷酸盐转化膜的钝化后冲洗。即使是最易腐蚀的 2000 系列高强度铝合金（与铜的合金），也可以用铬化工艺使之在非常强的腐蚀环境中得到有效保护。

9.2.3 铬化工艺

图 9.4 所示是铬化工艺的各道工序。碱法脱脂工序除了能够清洁金属表面外，也多少会使表面浸蚀一点。某些工艺中脱脂后增加强碱浸蚀可得到更深的浸蚀效果。用酸性脱氧还原的目的是除去碱法脱脂（和浸蚀）中形成的铝材表面污迹。铬化后的金属表面要冲洗和干燥，准备涂漆或者涂胶。

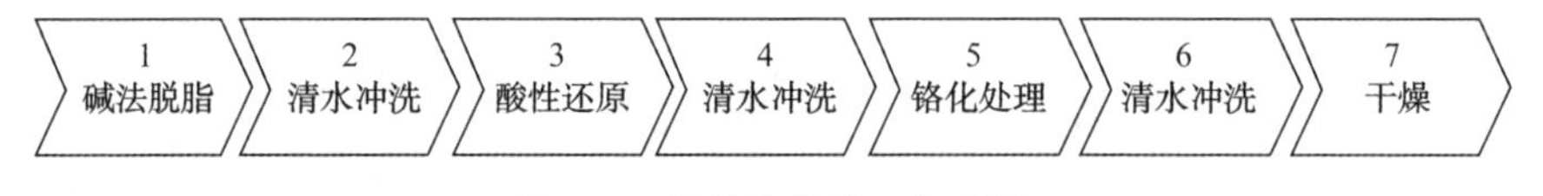

图 9.4 铝材铬化的工艺步骤

铬酸盐转化膜的另一好处是这层膜是黄颜色的。有经验的操作工根据颜色细微的差别就能估计转化膜的厚度，判定转化过程是否成功。这样简化了质量控制过程，可以与那些生成肉眼看不见的转化膜的无铬酸盐处理工艺进行比较。

由于六价铬具有很强的毒性，所以，对于化学物、冲洗水、废料以及处理工艺产生的任何可能含有六价铬物质的处理都有严格的法规要求。这样使用六价铬变得非常麻烦，也增加了相应的成本，促使人们改用无铬工艺。

和磷化工艺一样，对于不同的目的用途，也开发出不同的铬化工艺。对于铝材，通常采用黄色铬化、绿色铬化和透明铬化工艺：

- 黄色铬化（工艺过程如上所述）：极佳的防腐蚀特性，与油漆及黏结剂良好的附着特性。
- 绿色铬化：转化槽里有铬酸和磷酸混合液，生成绿色三价铬酸盐转化膜而不含丝毫六价铬，主要特性与黄色铬化相同。

- 透明铬化：不想要黄颜色或者需要良好导电性的地方采用这样很薄的转化膜。但是降低了防腐蚀特性。

Sheasby 和 Pinner 全面评述了铝材上的各种铬化工艺[21]。

9.3 阳极氧化

阳极氧化主要用于铝材的最终处理，使之既有防腐蚀和耐磨损特性，又有吸引人的外观。然而，阳极氧化也已用作铝材涂装和涂胶之前的预处理多年了。除建筑行业外，特别是航天工业已经为此目的采用了阳极氧化工艺。德国 GSB 国际表面涂装协会已经颁布了建筑行业预处理采用阳极氧化的质量要求[22]。并且，还研发了一个专用于卷材涂装的阳极氧化预处理工艺，详见第 9.3.1 节的叙述[21,23-25]。

由于阳极氧化需要将产品浸泡在阳极氧化槽中，所以，要在喷涂涂料和粉末涂料生产线上实施是很困难的。因此，通常建设一条单独的阳极氧化生产线，这样就能更好掌控要涂装的材料。这使得阳极氧化成为比较昂贵的预处理工艺，因此与化学喷涂工艺相比，阳极氧化工艺用得比较少一些。然而，就涂层质量而言，阳极氧化确实是一项杰出的工艺，涂膜良好的附着力和防腐蚀特性与铬酸盐转化膜预处理工艺不相上下[17,26]。

9.3.1 直流阳极氧化预处理工艺

如果将图 9.4 和图 9.5 比较一下，可以发现直流阳极氧化预处理工艺步骤与铬化工艺是一样的。例如，用于装饰用途时，德国 GSB 国际表面涂装协会常常建议脱脂后增加一道强碱浸蚀工序[22]。建筑行业用的铝材一般需要在大约 20℃、浓度为 18%~20% 的硫酸中用 0.8~2.0A/dm^2 的电流密度来完成阳极氧化[21,22]。大约 10min 的阳极氧化就能生成一层 3~8μm 厚的氧化铝。

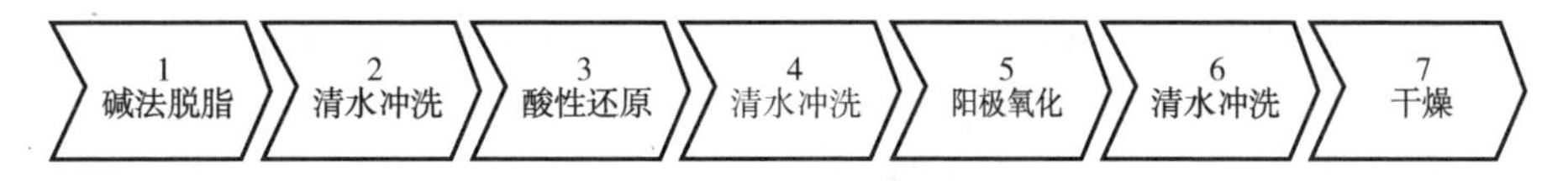

图 9.5 铝材的直流阳极氧化工艺步骤

以往航天工业阳极氧化工艺采用铬酸也就是六价铬，现在已改用更加健康安全环保的酸类。面对这项挑战，已找到了一种酸，能够生成氧化物具有令人满意的耐腐蚀特征和足够的附着力。用硼酸和硫酸混合液阳极氧化完全可以再现铬酸阳极氧化的各项特性[27]。

图 9.6 是阳极氧化槽的横断面示意图。铝材牢牢固定在架子上，确保有良好的电接触。阳极氧化电流在阳极铝和阴极反电极之间流动。阴极材料可以采用 6063 或 6101 铝合金、铅、不锈钢或者石墨。以往通常优先选用铅，但是现在使用最频繁的还是铝合金。阳极氧化过程中的电阻会导致阳极氧化槽发热，因此有必要冷却来维持恒定的温度。还需要不断搅动阳极氧化槽确保均匀的电解液，为此可以采用低压空气鼓泡或者泵送方法。参考文献中有好几篇有关阳极氧化工艺的精彩综述[21,28]。

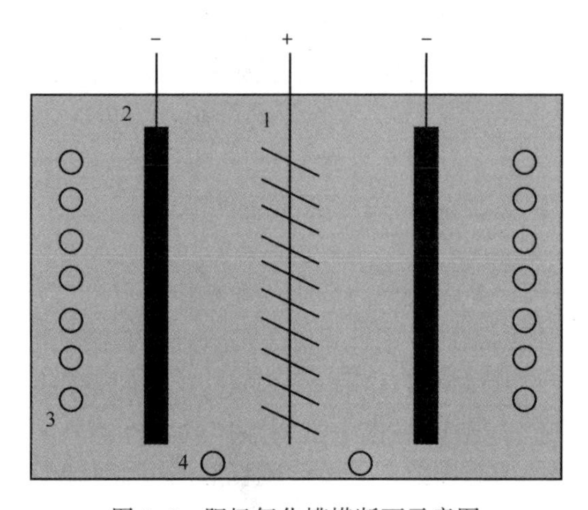

图 9.6　阳极氧化槽横断面示意图

1—搁架上的铝材（阳极）；2—反电极（阴极）；3—氧化槽的冷却；4—氧化槽用空气鼓泡搅动

9.3.2　卷材涂装的阳极氧化

卷材涂装的阳极氧化必须连续快速进行，金属卷材以大约 100m/min 的速度迅速通过阳极氧化工艺流程。还必须减少工艺步骤数量，使工艺流程实际尺寸处于实际可行的限度以内。采用交流阳极氧化能满足这些要求。图 9.7 是用交流电阳极氧化预处理的卷材涂装生产线简化示意图。

通常，这个阳极氧化预处理工艺采用 80℃的 15%~20%硫酸（或者磷酸），交流电的电流密度 20A/dm^2（均方根）。这样与直流阳极氧化相比，阳极氧化可以在更高温度和更高电流密度下进行。卷材在阳极氧化槽里停留时间大约 5~10s。用了交流电，金属表面在阳极氧化槽里被清洗干净了。因为在阴极电流周期，氢反应生成的氢气泡清洁了金属表面。更高的电流密度意味着铝合金被更快氧化。高温降低了阳极氧化槽中的阻力，确保较高的电流密度。这也增加了氧化物的浸蚀，生成的多孔氧化膜有助于有机涂料更好的附着。

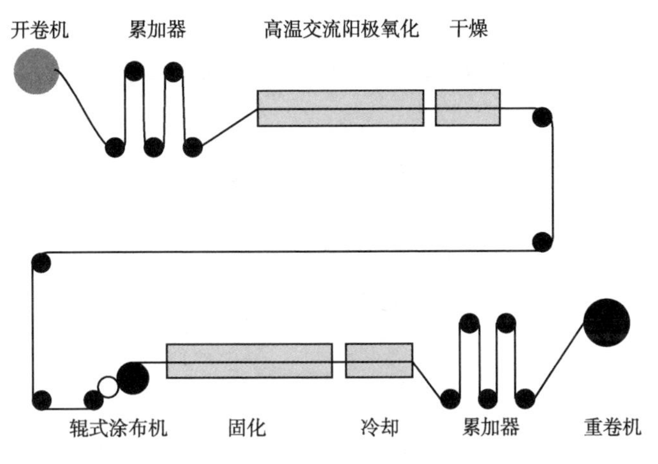

图 9.7　卷材涂装生产线

9.3.3　氧化膜的结构与特性

阳极氧化生成很厚的一层氧化膜，增强了涂层的耐腐蚀和附着特性。如图 9.8 所示，这层氧化膜是个多孔结构。在阳极氧化过程中，这个氧化膜从其与金属界面的氧化膜底部开始生长。与此同时，氧化膜顶部开始被浸蚀。氧化膜的最终结构取决于酸的类型、温度、阳极氧化时间。酸浸蚀生成许多小孔，需要这些小孔才能将反应物传输到氧化部位。在硼酸或者有机酸这类非侵蚀性酸类中阳极氧化时，将会生成比较薄的无孔氧化膜。这些小孔底部是大约 20nm 厚的屏障层，其受外加电压(大约 1.4nm/V)控制。硫酸阳极氧化中生成的这些小孔直径大约也有 20nm。在理论上，氧化膜将形成图 9.8 所示的六角形结构，但是实际上它的结构很松散。图 9.9 所示是透射电子显微镜(TEM)下这层氧化膜的横截面。多孔结构清晰可见，尽管样品制备过程中，氧化膜多少有点变形。

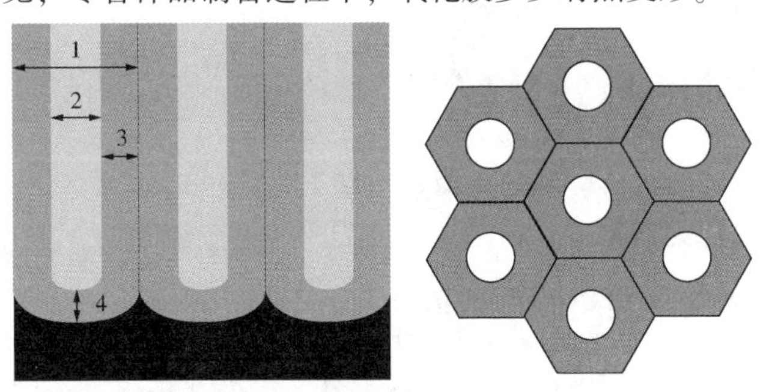

图 9.8　阳极氧化的氧化膜示意图(左为剖视图，右为俯视图)

1—氧化槽直径；2—小孔直径；3—氧化槽壁厚；4—屏障层厚度

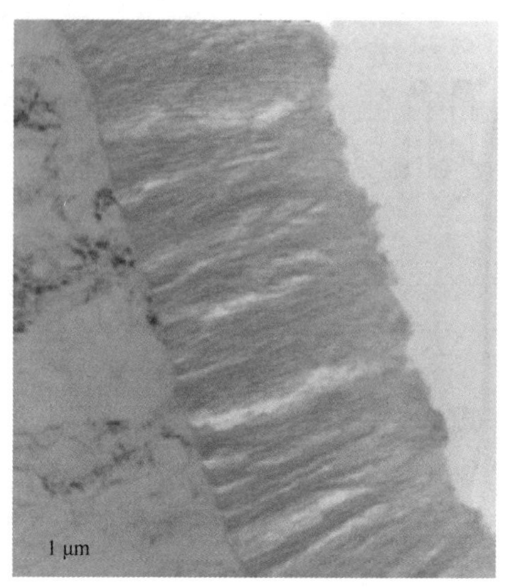

图 9.9　透射电子显微镜下阳极氧化膜的横断面

注：氧化膜的多孔结构清晰可见，样品制备过程使氧化膜有些裂纹

就涂层附着和耐腐蚀特性而言，直流阳极氧化和高温交流阳极氧化两种工艺的效果与铬化工艺相当[17,29-32]。直流阳极氧化工艺当然能生成有很强保护特性的氧化膜，甚至可以不用有机涂层。高温交流阳极氧化工艺生成的氧化膜厚度小于0.5μm，这比直流阳极氧化工艺生成的氧化膜薄很多。因此，这样薄的氧化膜仅仅用于增强涂层良好的附着，并且主要靠有机涂料发挥防腐蚀作用。常温下的交流阳极氧化也能生成较厚的耐腐蚀氧化膜，但是，由于硫酸盐还原反应(在阴极半周期过程中)以及氧化膜中含硫，所以常温下的交流阳极氧化不适合装饰性用途。

用有涂层的卷材加工制品时，较薄的氧化膜也更有益。许多制品加工中，金属板材要折叠180°，只有较薄的氧化膜才能满足这样高的柔韧性。而且，高温阳极氧化能生成质地柔软不易破碎的氧化膜。

9.4　钛基和锆基转化膜

以钛或锆或者两者为主的转化膜是市场上最先出现的无铬化学预处理工艺，其性能与铬酸盐转化膜相当。

9.4.1　钛基和锆基转化膜的成膜

在此工艺中铝材表面用含有 TiF_6^{2-} 或者 ZrF_6^{2-} 的弱酸性溶液处理，结果使 TiO_2 或者 ZrO_2 沉淀在铝材表面上[33,34]。由于 pH 值较低并存在氟化物，所以铝材在转化槽里会被轻度腐蚀。铝材的腐蚀是个微观原电池过程，在此，阴极反应主要发生在含有铁或铜的金属间贵金属颗粒上。由于阴极氢反应，会局部增加这些颗粒上的 pH 值。当 pH 值增加时，TiO_2或者 ZrO_2就会局部沉淀在金属表面上。因此，这种氧化膜的成膜机理与需要氧化还原反应才能生成铬酸盐转化膜的成膜机理是根本不同的。

由于金属间颗粒仅仅覆盖金属表面很小一部分，所以这样沉淀的氧化膜是不连续的。图 9.10 所示是金属间颗粒上转化膜的横断面。在此颗粒上有一层大约 150nm 厚的氧化膜，而离此颗粒仅几微米以远的地方几乎没有任何转化膜的踪迹。毕竟还是发现了 TiO_2或者 ZrO_2的小颗粒。已经有包含有机组分的钛基或锆基转化膜工艺，这些有机组分会生成连续的膜。

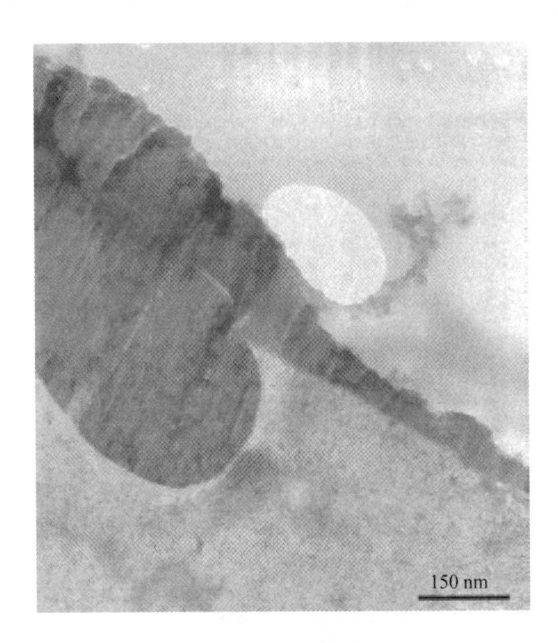

图 9.10 AA6060 铝合金上 TiO_2-ZrO_2转化膜覆盖在金属表面的 α-Al(Fe, Mn)Si 金属间颗粒上[33]

资料来源：Lunder, O., et al., *Surf. Coat. Technol.*, 184, 278, 2004

9.4.2 工艺和特性

钛基或锆基转化膜工艺可以在与铬酸盐转化膜相同的生产线上运行。仅仅需要更换转化槽里的溶液，其他工序完全相同。然而，所有与转化槽接触的部件都应当用 AISI 316 不锈钢制造。因为在这种转化槽里铝材浸蚀不足，所以为了达到理想的质量，后续工序充分浸蚀是很重要的。对于轧制铝材这点特别重要，因为变形的表面层使成品极易发生丝状腐蚀(见第 12 章)。在预处理过程中，必须浸蚀除去这层变形的表面材料，因此，精心控制碱法脱脂和酸性除氧工序是很重要的。

和钢材与锌材的磷化一样，钛基或锆基转化膜可以增强涂层的附着，从而增强有氧化膜铝材的耐腐蚀特性。转化膜本身并不具有防腐蚀功能。

9.5 铝材的三价铬化学转化膜

依据2002年的发明专利[35]，自21世纪初起工业界已采用了三价铬化学转化膜。

9.5.1 氧化铬转化膜的成膜

弱酸性溶液里含有的化学物包括 $Cr_2(SO_4)_3$、H_2ZrF_6、H_2O_2。处理后，铝材表面覆盖两层复杂的组分，总厚度小于100nm。外层是 Cr_2O_3、$Cr_2(SO_4)_3$、ZrO_2、Al_2O_3、氟化物的复杂混合物，里层是富含氧化物与氟化物的铝材。认为里层起到防腐蚀保护作用。看来是过氧化氢将三价铬氧化成六价铬而成膜的，因此，尽管没有把六价铬列入化学物中，但是，实际上六价铬也是转化过程的一分子[36]。虽然如此，这个过程仍被认为是无铬工艺。

正如图9.11所示，铝材基质上生成连续的转化膜，但是，在阴极金属间颗粒上这层膜更厚。由于这些化学物里含有 H_2ZrF_6，所以，可能是因为与钛基或锆基转化膜类似的机理，颗粒上沉淀物才会增加。

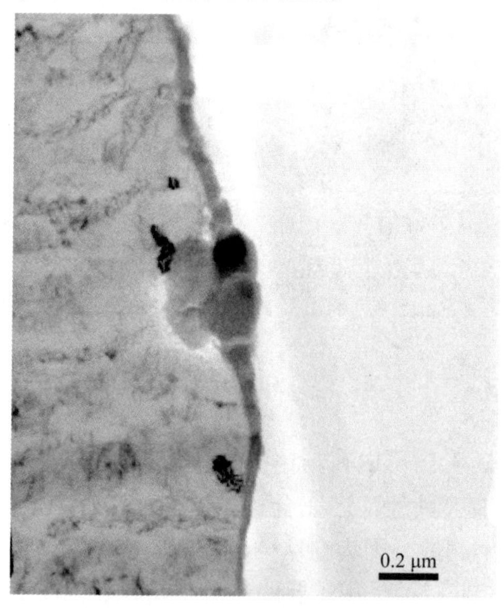

图9.11 铝材上生成的三价铬化学转化膜

9.5.2 工艺和特性

三价铬化学转化膜工艺也能在与铬化相同的生产线上运行，只要更换转化槽。

作为金属表面涂装前的预处理工艺，三价铬化学转化膜工艺使涂层具有极好的附着力，并能有效耐受丝状腐蚀[37]。看来这些转化膜能够完全替代铬酸盐转化膜，因为即使不涂装有机涂料，也能有效保护铝材防止腐蚀。迄今为止，这是唯一能满足美国军用标准 MIL-DTL-81706 规定性能要求的无铬转化膜工艺[38]。

参考文献

[1] Hughes, A. E., et al. *Surf. Coat. Technol.* 203, 2927, 2009.

[2] Harvey, T. G. *Corros. Eng. Sci. Technol.* 48, 248, 2013.

[3] Iannuzzi, M., and G. S. Frankel. *Corros. Sci.* 49, 2371, 2007.

[4] Gray, J. E., and B. Luan. *J. Alloys Compounds* 336, 88, 2002.

[5] Yong, Z., et al. *Appl. Surf. Sci.* 255, 1672, 2008.

[6] De Graeve, I., et al. 1—Silanefilms for the pre-treatment of aluminium: Film formation mechanism and curing. In *Innovative Pre - Treatment Techniques to Prevent Corrosion of Metallic Surfaces*. Cambridge, UK: Woodhead Publishing, 2007, p. 1

[7] Terryn, H. *ATB Metallurgie* 38, 41, 1998.

[8] Schreiber, F. *Prog. Surf. Sci.* 65, 151, 2000.

[9] Narayanan, T. S. N. S. *Rev. Adv. Mater. Sci.* 9, 130, 2005.

[10] Utgikar, V., et al. *Biotechnol. Bioeng.* 82, 306, 2003.

[11] Debnath, N. C., and G. N. Bhar. *Eur. Coat. J.* 17, 46, 2002.

[12] European Union. End-of-life vehicles. Directive 2000/53/EC, 2000.

[13] European Union. Restriction of the use of certain hazardous substances in electrical and electronic equipment. Directive 2002/95/EC, 2002.

[14] Kendig, M. W., and R. G. Buchheit. *CORROSION* 59, 379, 2003.

[15] Frankel, G. S., and R. L. McCreery. *Interface* 10, 34, 2001.

[16] Lunder, O., et al. *Corros. Sci.* 47, 1604, 2005.

[17] Knudsen, O. Ø., et al. *Corros. Sci.* 46, 2081, 2004.

[18] Kendig, M., et al. *Surf. Coat. Technol.* 140, 58, 2001.

[19] Kendig, M. W., et al. *Corros. Sci.* 34, 41, 1993.

[20] Ayllon, E. S., and B. M. Rosales. *CORROSION* 50, 571, 1994.

[21] Sheasby, P. G., and R. Pinner. *The Surface Treatment and Finishing of Aluminium and Its Alloys*. 6th ed. Materials Park, OH: ASM International, 2001.

[22] GSB AL 631. International quality regulations for the coating of building components. Schwäbisch

Gmü nd, Germany: GSB International, 2013.

[23] Lister, L. Production of laquered aluminium or aluminium alloy strip or sheet. Patent BP 1, 235, 661, 1971.

[24] Davies, N. C., and P. G. Sheasby, Anodic aluminium oxide film and method of forming it, Patent no. US 4681668 A, 1987.

[25] Wootton, E. A. The pretreatment and lacquering of aluminum strip for packaging applications.. Sheet Metal Ind. 53, 297, 1976.

[26] Knudsen, O. Ø., et al. *ATB Metallurgie* 43, 175, 2003.

[27] Critchlow, G. W., et al. *Int. J. Adhesion Adhesives* 26, 419, 2006.

[28] Grubbs, C. A. Anodizing of aluminum. In *Metal Finishing*, ed. R. E. Tucker. New York: Metal Finishing Magazine, 2011, p. 401.

[29] Lunder, O., et al. *Int. J. Adhesion Adhesives* 22, 143, 2002.

[30] Bjø rgum, A., et al. *Int. J. Adhesion Adhesives* 23, 401, 2003.

[31] Johnsen, B. B., et al. *Int. J. Adhesion Adhesives* 24, 153, 2004.

[32] Johnsen, B. B., et al. *Int. J. Adhesion Adhesives* 24, 183, 2004

[33] Lunder, O., et al. *Surf. Coat. Technol.* 184, 278, 2004.

[34] Nordlien, J. H., et al. *Surf. Coat. Technol.* 153, 72, 2002.

[35] Matzdorf, C., et al. Corrosion resistant coatings for aluminum and aluminum alloys. Patent US 6, 375, 726, 2002.

[36] Qi, J. T., et al. *Surf. Coat. Technol.* 280, 317, 2015.

[37] Knudsen, O. Ø., et al. *ATB Metallurgie* 45, 2006.

[38] MIL, -DTL-81706B Chemical conversion materials for coating aluminum and aluminum alloys. Lakehurst, NJ: Naval Air Warfare Center Aircraft Division, 2002.

10 防腐涂料的附着力与屏蔽性

许多防腐涂料特性有待优化，所以任何涂料产品往往需要在这些特性之间有所取舍。例如，要达到某些高品质特性，就需要在涂装、固化、外观、防腐蚀保护特性之间有所取舍。涂料的防腐蚀保护特性在很大程度上取决于涂料的附着力和屏蔽性，因此，本章将着重讨论这两项特性。

10.1 附着

附着是防腐涂料的首要前提。涂料不附着，就没有所谓的涂层。然而，几乎没有附着强度与防腐特性之间紧密关系的规范文件[1]。部分原因可能因为事实上还没有很好的方法能够定量表达附着力，至少对于当今先进的防腐涂料是这样。目前测量涂料附着力最常用的方法是测量涂料内聚力的拉拔试验(ISO 4624 标准、ASTM D4541 标准)，因为试验中大多数涂料若失去内聚力就会被拉脱。划格法试验是另一种常用的定性测试方法(ISO 2409 标准、ASTM D3359 标准)。研究附着力性能低的典型涂料也许能得出附着力的定量数据，但是，这未必能表达附着力性能特强的现代防腐涂料特性。第 15 章讨论了附着力性能的测量。附着的作用是为发挥涂料的防腐机理创造必要的条件。涂料无法钝化金属表面，也无法在金属表面创造一个极高电阻的通道，除非这是与金属表面一种紧密接触——在原子层次上。如果金属表面与涂料之间有更多的化学键合与物理结合，那么，两者接触更紧密，涂料的附着力就更强。一种无厘头的观点认为，在金属上与涂料结合的位点数量越多，留给电化学反应可用的位点数量就越少。或者，如 Koehler 如下的表述：

从腐蚀角度看，附着力程度本身并不重要。唯一重要的是金属底材上要维持一定程度的附着。自然，假如某些外部因素导致有机涂层脱离金属表面，同时有机涂层破裂，那么，在这些受影响部位，涂层不再继续发挥其应有的作用。无论如何，涂层剥离是腐蚀过程的结果，但是与附着没有定量关系。[2]

附着力不仅取决于涂料化学，也取决于底材特性、表面预处理、涂料的使用环境。人们已经对水、腐蚀产物或者其他因素导致涂层失去附着力的问题做了大量研究。总之，可以将涂料与底材的良好附着力描述为是良好防腐蚀保护“必要的但不是足够的”条件。在早先叙述的所有防腐蚀保护机理中，认为涂料与金属的良好附着力是个必要条件。无论如何，单单有良好的附着力是不够的，孤立的附着力试验是无法预测涂料控制腐蚀能力的[3]。

10.1.1 附着力

Mittal[4]和Lee[5]已经发表了附着特性的论文。聚合物与金属附着中最重要的作用力可分为以下四类：化学键、分子间作用力、分子间相互作用、机械联锁。在此，机械联锁除外，其他结合都有化学特性。下文简要叙述一下这些作用力。无论如何，各种作用力对总的附着力的重要性是个值得讨论的问题。

化学键，即共价键或离子键，是原子间最强的键合力，但是，对其作为黏结力有多大作用人们还有些怀疑。这些化学键只在非常短的距离内起作用，即大约0.1nm的距离，键能通常在200~800kJ/mol之间。钢材和铝材这类施工材料涂装时，表面会有一层氧化膜或者氢氧化物，涂层必须与这层膜黏合在一起。然而，有机防腐涂料中的成膜物质并不含有能与金属氧化物和氢氧化物构成共价键的官能团。除此之外，大多数情况下水很容易使有机物质与金属原子之间的共价键发生水解[6]。已经知道在涂料里加入有机硅烷能够增强涂料的附着力并且可以形成共价键而发挥作用。硅烷的有机尾段可以键合到这样的成膜物质上，硅氧烷头段可以键合到金属表面氧化膜上[7]。

按照Lee的研究，金属与聚合物之间最重要的附着力是分子间作用力，即范德华力[5]。这是一组在一定距离(>10nm)内起作用的库伦力。这组作用力包括分散力、偶极间引力、感应力。分散力是非极性分子中临时偶极间的力。偶极间引力是永久偶极间的力，而感应力是一个永久偶极与一个感生偶极间的力。偶极间化学键的键合强度可以高达20kJ/mol，而分散力弱得多。

分子相互作用处于化学键合力与分子间作用力之间的中间位置[5]。它们也是短距离作用力，有效距离小于0.3nm。黏合强度大于范德华力，但是小于化学键合力。很难用简单的方式解释这些作用力，但是，一般可以用电子给体与电子受体之间的相互作用来描述。电子给体的最高占有分子轨道(HOMO)与电子受体的最低未占有分子轨道(LUMO)相互作用。也可以用路易斯酸碱理论描述这些附着力[8]。

机械联锁是底材表面不规则的几何形状造成的。涂料会紧贴在表面不规则部位上，蜷曲在峰样突起周围或者锚定在它们下方。对于附着力而言，认为机械结合的重要性比较小，除非底材是多孔材料[9]。无论如何，喷砂清理将形成具有一定特征的表面轮廓，涂料能够在这些表面特征下方牢牢地锚定。对机加工表面上涂料的状况研究表明，在机加工表面轮廓上，涂料能够钩挂在倾斜峰样突起的下面，这对工业用环氧涂料的附着力和防腐特性影响极大[10]。因此，机械联锁看来是非常重要的附着机理。

化学附着力取决于成膜物质和底材的化学特性。聚烯烃和含氟聚合物这样的非极性成膜物质附着力很弱，因为大多数化学附着力取决于成膜物质中的官能团。如果成膜物质中没有羟基、羧基和胺类这样的官能团，那么，它产生化学附着力的能力就很有限。另一方面，例如环氧涂料在光滑表面上的附着力也很弱[11]，表明化学作用力和机械作用力对涂料的附着力都有影响。

10.1.2 表面粗糙度对附着力的影响

依据大量的实际经验和实验室研究成果，有关表面粗糙度对涂料附着力的影响已有相关的规范文件[12-14]。然而，正如上文提及的，缺乏涂料附着力的定量测试方法阻碍了表面粗糙度与涂料附着力之间相关关系的研究。通常涂装防腐涂料之前，金属表面需要喷砂除锈清理(第 8 章)，或者用砂轮或钢丝刷等其他机械手段进行表面处理，使表面达到一定的粗糙度。表面粗糙度之所以对附着有影响，可能归因于其增加了涂料与底材之间的接触面积以及机械联锁。

机械附着力是由底材表面不规则的几何形状造成的。涂料会紧贴在表面不规则部位上，蜷曲在峰样突起周围或者锚定在它们下方。按照 Van der Leeden 和 Frens 的研究，并非所有粗糙表面都具有机械联锁的能力[15]。图 10.1(a)中，只有箭头标注的不规则部位才会产生挂钩或者锚定效应，而其余峰样突起对机械附着力的影响将来自涂料的蜷曲力。无论如何，对于侧向作用力，所有不规则形状都会增加它们的阻力。漆膜内部应力会产生侧向作用力，在循环试验中，内应力较低的环氧涂料显示较好的附着特性和耐腐蚀特性[16]。冲击也会产生侧向作用力，因为冲击目标下方涂料会受到侧向挤压。光滑表面上涂料的冲击韧性比较差。增加涂料与底材间的接触面积将会增加化学键数量，从而增强化学附着力，除非粗糙表面裹挟了空气并且涂层无法润湿金属表面。这种情况如图 10.1(b)所示。润湿不充分就会减少涂层与底材间的接触面积。这些漏涂空隙会成为金属腐蚀的起始点。

20 世纪 30 年代，文策尔(Wenzel)提出将接触面积除以几何投影面积得出的比值作为表面轮廓参数，这就是有名的文策尔粗糙度系数 r[17]。已经发现文策尔粗糙度系数与附着力之间的关联关系，但是很难辨别这是因为增加了接触面积所致还是因为机械附着力的作用。与文策尔粗糙度系数相似，但用横截面曲线取代面积，曲折度的定义是表面轮廓的实际微观界面长度与表观微观长度轮廓之比[18]。Sørensen 发现了阴极剥离与钢质底材曲折度的直接关联关系。

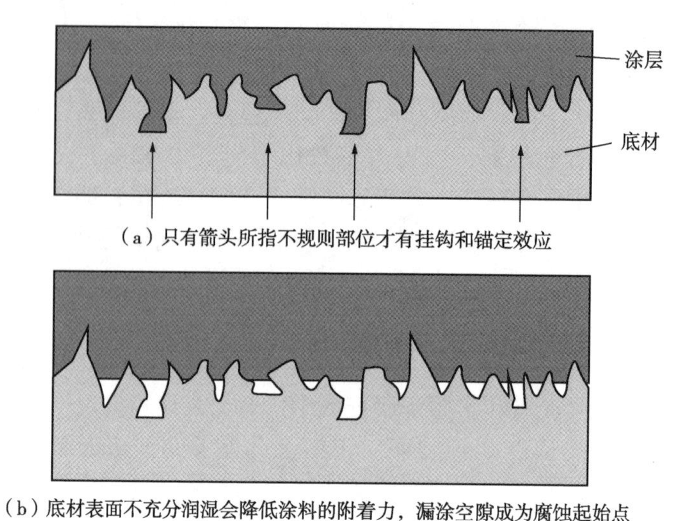

（a）只有箭头所指不规则部位才有挂钩和锚定效应

（b）底材表面不充分润湿会降低涂料的附着力，漏涂空隙成为腐蚀起始点

图 10.1　表面上各种影响附着力的不规则形状

10.1.3　表面化学对附着力的影响

底材表面化学改性是增强附着力的另一途径。在金属材料上，一般都是用转化膜来实现的。转化膜之所以能够增强涂层的附着力，因为其使表面具有相应的微观粗糙度，或使表面有新的化学特性，去除了杂质，稳定了表面化学特性，或者综合具有这些功能。常用的转化膜包括磷化转化膜、铬化转化膜、阳极氧化膜、钛基或锆基转化膜、三价铬基转化膜。第 9 章讨论了各种类型的转化膜。

同样，在各种机理中，很难辨别究竟是哪种机理使转化膜改善了涂层的附着力。无论如何，不要怀疑转化膜的清洁效应。涂层的附着力也总会受到界面上的杂质或无用相态的不利影响。Bikerman 用弱边界层理论详细论述了这样的影响[19]。涂层可以黏附在杂质上，但是杂质无法黏附在底材上，由此形成弱边界层并使涂层失去附着力。清洁是很重要的，可能大多数涂层失效事故仅仅是清洁作业出错造成的。

10.1.4　湿态附着力

如果涂层能被水分饱和，假如这样的涂料牢牢黏附在金属上，它依然能阻止数量多到足以引起腐蚀的电解质聚集在金属表面上。这种饱和水分的涂层黏附在底材上的状况就叫作湿态附着力（*wet adhesion*）。人们可能高估了干燥条件下涂层的附着力，相比之下，涂料的湿态附着力对于金属防腐才是至关重要的。应当指出，湿态附着力是一项涂料特性，而不是一种失效机理。也存在因为湿润或者潮湿环境使涂层永久失去附着力的问题，这种情况叫作水致剥离(*water disbondment*)。

有良好干态附着特性的涂层有可能其湿态附着特性很差[20]。成膜物质分子上的同类极性基团能够产生良好的干态附着特性，它们也能够减少涂料与金属界面上水的阻力而造成伤害，也就是说，其能减少湿态附着力[21]。另一个重要差别是干态附着力一旦失去，是无法恢复的。与此不同，潮湿条件下失去的附着力是能够逆转的。也许未必能达到原有的干态附着强度[22,23]。然而，循环腐蚀试验之后，往往发现试验后涂层的附着力高于未接受暴露试验样品的附着力[24]。之所以涂层的附着力增加了，很可能是循环试验中涂层在高温条件下发生了额外的固化，但是，结果显示暴露在潮湿条件下后，保留了很强的附着力。也已发现环氧黏结剂暴露在潮湿条件后恢复了附着强度[25]。

Stratmann 等人用反射傅立叶变换红外光谱研究了金属与聚合物界面上的水分[26]。他们研究用的涂料是 100μm 厚的没有掺加颜料的醇酸树脂，树脂涂在涂敷了 10nm 厚的 Fe 的 ZnSe 棱镜上。他们发现聚合物与底材界面上水的浓度是 1. 1mol/L，这比本体聚合物中发现的水浓度(0. 8mol/L)略高一点。因此，在此界面上生成的分开的含水相被排除在外。他们比较了暴露前后涂料的傅立叶变换红外光谱，研究了在此界面上水的化学特性。当涂层吸收水分时，羰基吸收谱带发生偏移，因此，他们的结论是水与醇酸中的羰基有关系。

金属与涂料界面上的水分子因为它的极性特征而会影响上文描述的化学附着力，这样的假设是合理的。暴露在潮湿环境期间，表面金属氧化物转变为氢氧化物也许也会影响涂层的附着力[27]。有人提议化学附着说明潮湿环境中减少涂层附着力的原因，而机械联锁说明剩余湿态附着力的原因[23]。

10. 1. 5　附着力的两个重要方面

附着力的两个方面很重要：涂层与底材之间的初始黏合强度以及随着涂层老化这个黏结力的变化状况。

人们已经做了大量工作来研发测量涂层与底材之间初始黏合强度的更好方法。可惜，强调测量初始附着强度可能完全没有抓住要点。金属与涂层之间良好的附着力对于防止涂层下的金属腐蚀是必要的，这个见解当然是对的。然而，有可能过多关注测量良好的初始附着与极佳的附着之间的差异，而完全遗漏了是否维持了涂料附着的问题。换言之，有人认为只要涂料初始附着良好，那么之后的附着状况是良好还是极佳就无所谓了。暴露在使用环境中以及很长时间里涂料涂层的附着究竟发生了什么变化？对于涂料的成功和失败而言，与初始附着的确切数值相比，这些问题才是至关重要的。

在潮湿的和老化的涂层上的附着力试验是很有用的，不仅可以确信涂料是否依然黏附在金属上，而且也能够得出涂料失效机理的信息。这个领域应当得到更大的关注，因为研究老化前后附着力试验中失效位置的变化，能够得出大量有关涂层老化的信息。

10.2 屏蔽性

有机涂料最重要的防腐机理是阻止在金属表面形成水相。然而，为了持久的防腐，涂料必须能够屏蔽离子。涂料的离子电阻减少了阳极与阴极间腐蚀反应所需电流的流动。换言之，是水，而不是离子，可能容易渗透大多数涂层。

10.2.1 聚合物中的扩散

人们对聚合物中扩散的研究已经有一个多世纪了。围绕这个主题已经发表了不同的见解。在此领域有两本经典著作：

- Crank 和 Park 的《聚合物中的扩散》[28]；
- Park 的《聚合物膜里的迁移》[29]。

菲克第一定律得出了物质在固定浓度梯度中理想扩散的动力学[式(10.1)]：

$$J=-D\frac{\mathrm{d}C}{\mathrm{d}x} \tag{10.1}$$

式中 J——正在扩散物质的流通量；
D——扩散系数；
$\mathrm{d}C/\mathrm{d}x$——浓度梯度。

扩散系数 D 描述了一种物质在特定聚合物里如何容易的移动。用此方程能够计算出单位面积上有多少物质正在扩散通过这层涂膜。对于防腐涂膜，这个 $\mathrm{d}C/\mathrm{d}x$ 是跨越此涂膜前后的浓度梯度。浓度梯度是扩散的驱动力。

人们往往并不知道聚合物中的浓度梯度。所以更实用的是用渗透系数来表达某种物质通过涂层的运移状况[式(10.2)]：

$$P=D\times S \tag{10.2}$$

式中 P——渗透系数；
D——菲克第一定律中的扩散系数；
S——聚合物(*polymer*)与外部介质，如一种电解质(*electrolyte*)，之间正在扩散物质的分配系数($S=C_{\mathrm{polymer}}/C_{\mathrm{electrolyte}}$)。

然后，能用聚合物两侧电解质中的扩散物质浓度差来表达流通量[式(10.3)]：

$$J=-P\frac{\Delta C_{\text{electrolyte}}}{\delta} \tag{10.3}$$

菲克第二定律得出了某种物质在变化的浓度梯度中理想扩散的动力学[式(10.4)]：

$$\frac{\partial C}{\partial t}=D\frac{\partial^2 C}{\partial x^2} \tag{10.4}$$

研究暂态时这个方程很有用。如果有合适的边界条件，式(10.4)能够并入其他方程，例如描述涂膜里的水被解吸或者描述氧气穿过涂膜扩散的时间滞差的方程。

建立聚合物中非离子分子扩散的概念模型时，自由体积理论是有帮助的[30]。聚合物中的自由体积是没有被聚合物链占有的体积，渗透物质就能由此进入。原则上，自由体积指的是没有任何颜料或者空隙的聚合物。特定聚合物的自由体积主要取决于温度、交联程度和吸收的渗透物总量(例如，在水里溶胀)。扩散被描述为渗透分子正从一个未占有空间跳跃到另一个空间。这样的跳跃很可能是因为聚合物链的热运动所致。较高的温度和较低的交联度都增加热运动，而较低的温度和较高的交联度就会减少热运动。当温度升高时，自由体积增加，涂料中的扩散就会更快。当交联数量增加时，自由体积减小，扩散就会减慢。

10.2.2 水

涂层吸水量取决于涂料的多项特性，例如，成膜物质的类型和颜料的沉积。已经发现有机防腐蚀涂料大约吸收2%~5%的水分[31-33]。涂料中的水分会以两种不同的化学状态存在。或者是水分子浓聚成团，或者是伴随聚合物链的极性基团如羟基、胺类或者酸存在。研究表明水在涂膜里的扩散是不均匀的。水分先扩散进入亲水区，再从这些亲水区进入聚合物其他部位[34]。聚合物的结构不是均匀一致的。准确地讲，可以认为其是经由低相对分子质量和低交联(LMW/LC)聚合物部分连接的微凝胶(高相对分子质量和高交联 HMW/HC 密度)构成的。这种不均匀性是由于成膜过程的相位差[34-36]。成膜不是一个均匀的过程。微凝胶的形成是从湿态涂膜中许多不同位点开始的。当这些微凝胶离开它们的起始位点彼此接近时，它们没有能力结合成一个均匀的结构。当这些微凝胶相遇时，聚合反应终止了，没有发生反应或者部分发生反应的树脂就留在外围。这些没有发生反应或者部分发生反应的树脂就是上述低相对分子质量和低交联的聚合物部分。这部分低相对分子质量和低交联的聚合物吸收了大量水分，对离子迁移的阻力很小，容易发生水解和溶解这类水致侵蚀[36]。这种不均匀性也暗示离子会迁移穿过涂层，这将在第10.2.3节中讨论。

涂料里加入颜料会增加或者减少水的渗透，这取决于涂料[28]。颜料可以减少涂料的可渗透体积总量或者增加扩散通道的长度而减少水的渗透。如果增加水在颜料与成膜物质界面上的聚集，或者颜料增加了涂膜中的空隙数量，都会增加水的渗透率。如果要减少水的渗透，就要用水不能渗透的颜料。涂料生产企业已经使用片状铝粉、云母氧化铁或者玻璃鳞片等颜料。这些片状颜料会自行取向与底材平行排列(图 10.2)，这样水分必须绕过颜料颗粒沿着更长更曲折的路径才能到达底材[20,31]。片状颜料之所以能够与底材平行取向可能是液态涂料滴落撞击底材时向外流出所致。涂料会与底材平行流动，使这些片状颜料按相同方位排列对齐。

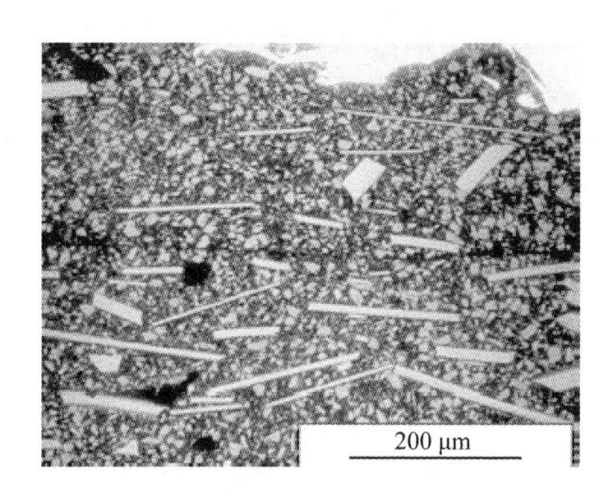

图 10.2　环氧涂料中的玻璃鳞片颜料增加了穿过涂膜的扩散通道

10.2.3　离子

离子穿过有机涂层的迁移已引起研究人员很大的关注，因为它与涂层失效直接关联。有关聚合物中离子扩散的数学和动力学的综述，Zaikov 等人的著作《聚合物中电解质的扩散》是有帮助的[37]。离子迁移与非离子物质(水和氧气)迁移的重要差别在于离子是带电的。这意味着聚合物中的极性基团和水这样的极性分子之间的相互作用是非常强的。它们也受电场的影响。因此，一个离子穿过涂层的迁移在很大程度上取决于其他离子的迁移、水的存在、聚合物的特性、电位梯度以及涂层外面的溶液。所有这些都要用不可逆过程热力学理论来解答[38]。

穿过有机涂料的离子迁移机理已成为许多研究项目的课题。有人着重研究了涂料的不均匀性对离子迁移的影响[36,39-41]。然而，上文讨论过产生这种不均匀性与水在涂层中的迁移有关系。Mayne 研究了各种有机涂料的导电性[39]，他发现涂料电阻以两种不同的方式随电解质浓度(溶液里的离子浓度)发生变化。或者浓度增加时导电性反而减小(反向或者 I 型导电性)，或者浓度增加时导电性也会增加(正向或 D 型导电性)。他发现他研究的涂层是不均匀的，也就是说，包含不同要素拼接的 I 型导电性区和 D 型导电性区，并且，这与成膜物质交联的不均匀性有关。假如交联较多的区域仅仅吸收水分，那么它们的导电性就随溶液（I 型导电性）里水的活性变化。假如交联较少的区域可能发生离子渗透，那么这部分的导电性就会随外部溶液（D 型导电性）的活性变化。所研究的涂层厚度不足 100μm。探究 I/D 导电性是项重要的发现，因为其解释了为什么看起来完好无损的涂层却会因为起泡这类问题而失效。例如，Nguyen 等人研究了 I/D 理论来解释气泡的生成过程[36]。

Mills 和 Mayne 发现，增加涂膜厚度或者涂装两道或者多道涂层时，涂膜中 D 型导电性区域的数量会减少[40]。他们假设 D 型导电性区域的直径可能很小，也许只有 75~250μm。这样在涂装两道或者多道涂层时，两道涂层中 D 型导电性区域重叠的机会很小，所以 D 型导电性区域就会减少。他们研究的涂膜厚度介于 40~80μm 之间。

Steinsmo 研究了厚度介于 100~250μm 之间的许多不同类型有机涂料的导电性[42,43]。她发现这些涂料的电阻率在 $10^9 \sim 10^{13}\Omega \cdot cm$ 范围内变化。对于其用的样品区域，Steinsmo 计算出穿过 10μm 直径针孔的电阻率大约为 $5.8\times10^8\Omega \cdot cm$。由于这个值远低于观察到的电阻，所以她的结论是她所研究过的涂膜通常是没有针孔的。Steinsmo 还研究了铝粉颜料和体质颜料对涂料电阻的影响，她发现随着铝粉浓度的不断增加，环氧树脂类和聚氨酯类成膜物质的电阻减小了[43]。在一项恒定颜料体积浓度但铝粉含量变化的研究中，发现这样的影响并不单纯来自铝粉颜料，而是由于颜料体积浓度总体增加。环氧树脂中电阻之所以会减少是由于颜料颗粒使聚合物网络改变导致离子活动性增加。

10.2.4 氧气

氧气是小的非极性分子，因此，氧分子与聚合物链的热力学相互作用比较小。氧气的扩散应当更加理想，那么从某种意义上讲，它比水在更大程度上遵循费克斯定律和亨利定律。已发现在环氧树脂和醇酸漆中氧气的扩散系数大约都为 $10^{-8}cm^2/s$[26,31]。这比相同环氧树脂中水的扩散系数大约高出两个数量级[31]。发现醇酸漆膜中氧的浓度大约为 $8\times10^{-4}mol/L$[26]，其大约为空气中浓度的 10%。

10.2.5 屏蔽性的重要性

正如本章引言所述，涂层必须成为屏蔽离子的屏障才能提供可靠的防腐蚀保护。另一方面，防腐涂层会吸收水和氧气，而正常状况下这是没有什么危害的。在第 12 章中，我们将讨论离子是如何穿透涂层的，以及它们造成的各种类型的涂层老化。

图 10.3 所示是聚硅氧烷涂料的电阻率随涂膜厚度的变化。涂膜厚度大约为 60μm 时，电阻率突然增加大约 3 个数量级。按照上文提到的漆膜不均匀性和I/D 型导电性区域的理论的解释，这种情况是合理的。漆膜厚度低于 60μm 时，低相对分子质量和低交联的聚合物部分漆膜可能会被穿透，造成一定数量的 D 型导电性区域和涂料的“低”电阻率。漆膜厚度超过 60μm 时，高相对分子质量和高度交联的微凝胶可能已发挥主导作用阻塞了 D 型导电性区域。图 10.3 是个非常好的图解，说明足够的涂膜厚度对于防腐涂料的重要性。

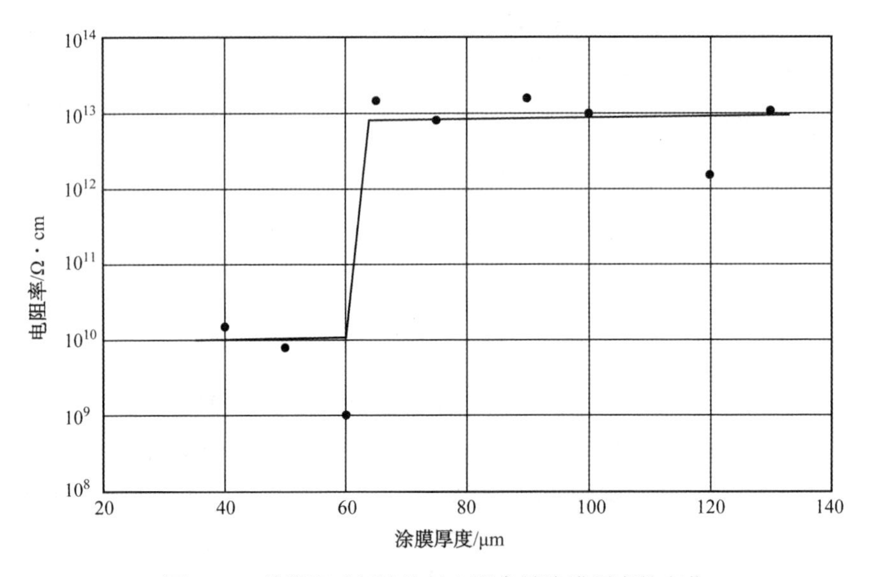

图 10.3　单道聚硅氧烷涂料电阻率随涂膜厚度的变化

参考文献

[1] Dickie，R. A. *Prog. Org. Coat.* 25，3，1994.

[2] Koehler，E. L. Corrosion under organic coatings. In *U. R. Evans International Conference on Localized Corrosion*，Williamsburg，VA，December 1971，pp. 117-133.

[3] Troyk，P. R.，et al. Humidity testing of silicone polymers for corrosion control of implanted medical electronic prostheses. In *Polymeric Materials for Corrosion Control*，ed. R. A. Dickie and F. L. Floyd. Washington，DC：American Chemical Society，1986，p. 299.

[4] Mittal，K. L. *Adhesion Aspects of Polymeric Coatings*. London：Plenum Press，1983.

[5] Lee，L. H. The chemistry and physics of solid adhesion. In *Fundamentals of Adhesion*，ed. L. H. Lee. London：Plenum Press，1991，p. 1.

[6] Kollek，H.，and C. Matz. *Adhesion* 33，27，1989.

[7] Chruściel, J. J. , and E. Leśniak. *Prog. Polym. Sci.* 41, 67, 2015.

[8] Bolger, J. Acid base interactions between oxide surfaces and polar organic compounds. In *Adhesion Aspects of Polymeric Coatings*, ed. K. L. Mittal. London: Plenum Press, 1983, p. 3.

[9] Mills, G. D. Presented at CORROSION/1986. Houston: NACE International, 1986, paper 313.

[10] Hagen, C. H. M. , et al. To be published.

[11] Hagen, C. H. M. , et al. The effect of surface profile on coating adhesion and corrosion resistance. Presented at CORROSION/2016. Houston: NACE International, 2016, paper 7518.

[12] Baldan, A. *Int. J. Adhesion Adhesives* 38, 95, 2012.

[13] Islam, M. S. , et al. *Int. J. Adhesion Adhesives* 51, 32, 2014.

[14] Baldan, A. *J. Mater. Sci.* 39, 1, 2004.

[15] van der Leeden, M. C. , and G. Frens. *Adv. Eng. Mater.* 4, 280, 2002.

[16] Piens, M. , and H. de Deurwaerder. *Prog. Org. Coat.* 43, 18, 2001.

[17] Wenzel, R. N. *Ind. Eng. Chem.* 28, 988, 1936.

[18] Watts, J. F. , andJ. E. Castle. *J. Mater. Sci.* 19, 2259, 1984.

[19] Bikerman, J. J. Problems in adhesion measurement. In *Adhesion Measurement of Thin Films, Thick Films, and Bulk Coatings*, ed. K. L. Mittal. Philadelphia: American Society for Testing and Materials, 1978, p. 30.

[20] Funke, W. *J. Coat. Technol.* 55, 31, 1983.

[21] Funke, W. How organic coating systems protect against corrosion. In *Polymeric Materials for Corrosion Control*, ed. R. A. Dickie and F. L. Floyd. Washington, DC: American Chemical Society, 1986, p. 222.

[22] Leidheiser, H. Mechanisms of de-adhesion of organic coatings from metal surfaces. In *Polymeric Materials for Corrosion Control*, ed. R. A. Dickie and F. L. Floyd. Washington, DC: American Chemical Society, 1986, p. 124.

[23] Funke, W. In *Surface Coatings—2*, ed. A. D. Wilson, J. W. Nicholson, and H. J. Prosser. London: Elsevier Applied Science, 1988, p. 107.

[24] LeBozec, N. , et al. Round-robin evaluation of ISO 20340 Annex A test method. Presented at CORROSION/2016. Houston: NACE International, 2016, paper 6991.

[25] Meis, N. N. A. H. , et al. *Prog. Org. Coat.* 77, 176, 2014.

[26] Stratmann, M. , et al. *Electrochim. Acta* 39, 1207, 1994.

[27] Alexander, M. R. , et al. *Surf. Interface Anal.* 29, 468, 2000.

[28] Crank, J. , andG. S. Park. *Diffusion in Polymers.* London: Academic Press, 1968.

[29] Park, G. S. *Transport in Polymer Films.* Dallas: Marcel Decker, 1976.

[30] Kumins, C. A. , and T. K. Kwei. Free volume and other theories. In *Diffusion in Polymers*, ed. J. Crank and G. S. Park. London: Academic Press, 1968, p. 107.

[31] Knudsen, O. Ø. , and U. Steinsmo. *J. Corros. Sci. Eng.* 2, 37, 1999.

[32] Funke, W. *Ind. Eng. Chem. Prod. Res. Dev.* 24, 343, 1985.

[33] Parks, J. , and H. Leidheiser. *Ind. Eng. Chem. Prod. Res. Dev.* 25, 1, 1986.

[34] Karyakina, M. I. , and A. E. Kuzmak. *Prog. Org. Coat.* 18, 1990.

[35] Gonzúlez, M. G. , et al. Applications of FTIR on epoxy resins—Identification, monitoring the curing process, phase separation and water uptake. In *Infrared Spectroscopy—Materials Science, Engineering and Technology*, ed. T. Theophile. Rijeka, Croatia: InTech, 2012.

[36] Nguyen, T. , et al. *J. Coat. Technol.* 68, 45, 1996.

[37] Zaikov, G. E. , et al. *Diffusion of Electrolytes in Polymers.* Utrecht, the Netherlands: VSP, 1988.

[38] Førland, K. S. , et al. *Irreversible Thermodynamics, Theory and Applications.* New York: John Wiley & Sons, 1988.

[39] Mayne, J. E. O. *Br. Corros. J.* 5, 106, 1970.

[40] Mills, D. J. , and J. E. O. Mayne. The inhomogenous nature of polymerfilms and its effect on resistance inhibition. In *Corrosion Control by Organic Coatings*, ed. H . Leidheiser. Houston: NACE International, 1981, p. 12.

[41] Wu, C. , et al. *Prog. Org. Coat.* 25, 379, 1995.

[42] Steinsmo, U. , and E. Bardal. *J. Electrochem. Soc.* 136, 3588, 1989.

[43] Steinsmo, U. , et al. *J. Electrochem. Soc.* 136, 3583, 1989.

[44] Sørensen, P. A. et al. , *Prog. Org. Coat.* 64, 142, 2009.

11 涂料的耐候和老化

本章简要论述了导致有机涂料老化及随后失效的主要机理。即使是最好的有机涂料并且正确涂装在与之相容的底材上，暴露在大气中的有机涂料最终也会老化并失去它们保护金属的能力。

现实生活环境中，导致涂料失效的老化过程一般如下所述：

① 聚合物基体内大量化学键断裂使涂层性能衰减。造成这样断键可能是化学作用(例如通过水解反应、氧化反应或者自由基反应)，也可能是机械作用(例如通过冻-融循环使涂层交替受到拉伸应力与压缩应力的影响)。

② 由于聚合物主链中化学键断裂，换言之，由于穿过涂层运移的水分、氧气和离子增加，使涂层总体屏蔽性能降低。吸收的水分使聚合物网络被塑化，使涂层变软，更易发生机械损伤。涂层开始失去少量水溶性组分，导致涂层进一步损坏。

③ 离子迁移穿过涂层。

④ 此界面上涂层与金属的附着力状况恶化。

⑤ 涂层内应力增加随后导致涂层开裂。

⑥ 涂层与金属界面上生成含水相，激活金属表面上的阳极反应和阴极反应。

⑦ 金属腐蚀，涂层发生分层剥离。

造成涂料不同程度蜕化变质的因素很多，例如：

- 紫外线辐射；
- 吸收水分和潮气；
- 温度升高；
- 化学损伤(例如来自污染物)；
- 涂膜中组分浸出；
- 分子氧和单态氧；
- 臭氧；
- 磨损或其他机械应力。

造成有机涂料老化的耐候性应力因素主要是上列前四项：紫外线辐射、水分、热量、化学损伤。当然，预期这些耐候性应力因素之间也会相互影响，例如，紫外线辐射使聚合物主链慢慢断裂时，预期涂层的屏蔽性能也会越来越差。

Ranby 和 Rabek 的研究[1]表明在紫外线辐射因素下，聚氨酯与氧气反应生成氢过氧化物，并且，水会加速这个反应。另一个例子是温度与冷凝的相互影响。升高温度本身就会损伤聚合物，然而这也会使冷凝发生问题，例如，假若白天温度高很暖和而夜间很冷。白天与晚间(昼夜)这样的温度变化决定了钢材表面会生成多少凝结水，因为早上大气升温速度比钢材升温速度更快。

聚合物类型很多，所以涂料的品种繁多，这样对一种或者多种耐候性因素的变化，反应也是不同的。因此，如果要预测特定用途中某种涂料的使用寿命，工程师不仅必须知道涂料所处的环境条件——平均的润湿时间、空气中所含污染物的量、紫外线辐射状况等，而且还要知道这些耐候性因素是如何影响这种特定聚合物的[2]。

11.1 紫外线破坏作用

太阳光是涂料最坏的敌人。太阳光照射下涂料外观会发生美感变化，例如泛黄、变色或褪色、粉化、失去光泽，降低鲜映度。更严重的问题是太阳光会使涂层发生化学破坏，机械特性恶化。潜在的破坏范围很广[3-7]，包括：

- 变脆；
- 增加硬度；
- 增加内部应力；
- 表面生成极性基团，导致表面润湿性和亲水性增加；
- 改变涂层的可溶性和交联密度。

就涂层性能而言，紫外线辐射破坏表现为鳄纹、龟裂、细裂纹、开裂，渗透屏蔽性能下降，涂膜减薄，与底材或者下面的涂层发生剥离。

上述所有损坏都是由太阳光中的紫外线造成的。紫外线是一种能量。化合物吸收这种额外的能量能促成化学键合，也能破坏化学键。可见光并不含有能够打破固化涂层表面上常见的碳-碳键和碳-氢键所需要的能量。然而，正是在波长范围 285~390nm 可见光范围以外明显含有更多的能量，它们足以打破化学键并损坏涂层。几乎所有在地面上大气老化诱发的涂料失效都是 285~390nm 范围可见光造成的[4]。在紫外线范围短波端，我们发现破坏力最强的辐射。短波辐射造成的损坏是有限的，只损坏涂层最外表面层。虽然长波紫外线辐射能更深的穿透涂膜，但是造成的损坏比较小[8-10]。这造成涂层的不均质性，面层的交联度高于涂层主体部分[4]。随着涂膜顶面最终破裂，涂层粉化和其他老化现象就更明显了(位于 285nm 以下的光甚至有更高的能量，能够很容易地打破碳-碳键和碳-氢键，并留下足够的能量造成更大的伤害。无论如何，地球的大气层吸收了大部分这种特殊的辐射波段，因此，人们特别关注飞机的涂料，使它得到保护免受臭氧层的伤害）。

涂料与紫外线辐射之间的相互影响可以大致分为以下几类：

- 紫外光被涂膜反射。
- 紫外光透射穿过涂膜。
- 紫外光被颜料或被某种聚合物吸收。

总的说来，紫外光的反射和透射对涂层的使用寿命并没有任何威胁。但是，紫外光的吸收是个问题。当太阳发出的能量被吸收时，它会造成化学破坏（见第11.1.3节）。

11.1.1　反射

光通过位于涂料面层的漂浮型或片状金属颜料，能够从涂膜反射阳光。这些金属颜料已经过表面处理，所以成膜物质溶液很难润湿它们。涂装时这些片状颜料漂浮在湿漆膜表面，并在固化过程中始终留在那里。涂膜干燥后，在一层不透光的颜料上面有层非常薄的成膜物质。紫外线辐射能使这层颜料上面的成膜物质破裂和消失，但是，只要漂浮型颜料能留在原处，那么漂浮型颜料依然可遮蔽太阳光防止其背后的大部分成膜物质受到紫外线辐射。

11.1.2　透射

透射光穿透涂膜但不会被吸收，所以透射不影响涂膜结构。当然，假如下面的涂层对紫外线辐射很敏感，那么就有问题了。环氧涂料是最重要的一类防腐底漆和屏蔽涂料，它对紫外线辐射非常敏感。因此，环氧底漆一般都要用面漆覆盖，面漆的主要作用就是阻止紫外线的透射，保护环氧底漆。

11.1.3　吸收

太阳光能够被颜料、成膜物质或者助剂吸收。被颜料吸收的阳光因热量耗散，与紫外线相比，它是一种破坏力较小的能量[4]。真正的破坏是涂料中的非颜料组分，也就是聚合成膜物质吸收的紫外线辐射能量。

成膜物质吸收的紫外线能量能以非常规方式造成严重破坏。额外的能量能增加聚合物的交联度或使已有的化学键开始断裂。

因为固化涂膜中的聚合物链是完好锚定并已经交联的，进一步交联会增加聚合物链的绷紧程度[7]。这会增加固化涂膜内部应力，继而使涂膜变硬，降低涂膜的柔韧性，并使涂膜变脆。假如内应力超越了涂膜的内聚强度，那么不幸的后果就是涂膜开裂。假如涂层与金属的界面上失去附着力，那么就会发生剥离。当然，这两种问题也能同时发生。

即使不增加交联，紫外线能量也会打破聚合物或者涂层中另外组分的化学键。由此引发自由基。这些自由基会与下列某种组分发生反应：

- 与氧发生反应而生成过氧化物，其很不稳定能与聚合物链发生反应；
- 与其他聚合物链或者涂料组分发生反应而扩展生成更多的自由基。

聚合物链与过氧化物或者自由基发生反应导致断链或者破碎。用术语“剪切效应”(*scissoring*)描述这个反应是相当贴切的。这个结果确实很像一把剪刀剪断了聚合物主链，使涂料内部变得松散。这种破坏是巨大的。当剪切效应切断小分子时，这些小分子能够挥发而自行脱离涂层。小部分成膜物质消失必定增加涂层的空隙体积(当然最终减薄涂膜厚度)。因为作用在剩余锚固聚合物链上的内部应力增加，使涂层机械性能越来越差。经过足够次数的剪切之后，交联密度已显著改变，涂膜减薄，涂层性能变差，涂层抗渗透的屏蔽功能明显下降。只有当两个自由基互相结合在一起时，这样的破坏作用才会停止，这个过程叫作终止(*termination*)[4,11]。

表 11.1 归纳了吸收紫外线能量对涂层性能的种种影响，包括增加交联度、剪切效应，或在涂料表面生成极性基团。

表 11.1　吸收紫外线能量的影响

影响类型	影响后果	最终后果
增加交联度	增加内部应力，使涂料变硬，降低柔韧性，最终变脆	涂层开裂，分层剥离或同时有这两种后果
剪切效应	增加内部应力，增加空隙体积，交联密度变得很差	涂膜厚度减薄，降低涂料抗渗透的屏蔽功能
涂料表面生成极性基团	增加表面的润湿性和亲水性	降低涂料抗渗透的屏蔽功能

比较理想的是选择一种能吸收少许或者完全不吸收紫外线辐射能量的成膜物质，从而最大程度减少紫外线辐射可能造成的损害。然而，实际上即使是基于这些成膜物质的涂料也已证实是很脆弱的，因为还有其他组分，无论是有意或者无意加入的，它们常常使涂料成为一个整体。当然，颜料和各种助剂就是所谓有意加入的组分：防结皮剂、抗菌剂、乳化剂、胶体稳定剂、闪锈防锈剂、流动控制剂、增稠剂、黏度控制剂等。无意加入的组分如聚合物加工后残留的催化剂或单体，它们可能包含酮类和过氧化物这类紫外线辐射下有高度活性的基团。有意思的是有时候杂质反而起到有利的影响。研究水性丙烯酸涂料时，Allen 与其同伴[12]发现某些低含量的共聚单体降低了氢过氧化反应的速率。他们推测是苯乙烯共聚单体减少了可能被紫外线激发的反应。

11.2 水分

水分(水或水蒸气)有多种来源，包括周围大气中的水蒸气、雨水，以及夜间温度下降生成的凝结水。漆膜持续不断的吸收和泄出水分，以维持其与周围环境中水分总量的平衡。实际上，涂层中总是存在水分的。Lindqvist[13]研究了环氧树脂、氯化橡胶、醇酸树脂和亚麻仁油漆，他发现即使在25℃和相对湿度20%的静止空气中，水的实测最小平衡量为0.04%(质量)。

涂层是作为一个整体通过空隙和微裂缝吸收水或水蒸气的，成膜物质本身也吸收水分。吸水过程并非总是均匀的，水分会以几种不同途径进入涂膜，并会聚集在各部位[13,14]。聚合物相内的水分子是随机分布的，或者会聚集成团，从而在成膜物质与颜料颗粒之间产生存水空隙，能存在于漆膜的微孔与空隙中，也能聚集在金属与涂层的界面上。一旦金属开始腐蚀，水会存在于涂层与金属界面上的气泡中或者腐蚀产物中。

水分子能够存在于聚合物相内，因为聚合物一般含有极性基团，它们能化学吸附水分子。可以把以化学吸附的水分子视为对聚合物的约束，因为化学吸收所需能量(10~100kcal/mol)与化学键合所需能量相似。锁定的化学吸附的水分子能成为聚合物相内水团簇的中心[13]。

当水团簇在涂膜空隙或者缺陷中生成时，它们的行为像填料一样，使涂膜变硬，比涂膜干燥时有更高的模量。Funke与其同伴[14]的研究结论是涂膜中的水分能够对涂层的机械特性产生似乎矛盾的效果，因为几个不同的，并且有时候对立的现象同时存在。

水渗透最重要的两个参数是溶解度与扩散。溶解度是溶解状态下在涂层里能存在的水的最大的量。扩散是水分子在涂料中有多大的流动性[15]。渗透性系数P是扩散系数D与溶解度S的乘积[16]：

$$P = D \times S$$

在加速试验中，各种涂层中水的吸收和解吸速率的差异也很重要(见第14章)。

水分的吸收对涂层的影响是多方面的[17]：

- 化学分解；
- 大气老化的相互作用；
- 吸湿应力；
- 起泡和失去附着力。

11.2.1 化学分解与耐候性的相互作用

对于盐分、亚硫酸盐、硫酸盐这类大气中的污染物，水是极佳的溶剂。空气中悬浮的污染物很容易变为水里的氯离子 Cl^-或者硫酸根 SO_4^{2-}，假如实际情况不是这样，那么这些污染物也许永远不会损害有防腐涂层的金属。当然，水和这些离子会促进涂层下面的金属腐蚀。水也能成为涂料中某些助剂的溶剂，使这些助剂溶解或从固化涂膜里浸出。最后，在聚合物网络中它也能起到增塑剂的作用，使聚合物变软，从而更易受到机械损伤。但是，总的说来，有机防腐蚀涂层在水里的化学性能必须稳定，因为水和湿度是构成腐蚀环境的重要因素。如果水要能够侵蚀有机防腐蚀涂层，还需要额外的应力。

正如上文提及的，主要的耐候性因素是互相影响的。Perera 与其同伴发现温度的影响是与水的影响不可分割的[18,19]。化学影响更是如此。

如果涂膜含有水分，就会加剧涂层的紫外光降解[1]。当紫外线辐射使成膜物质破裂时，水溶性成膜物质就会变成碎片。涂膜吸收水分时，这些破碎的成膜物质就会溶解，而当涂膜干燥时，它们就会从涂膜里脱落，结果降低了涂膜密度，使涂膜变薄。

11.2.2 吸湿应力

本章节着重叙述涂料内部应力的变化——拉伸应力与压缩应力，皆是润湿和干燥造成的。涂膜的体积变化造成内部应力，即压缩应力或者拉伸应力，因为涂层附着在底材上阻止了涂层的横向运动。涂膜是三维的，但只有厚度会发生改变。涂层吸收水分时会溶胀，由此在涂膜里产生压缩应力。涂层干燥时会收缩，由此在涂膜里产生拉伸应力。这些压缩应力和拉伸应力对涂膜的内聚完整性有不利影响，对涂层在底材上的附着力也有不利影响。在这两种应力中，涂层干燥时产生的拉伸应力的影响更大[9,11,20-22]。

涂层应力是个动态现象，水分吸收和解吸过程中，涂层应力变化是非常大的。Sato 和 Inoue[23]报告吸收水分时干涂膜的初始拉伸应力(成膜过程中因收缩而残留的)减小到零。一旦吸收水分使初始拉伸应力失效，那么，进一步吸收水分会增强压缩应力。假如涂膜变干，就会重新增强拉伸应力(收缩应力)，但应力等级小于原先的应力。Sato 和 Inoue 的研究中发现某种程度的永久性蠕变，这归因于环氧聚合物化合价结构的破裂与重组。Perera 和 Vanden Eynde[24]研究聚氨酯和热塑性乳胶涂料中也发现初始拉伸应力减少后接着增强压缩应力的趋势。

吸湿应力与环境温度相互关联[11,19]。它们在很大程度上也取决于涂料的玻璃化温度[25]。在浸泡试验中，Perera 和 Vanden Eynde 观察了环氧涂料应力的变化，此涂料的玻璃化温度接近甚至低于环境温度[26]。这种涂膜起初因成膜过程而有了拉伸应力。浸泡在水里后，这个应力逐渐消失了。正如上文引用的研究结果表明增强了压缩应力。不同的情况是即使继续浸泡，但几天后这些应力就消失了。Hare 也注意到随着环境温度($T_{ambient}$)与玻璃化温度之间差值的减小，压缩应力会消失，他认为这应当归因于减小了涂膜的模量与柔韧性[11]。因为涂膜的玻璃化温度比较低，所以会发生应力松弛，并且因为吸收水分而使压缩应力消失。

吸湿应力对涂料性能确实有非常大的影响。假如涂料在固化过程中产生很大的内部应力，在厚的高度交联的涂层中并不少见，那么在水分吸收或解吸期间施加其他应力，就能使涂层开裂或剥离。Hare 已经报告另一个问题，有案例在吸收水分过程中涂膜膨胀产生的应变超过了涂膜的屈服值。在此发生的变形是不可逆的，在干燥过程中，干燥的涂膜会留下永久性的皱褶[17]。Perera 等人指出设计涂层的加速试验时，吸湿应力是非常重要的。例如，盐雾试验结束后，高度交联的涂层在几小时干燥期间发生的损坏程度超过了整个试验(几百小时)期间发生的损坏[27]。

水对内部应力的另一个影响是涂膜里的组分会被洗出[28]。大多数涂料里还有少量暴露在潮湿环境中容易失去的分子。这也导致涂膜发生额外的体积变化，并且增加了涂层的内部应力。

11.2.3 起泡

严格来讲，起泡并非由于涂层老化引起的。更准确地讲，起泡是涂层与底材系统失效的症状。当水分渗透穿过涂膜并在涂层与金属界面上聚集达到足够数量时，迫使涂膜从金属底材上鼓起而发生起泡。防腐涂料中有两种起泡类型：碱性起泡和中性起泡——是由不同机理引起的。

正如第 10.2.3 节讨论过的那样，起泡也与渗透穿过涂膜的离子有密切关系。

11.2.3.1 碱性起泡

如果涂层存在任何缺陷，诸如微孔、划痕或者涂膜厚度太薄而使屏蔽特性不良的区域，钠(Na^+)这样的阳离子运移到涂层与金属界面的阴极区时就会发生碱性起泡。在阴极区，这些阳离子与阴极反应生成的氢氧根负离子结合生成氢氧化钠(NaOH)。结果在阴极区有强碱性水溶液。当渗透力推动水穿过涂层到达这个碱性溶液时，涂层朝上变形，开始生成一个气泡。如图 11.1 所示，在涂层与金属溶液的界面涂料受到了剥离力。已经确定剥离分开两个黏附在一起的物体所需要的力比涂料附着力试验正常使用的拉力小得多。在气泡边缘，涂层可以一直紧紧附着在钢材上。然而，因为在此气泡涂层受到向上的力，所以边缘的涂层现在经历了一个剥离过程，并且，分开这种几何形状下的涂层所需要的力小于附着力试验实测的力。阴极剥离也会断开涂层与底材的结合(第 12. 1 节)。这促进了气泡的增长，直至涂膜开裂并释放出渗透压力。

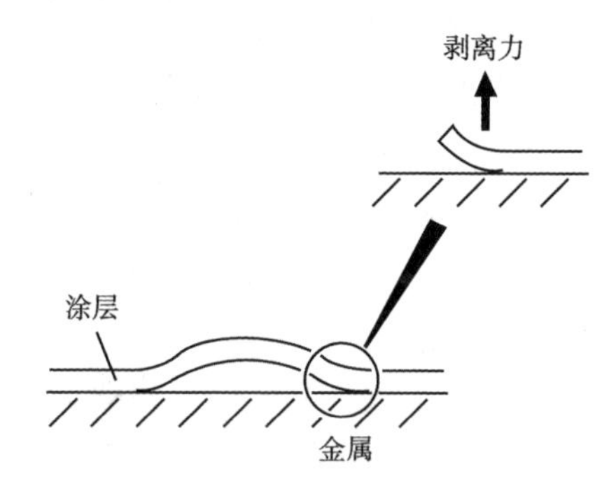

图 11. 1　气泡边缘的剥离力

Leidheiser 与其同伴[29]发现阳离子可以经由涂层与金属间的界面横向扩散。图 11. 2 所示是他们演示这种现象的简单实验。潮湿条件下附着力明显会差一些(见第 10. 1. 4 节)，使离子能更容易沿着此界面迁移。其他实验技术也已确认沿着涂层与金属间的界面发生横向扩散[30,31]。

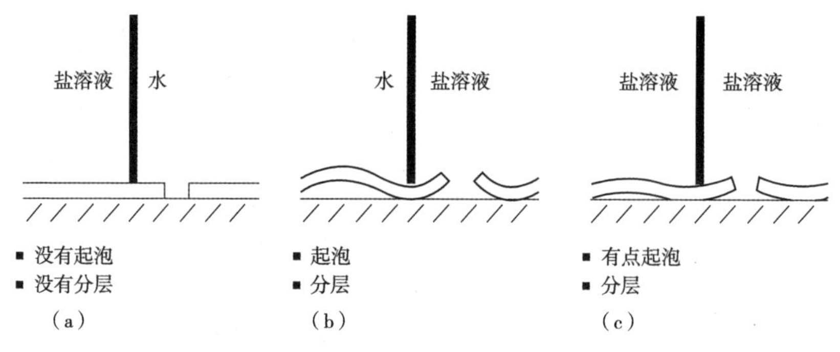

图 11. 2　Leidheiser 等人确定阳离子扩散路径的实验

资料来源：Leidheiser，H.，et al.，*Prog. Org. Coat.*，11，19，1983

11. 2. 3. 2　中性起泡

中性起泡含有弱酸性至中性溶液。不涉及任何碱金属离子。第一步无疑是在涂层与金属间界面上因形成水团簇而降低了附着力。Funke[32]假定是差异充气造成了中性起泡。水下面的钢材并不存在像邻近钢材那样现成的获得氧气的通道，并且，发生了极化反应。气泡中央缺少氧气变成阳极区，而边缘部分变成阴极区。图 11. 3 所示是 Funke 的中性起泡机理。被盐分污染的表面上的涂层必然也会引起渗透性起泡。

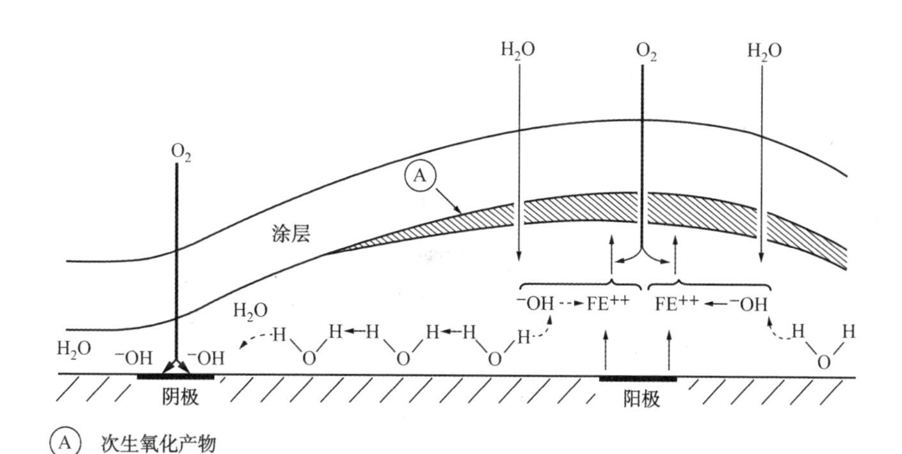

图 11.3 中性起泡的机理

资料来源：Funke, W., *Ind. Eng. Chem. Prod. Res. Dev.*, 24, 343, 1985

11.3 温度

总的说来，环境温度的变化能够改变以下情况：

- 改变涂层与底材系统的应力平衡；
- 改变黏弹性涂料的机械特性；
- 改变涂层的屏蔽性。

应力平衡会受到各种因素的影响。温度略微升高时，聚合物的交联会继续，使涂膜变得更加坚韧刚硬。假如涂料暴露在过高的温度下，所需要的化合键开始断裂，聚合物性能减弱。热膨胀系数的差别也会产生热应力，例如环氧树脂或醇酸树脂的热膨胀系数大约是铝材或锌材的 2 倍，是钢材的 4 倍[33]。温度过高一般会引起涂膜发生不必要的化学变化，而温度过低也会因为热膨胀差异而产生内部拉伸应力[34]。

升高温度下必须考虑的另一个影响因素是成膜物质中所用聚合物的玻璃化温度。这个温度介于聚合物黏弹态温度和玻璃态温度之间。选用接近玻璃化温度范围的涂料会有麻烦，因为成膜物质最重要的特性从玻璃态转变为黏弹态时会发生变化。例如，高于玻璃化温度时，聚合物链段经历布朗运动。越来越多有适宜键合官能团的链段会开始与金属表面相接触。增加键合部位数量能够极大改善涂层的附着力，特别是湿态附着力，高于玻璃化温度时比低于玻璃化温度时好得多。

增加布朗运动也会伴随产生负面影响，例如增加扩散。高于玻璃化温度时，布朗运动引起成膜物质基体中连续出现和消失 1~5nm 或者更小微孔。这些小微孔的大小与扩散分子的“跳跃距离”相当，这个距离是活化扩散过程中一个分子从最小势能到邻近那个所涵盖的距离。穿过这些小微孔的渗透速率与使链段移动相同程度的温度有关。也就是说，弹性聚合物的链段移动性有很高的温度依存性，所以，较高温度有利于活化扩散。随着成膜物质交联密度的增加，即使升高温度，链段移动性也会减小。扩散依然会通过大微孔系统发生，这些大微孔的几何形状与温度几乎没有关系。在高度交联成膜物质中扩散的温度依存性是渗透物质黏性流温度依存性的结果。高于玻璃化温度时，涂层的屏蔽性能变得太差，所以认为此时涂层已经没有防腐蚀保护作用了。

Miszczyk 和 Darowicki 发现在升高温度下增加水的吸收可能会达到某种不可逆的程度，之后温度降低时，所吸收的水分并没有被完全解吸出来。他们推测可能在微裂纹、微空隙，以及局部剥离部位永久存在过多的水分[33]。

11.4 化学降解

当然可以把所有聚合物分解认作是某种类型的化学降解。术语“化学降解”(*chemical degradation*)在此特指因暴露于大气中的化学污染物而造成涂膜的破坏。

与紫外线辐射、水分以及(更小程度上)温度相比，大气污染物对聚合物分解的影响更小些。然而，它们有助于涂层降解，特别是它们使涂层变得更加脆弱，受到紫外线辐射、水分或者高温影响时更易降解。

化学物质，例如公路除冰盐和风雨中含有的大气污染物，日常都会沉积在涂层表面上。它们会在涂层表面与凝结水一起构成侵蚀性的盐水或者酸性溶液。现代涂料中所用的大部分聚合物都有良好的耐酸耐盐特性，然而，大量涂料中的助剂是很容易受到化学侵蚀的。例如，许多涂料含有受阻胺类光稳定剂增强抗紫外线辐射。众所周知，酸类和杀虫剂会削弱这些稳定剂的性能[35]。这种情况下，暴露于化学物质的涂层就易发生紫外线分解。

归根结底应对化学降解问题不可避免地要选择一种能耐受特定暴露环境的涂料。不同地方，涂料的性能也是不同的。我们认为涂料的现场试验能够得出涂料预期寿命的最终答案，然而，就气候条件、紫外线辐射和大气污染程度而言，每个暴露试验场都是不一样的。Sampers[35]报告了暴露在美国佛罗里达州和法国地中海沿海地区的聚烯烃样品研究结果，他发现聚合物寿命差别巨大。地中海沿岸地区暴露的聚烯烃样品使用寿命只有佛罗里达州暴露试验样品使用寿命的一半。两个试验场站的大气老化参数大体相似，这样小的差异理应使法国地中海地区试验样品有更长的使用寿命。Sampers 的结论是，风雨中夹杂的成分与法国地中海地区暴露试验样品中聚合物所含的受阻胺光稳定剂互相发生化学反应，使得这些样品特别容易发生紫外线降解。

根据科威特大气老化试验场暴露了两年半的涂料保光性试验样品研究结果，Carew 与其同伴[36]报告工业污染与涂料损坏之间可能有关系，尽管此案例中涂层的损坏似乎是由水泥厂的粉尘造成的。表 11.2 说明了此项研究的试验场情况。因为所有这些大气老化试验场都位于科威特的工业地带舒艾巴地区，它们所处的温度与湿度条件非常相似。这些试验场的区别在于离阿拉伯湾(波斯湾)的距离有所不同，大气污染物的数量和类型也有所不同。Carew 与其同伴发现在试验场 C，涂料样品的性能始终是最差的，尽管这个试验场 C 比试验场 A 与试验场 B 离海湾的距离更远，而且处于上风位置，不受炼油厂的影响。然而，他们也注意到在这个试验场 C 的试验样品上有大量粉尘，几乎可以肯定这些粉尘来自相邻的水泥厂。当然，水泥是碱性极强的物质，几乎没有一种聚合物能够耐受水泥的碱性侵蚀。在这些试验场的高温下(高达 49℃)，并存在着大量的水蒸气，这些粉尘沉积物中可溶性碱性物质能够生成一种破坏性的强碱性溶液，能够破坏已经固化的成膜物质。在此试验场测试的各种涂料的保光程度无疑反映了该聚合物耐皂化的能力。

表 11.2　科威特大气老化试验场概况

试验场	与大海的距离	污染程度	注　解
A	0.2km	严重	处于炼油厂和制盐与氯碱装置的下风
B	0.55km	严重	邻近炼油厂、脱盐与发电厂
C	1.5km	严重	处于炼油厂的上风，邻近水泥熟料厂
D	3km	轻微	乡郊荒野地区

资料来源：Data from Carew, J. A., et al., Weathering performance of industrial atmospheric coatings systems in the Arabian Gulf, presented at CORROSION/1994, NACE International, Houston, 1994, paper 445。

根据瑞典两个制浆造纸厂里涂装的样品大气暴露研究结果，Rendahl 与其同伴[37]发现不同地点大气的硫化氢和二氧化硫含量并不会对涂料性能产生非常明显的不利影响。此项研究的大气中所含氯气的影响不太清楚，他们提到仅仅测量了总氯含量，但不知道每个测试位置有多少能够引起腐蚀的活性成分。

Özcan 与其同伴[38]研究了极高浓度二氧化硫对聚酯涂料的影响。试验用 0.286atm(1atm≈101.33kPa)的二氧化硫(模拟烟道气条件)和 60%～100%的相对湿度，他们发现仅在有水时才会发生腐蚀。在相对湿度 60%时，尽管大气中二氧化硫的浓度非常高，没有发生任何明显腐蚀损坏。

在西班牙进行的另一项研究结果表明，预测有涂层钢材腐蚀时，湿度比大气中污染物含量的影响更大[39]。然而，因为缺少马德里和洛斯皮塔莱大气污染物含量的定量数据，所以无法排除是湿度和大气中的污染物共同成为确定涂料性能的主要因素。此项研究中，干净的钢材上涂装了 60μm 的氯化橡胶。有涂层的样品与裸钢试件及锌材试件一起分别安置在干燥的乡郊荒野、干燥的都市区、潮湿的工业区、潮湿的沿海地区接受大气老化试验。表 11.3 归纳了 2 年大气腐蚀试验的结果。

表 11.3　裸钢与涂敷试件的大气腐蚀试验结果

试验地点	大气类型	干湿条件	裸钢腐蚀速率/(μm/a)	2 年后有涂层表面氧化程度/%
埃尔巴尔多	乡郊荒野	干燥	14.7	0
马德里	都市	干燥	27.9	0
洛斯皮塔莱	工业区	潮湿	52.7	0.3%
比戈	沿海地区	潮湿	62.6	16%

资料来源：Modified from Morcillo, M., and Feliu, S., in *Proceedings Corrosio i Medi Ambient*, Universitat de Barcelona, Barcelona, 1986, p. 312。

参考文献

[1] Ranby, B., and J. F. Rabek. *Photodegradation, Photo-Oxidation and Photostabilization of Polymers: Principles and Application*. New York: Wiley Interscience, 1975.
[2] Forsgren, A., and C. Appelgren. Performance of organic coatings at various field stations after 5 years' exposure. Report 2001: 5D. Stockholm: Swedish Corrosion Institute, 2001.
[3] Berg, C. J., et al. *J. Paint Technol*. 39, 436, 1967.
[4] Hare, C. H. *J. Prot. Coat. Linings* 17, 73, 2000.
[5] Krejcar, E., and O. Kolar. *Prog. Org. Coat*. 3, 249, 1973.
[6] Nichols, M. E., and C. A. Darr. *J. Coat. Technol*. 70, 141, 1998.
[7] Oosterbroek, M., et al. *J. Coat. Technol*. 63, 55, 1991.
[8] Fitzgerald, E. B. *ASTM Bull*. 207 TP-137, 650, 650.
[9] Marshall, N. J. *Off. Dig*. 29, 792, 1957.
[10] Miller, C. D. *J. Am. Oil Chem. Soc*. 36, 596, 1959.
[11] Hare, C. H. *J. Prot. Coat. Linings* 13, 65, 1996.
[12] Allen, N. S., et al. *Prog. Org. Coat*. 32, 9, 1997.
[13] Lindqvist, S. *CORROSION* 41, 69, 1985.
[14] Funke, W., et al. *J. Coat. Technol*. 68, 210, 1996.
[15] Hulden, M., and C. M. Hansen. *Prog. Org. Coat*. 13, 171, 1985.
[16] Ferlauto, E. C., et al. *J. Coat. Technol*. 66, 85, 1994.
[17] Hare, C. H. *J. Prot. Coat. Linings* 13, 59, 1996.
[18] Perera, D. Y. *Prog. Org. Coat*. 44, 55, 2002.

[19] Perera, D. Y. , and D. Vanden Eynde. *J. Coat. Technol.* 59, 55, 1987.

[20] Prosser, J. L. *Mod. Paint Coat* 67, 47, 1977.

[21] Axelsen, S. B. , et al. *CORROSION* 66, 065005, 2010.

[22] Korobov, Y. , and D. P. Moore. Performance testing methods for offshore coatings: Cyclic, EIS and stress. Presented at CORROSION/2004. Houston: NACE International, 2004, paper 04005.

[23] Sato, K. , and M. Inoue. *Shikizai Kyosaish* 32, 394, 1959. Summarized in Hare, C. H. , *J. Prot. Coat. Linings* 13, 59, 1996.

[24] Perera, D. Y. , and D. Vanden Eynde. Use of internal stress measurements for characterization of organic coatings. Presented at 16th FATIPEC Congress. Paris: Fédération d' Associations de Techniciens des Industries des Peintures, Vernis, Emaux et Encres d' Imprimerie de l' Europe Continentale (FATIPEC), paper 1982.

[25] Perera, D. Y. *Prog. Org. Coat.* 28, 21, 1996.

[26] Perera, D. Y. , and D. Vanden Eynde. Presented at 20th FATIPEC Congress, Stress in Organic Coatings under Wet Conditions. Paris: Fé dération d' Associations de Techniciens des Industries des Peintures, Vernis, Emaux et Encres d' Imprimerie de l' Europe Continentale (20th FATI-PEC), paper 1990.

[27] Perera, D. Y. , et al. *Polym. Mater. Sci. Eng.* 73, 187, 1995.

[28] Knudsen, O. Ø. , et al. Development of internal stress in organic coatings during curing and exposure. Presented at CORROSION/2006. Houston: NACE International, 2006, paper 06028.

[29] Leidheiser, H. , et al. *Prog. Org. Coat.* 11, 19, 1983.

[30] Stratmann, M. *CORROSION* 61, 1115, 2005.

[31] Wapner, K. , et al. *Electrochim. Acta* 51, 3303, 2006.

[32] Funke, W. *Ind. Eng. Chem. Prod. Res. Dev.* 24, 343, 1985.

[33] Miszczyk, A. , and K. Darowicki. *Prog. Org. Coat.* 46, 49, 2003.

[34] Bjørgum, A. , et al. Protective coatings in arctic environments. Eurocorr paper 1506. Frankfurt am Main: Dechema, 2012.

[35] Sampers, J. *Polym. Degrad. Stabil.* 76, 455, 2002.

[36] Carew, J. , et al. Weathering performance of industrial atmospheric coating systems in theArabian Gulf. Presented at CORROSION/1994. Houston: NACE International, 1994, paper 445.

[37] Rendahl, B. , et al. Field testing of anticorrosion paints at sulphate and sulphite mills. In *9th International Symposium on Corrosion in the Pulp and Paper Industry*. Quebec: PAPRICAN, 1998.

[38] Özcan, M. , et al. *Prog. Org. Coat.* 44, 279, 2002.

[39] Morcillo, M. , and S. Feliu. Quantitative data on the effect of atmospheric contamination in coatings performance. In *Proceedings Corrosio i Medi Ambient*. Barcelona: Universitat de Barcelona, 1986, p. 312.

12 腐蚀使涂层老化

涂膜下的腐蚀反应是防腐涂层最终的失效模式，也是大多数涂敷的金属构筑物上涂层补伤作业的原因。本章中腐蚀引起的涂层老化基于三种机理：阴极剥离（CD）、腐蚀蠕变和丝状腐蚀。阴极剥离是水下或者埋地钢材上涂层失效的老化机理。腐蚀蠕变是暴露在大气中的钢材上防腐涂层的老化机理，因此，就面积而言，因为其涉及最大面积的防腐涂层，所以是最重要的老化机理。当然阴极剥离也会在此种涂料的老化中发挥作用。丝状腐蚀主要是铝材涂层的电化学腐蚀失效模式，在钢材和其他金属上也会发生这样的腐蚀。

12.1 阴极剥离

也许这是研究人员最关注的涂层老化机理，但是，至今人们对阴极剥离的细节依然没有完全搞明白。本节首先是阴极剥离的概述，然后再深入探讨此机理的细节。

阴极剥离是导致有机涂料在底材上失去附着力的过程。由于阴极氧的还原反应使涂层失去附着力：

$$O_2+2H_2O+4e^- = 4OH^- \quad (12.1)$$

式（12.1）中的氢氧化物或者中间反应产物打破了涂层与底材之间的结合。结果可以很容易地撕剥下底材上的涂层并发现涂层下面狭窄裂缝中有碱性电解质[1]。阴极剥离是浸没在水下的钢材上涂层最重要的老化机理，但是，正如第12.2节要阐述的那样，阴极剥离在腐蚀蠕变中也发挥了重要的作用。

图12.1所示是浸泡在海水中的钢材表面涂层的剥离过程示意图，钢材是用锌阳极极化的。海水中的构筑物是用锌阳极或铝阳极保护的，依据阳极材料和构筑物与阳极的距离，构筑物被阴极极化到800～－1150mV（相对于银－氯化银参比电极）。在这些电位下，阴极反应可以是析氢反应，也可以是氧的还原反应。涂层下面的电位会更高，然而，由于涂层与钢材之间狭窄缝隙中电解质的电阻，所以，氧的还原反应是唯一的阴极反应。这个过程是从涂层边缘、机械损伤部位、气泡等钢材暴露于电解质的部位开始的。在裸露钢材上发生阴极反应，而在牺牲阳极上发生阳极反应。电子在钢材中以及在阳极和阴极之间的连接构件中迁移，

而离子在电解质中迁移来维持电荷的中性。在海水中，钠离子在涂层下迁移并生成氢氧化钠。在涂层破损部位周围开始失去附着力，假如所有其他参数(电位、温度、电解质、氧浓度)恒定不变，那么这个剥离面积会随时间呈线性增长[1-4]。剥离涂层下面电解质的酸碱度值能够高达 pH = 14[5,6]。剥离涂层下面的裂缝可能只有几微米高，所以，正常情况下用肉眼无法看到涂层表面的阴极剥离。没有外部极化作用时，这个过程基本上是一样的，但是，阳极反应将不是在牺牲阳极上的溶解，而是在涂层损伤部位底材的溶解。

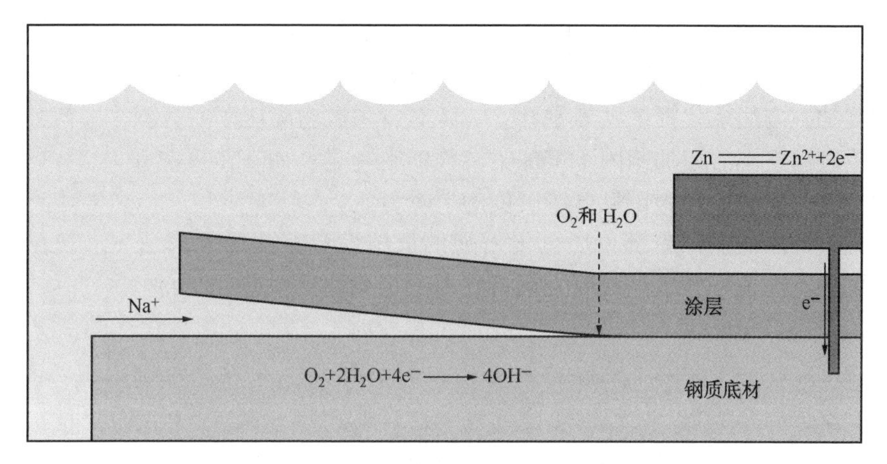

图 12.1　海水中钢材表面涂层阴极剥离示意图

人们对阴极剥离的研究已经有几十年了，多个研究团队帮助我们加深了对这个现象的理解。然而，我们并非已充分了解阴极剥离过程的各个方面，对失去附着力过程依然还有争议。第 12.1.2 节将讨论此事。虽然对反应物(氧气、水、阳离子)迁移到剥离前沿的路径尚未达成一致认识，但是，现在对氧气和水透过涂层的迁移以及在剥离涂层下面裂缝中阳离子的迁移似乎已基本取得共识。

12.1.1　影响阴极剥离的参数

已经发现许多参数会影响阴极剥离速率，本节是简要的概述。依据对这些参数的调查研究，人们努力形成一个统一的老化机理。然而，正如我们将要看到的在机理、附着力损失反应，特别是限制阴极剥离速率步骤的各方面依然有些争议。这个问题将在第 12.1.2 节和第 12.1.4 节中讨论。

阴极剥离速率与涂敷钢材的电位成正比。用银-氯化银参比电极在-450～-1450mV电位下进行的阴极剥离试验结果表明，这个电位越低，剥离速率就越高[2,7-9]。Jin[2] 和 Steinsmo[8] 假定这个剥离面积与此电位成线性正比关系，而 Sørensen 发现阴极剥离距离与此电位成正比[9]。Steinsmo 展示的结果中数据有些分散，所以这些结果也许还表明距离与电位之间存在线性关系，这与 Sørensen 的发现相似。

电解质的类型及其浓度也会影响阴极剥离的速率。Leidheiser 等人发现阴极剥离速率按照以下阳离子类型顺序增加：$CaCl_2$、LiCl、NaCl、KCl、CsCl，这与水中阳离子的活动性是一致的[1,10]。在二价阳离子的溶液中，阴极剥离的速度非常缓慢或者完全不会发生[5,11,12]，这可能是因为各种氢氧化物的溶解度非常低，造成相对于碱金属比较低的 pH 值。在此假定阴极剥离与溶液中阴离子类型无关，因为在氯化钠、溴化钠和氟化钠溶液中进行的阴极剥离实验得出相同的结果[11]。已经发现氯化钾浓度不超过大约 0.5M 时，阴极剥离速率随氯化钾浓度增加而增加，之后氯化钾浓度处于 0.5~2M 时，阴极剥离速率略有减小。较低浓度下阴极剥离速率的增加归因于增加了溶液的电导率；而在浓度高于 0.5M 的情况下剥离速率的减少归因于氧气溶解度的下降。

钢材涂层破损裸露部位所处电解质的氧浓度影响阴极剥离速率。氧浓度越高，阴极剥离速率就越高，而无氧条件下阴极剥离速率是很低的[9,10,13]。当涂敷钢材被阴极极化时[10,14]以及没有任何外部极化时[4,9]，都会出现这样的情况。

增加涂膜厚度会降低阴极剥离速率。两项调查研究的结论是阴极剥离速率随干膜厚度成线性降低[1,2]。两项研究都是在涂膜厚度不足 100μm 的条件下进行的，第三项研究选用较厚的环氧涂层，所得结论也是增加涂膜厚度会降低阴极剥离速率[10]。

增加表面粗糙度已经表明可以减小阴极剥离[2,15]。这些研究中用参数 R_a 表达表面粗糙度特征，也就是偏离粗糙度轮廓中心线的平均偏差值。R_a 在 0.1~3.8μm 范围内变化，但在整个粗糙度范围里这个影响是不成线性的。直至 $R_a=2$ 这个影响一直是很大的。后来的一项研究中，依据钢材表面曲折度，阴极剥离成线性变化[16]。曲折度是量化粗糙度的另一种方法，其定义是实际界面长度，也就是将某一表面上两个点之间的表面粗糙度除以这两个点之间的直线长度得到的值。因此，与只是简单测量峰高作为参数 R_a 值相比，曲折度能够更好地描述表面轮廓。

12.1.2　附着力损失机理

已经提出了各种阴极剥离机理，这些可以分成三大类，伴随不同的失效轨迹[17]：

① 底材上氧化铁锈垢的溶解；

② 涂料的化学降解；

③ 高 pH 值导致界面失效。

12.1.2.1 底材上氧化铁锈垢的溶解

即使是刚喷砂除锈清理后的钢材表面也会覆盖一层氧化膜。这些氧化物的组成和稳定性取决于 pH 值和电位。因此，有人认为涂层附着力损失是阴极极化过程中这层氧化膜溶解的结果[1,6]。发生剥离后，人们往往用肉眼就能看到钢材表面的变化，可以解释为这层氧化膜受到了碱性侵蚀[1]。然而，事实上有稳定氧化膜的不锈钢、紫铜、黄铜、锌材和其他金属也会发生阴极剥离，说明与这种理论相悖[18]。

12.1.2.2 涂料的化学降解

氧的还原反应是个多步骤反应，涉及多个不稳定的中间体，包括自由基和过氧化氢[19]。因此，可以合理地认为活性中间体会侵蚀涂料的成膜物质，结果观察到涂层剥离。用 X 射线光电子能谱仪(XPS)对发生阴极剥离后的涂层与钢材表面进行了分析，结果表明钢材表面上的成膜物质和剩余的有机涂层发生了化学变化，这与成膜物质发生化学降解造成剥离的情况相符[20]。

在某模型环氧树脂涂料中加入不同的自由基除氧剂，结果降低了阴极剥离速率[18]。然而，发现仅仅某些除氧剂有这样的影响。无法将这样的影响作为自由基机理的结论性证据，因为除氧剂也阻止氢氧化物的形成，认为这是另两个失效部位的起因。因此，我们预期除氧剂对氧化膜的溶解和界面失效有相同的影响。

12.1.2.3 界面失效

已经用 X 射线光电子能谱仪分析了阴极剥离后的金属表面[21]。从划痕开始剥离涂层下面最初的 1~2mm，发现与金属氧化物溶解造成的剥离相符，但之后从金属与氧化物的接合面到氧化物与聚合物的接合面，失效轨迹改变了。这样，这个失效主要是黏结剂问题。如果头道涂层里掺加了铝粉颜料，就能看到涂层的阴极剥离明显减小了，尽管后续几道涂层中并非如此[22]。因此，必定是铝粉影响了引起涂层剥离的化学过程，而不是简单地认为铝粉改善了涂料的屏蔽性能。此过程中铝粉颜料发生了腐蚀，表明其起到了缓冲作用，把氢氧化物从钢材与涂料的界面中清除出去。铝是两性金属，在高 pH 值条件下会腐蚀，消耗掉氢氧化物。这个反应不会影响自由基的生成，有力地说明氢氧化物本身就是导致涂层剥离的物质。

12.1.3 反应物的迁移

理论上，阳离子迁移到剥离前沿时可能穿越了涂层或者穿越了剥离涂层下面的水膜。对此有些争议，但是根据实验结果我们现在可以得出结论，这些阳离子肯定是在剥离涂层下面迁移的。

Leidheiser 等人在双室电解槽里研究了自然腐蚀电位下涂层的剥离[1]。一个电解槽里是电解质而另一个电解槽里是蒸馏水。涂层缺陷部位与蒸馏水接触时没有发生任何剥离。涂层缺陷部位与电解质接触时发生了剥离，并且，事实上剥离面积向外扩大超出了与电解质接触部位。因此，阳离子必定是在剥离涂膜下面迁移的。假设电解质的酸碱度值是 pH = 14，剥离间隙是 1μm，计算出的剥离涂层下面的离子电阻就比该防腐涂膜实测电阻要小好几个数量级[10]。Stratmann 等人观察到这些离子从涂层缺陷出发沿着界面扩散，甚至此时没有发生任何剥离[4]。用氩气清除了电解质里的氧气后，再也没有观察到任何剥离现象。然而，用扫描开尔文探针(SKP)依然能够检测出这些离子从涂层缺陷向外扩散。已经在潮湿气氛中进行了许多剥离实验，在这些实验中仅仅将电解质加到涂层漏点部位，结果也发生了涂层剥离[4,7,23-28]。这些实验中的阳离子只可能在剥离的涂层下面迁移。之后，在一个半浸没的样品上进行了剥离实验，在此将涂层漏点部位安置在电解质表面，这样处于浸没条件下的涂层就会向下剥离，而处于湿气中的涂层会向上剥离。要向上剥离，这些阳离子只能在涂层下面迁移才有可能，而要向下剥离，阳离子可以穿越涂层，也可以在剥离涂层下面迁移。这个实验得出完全相同的向上和向下剥离速率，说明这些阳离子必定是在剥离的涂层下面迁移的[29]。

因为氧气和水在涂层中有相对较高的溶解度，所以设想氧气和水是穿越涂层迁移的[4]。实验结果也证实了这一点。将铝箔贴附在涂层表面时，涂层剥离几乎完全停止了[9,10]。由于阳离子必须在剥离涂层的下面运移，所以我们由此得出的结论是涂层剥离所需要的大部分氧气是穿过涂料迁移的。

12.1.4 阴极剥离机理

20 世纪 90 年代，涂料研究引入了扫描开尔文探针技术，使阴极剥离机理研究取得了重大突破[30]。应用扫描开尔文探针技术能够测出涂层下的电化学电位。有关扫描开尔文探针技术的详细叙述及其在涂料研究中的应用已经超出了本书的范畴，但是，本章参考文献中有几篇相关的论文[25,30]。扫描开尔文探针有个振动针可以在涂层上进行扫描。根据金属表面下的逸出功，电路中导入交流电。这个逸出功与此表面的电化学电位成正比。这种测量技术与扫描振动电极技术(SVET)相当，但后者是在大气中进行的，而不是在浸没条件下进行的。

用扫描开尔文探针技术能够测出涂层下电位的分布。图 12.2 所示是阴极剥离实验期间对应时间和离涂层缺陷距离的电位分布[25]。此图有三个电位特征区。图右侧是个相对于标准氢电极(SHE)大约 0mV 较高而且恒定不变的电位。假定这个电位是根据 $Fe^{3+}+e^{-}=Fe^{2+}$ 反应确定的，这与附着涂层情况相符。随时间逐渐朝此图左侧挪移时电位突然变化，显示其与剥离前沿有关。剥离涂层下面的阳离子从涂层缺陷开始迁移，造成涂层缺陷与剥离前沿之间的电位梯度，其抵消了阴极反应产生的负电荷。剥离涂层下面的电解质电阻造成欧姆电位降，进一步挪移远离最初的涂层缺陷时，这个电位逐渐增加。

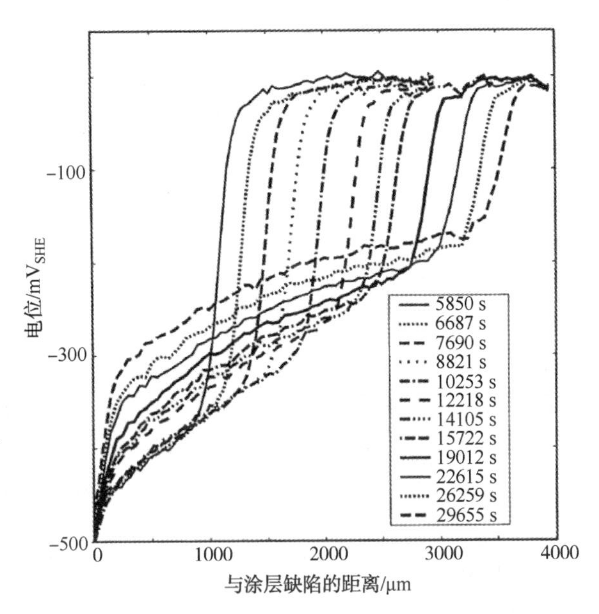

图 12.2 阴极剥离实验期间对应时间和涂层下涂层漏点距离的电位分布

资料来源：From Leng，A.，et al.，*Corros. Sci.*，41，547，1999. Reprinted with permission

由于涂层下面氧的还原反应造成阴极剥离，可以合理认为对某种特定的涂料，阴极剥离速率与阴极反应速率成正比。氧的反应速率可以受活化控制，也可以被扩散限制。在有机涂层下面，其也可能受运移到反应部位的阳离子的限制。第 12.1.1 节归纳的研究参数表明，阴极剥离速率取决于阴极电位、阳离子迁移率、电解质浓度以及此时的氧气分压。这说明阴极反应同时受到活化控制和扩散限制的，显然这与电化学理论是矛盾的。

发现阴极剥离速率往往遵循抛物线动力学，简单来讲，对应时间的平方根标绘剥离距离时会得到一条直线：

$$x=k\sqrt{t} \tag{12.2}$$

式中 x——剥离距离；

k——常数；

t——时间。

如果对应时间标绘出剥离面积，当然也会得到一条直线。这说明剥离速率受扩散到剥离前沿的阳离子限制，因为在此情况下菲克扩散定律的结果是抛物线动力学[1]。无论如何，阳离子不是因扩散到剥离前沿的，而是靠迁移。因为阳离子不是因为浓度梯度移动，而是因为电场而移动的。必须用剥离涂层下面没有任何氯离子的事实来解释这种情况。扩散会导致阳离子和阴离子都运移，而迁移只有阳离子可以选择。那么菲克扩散定律就没有关联了，但是，推导一个迁移方程将得到相同的抛物线定律。因此，假如阴离子的迁移在限制剥离速率，那么我们将会观察到抛物线动力学。如果不假定有任何特别的分层剥离机理，可以如下表达一个通用的阴极剥离动力学幂定律[31]：

$$x = kt^{a} \qquad (12.3)$$

这个方程可以转换成

$$\log(x) = \log(k) + a \cdot \log(t) \qquad (12.4)$$

按照式(12.4)，对应时间的对数标绘剥离距离的对数，应当得到一条直线。假如这样的剥离遵循抛物线动力学，那么这条直线的斜率应当是0.5，与时间的平方根相当。替代运移限制的是活化控制，也就是说，剥离速率是由电化学电位决定的。纯活化控制下，这条直线的斜率应当为1。图12.3所示是对应时间标绘的环氧涂料的阴极剥离曲线，是按照式(12.4)标绘的。直线已经拟合到对数坐标图上，方程如图中所示。在此情况下，这条直线的斜率为0.79，也就是说，介于纯运移控制和纯活化控制的预期斜率之间。在喷砂清理的钢材上工业级环氧涂料与模型环氧涂料范围进行阴极剥离试验，得出的斜率为0.7~0.9。在抛光的钢材和电镀锌钢材上，模型环氧涂料的阴极剥离试验可以得到接近0.5的斜率[31]。这些斜率表明剥离速率并不单纯靠运移到剥离前沿的阳离子控制的。

如果把涂敷钢材试件浸泡在pH=14的氢氧化钠溶液里，结果阴极剥离非常小[8,32]。很显然，附着力损失不是由附着涂层下面氢氧化物扩散造成的。紧靠剥离前沿前端的附着涂层下面发生阴极氧的还原反应必定产生氢氧化物。这与本书第2章有关用有机涂料防腐蚀的机理是完全一致的。按此机理，有机涂层稳定了金属表面的氧化膜，而氧化膜保护了金属不再腐蚀。这层氧化膜将其下面的阳极反应与其上面的阴极反应分隔开来。当这层氧化膜增长达到足够厚度时，这层氧化膜的电阻就能阻止阳极反应与阴极反应之间离子和电子进行交换，并使这些反应停下来。在阴极剥离过程中，这层氧化膜顶面上重新开始阴极反应，现在靠外部提供的阳离子达到平衡。

因此，阴极反应能继续进行，而阳极反应不能继续。那么我们必须解释剥离发生之前阳离子是如何在附着涂层下面迁移的。依然用扫描开尔文探针得出令人感兴趣的结果，可以解释观察到的这个现象。首先，钢材和涂层之间的界面有离子优先的迁移通道[33,34]，与本体聚合物迁移速率相比，在此的迁移速率大约要高出5个数量级。其次，图12.2所示剥离前沿很陡的电位梯度能使阳离子在剥离涂层下面沿着钢材与涂层的界面迁移一定距离[26]。当离子处于钢材与涂层之间界面时，实际上我们具备了氧的还原所需要的条件。该电导率会将黏附涂层下的阴极反应与外部发生的阳极反应(无论是在涂层漏点还是在连接的阳极上)连接起来。

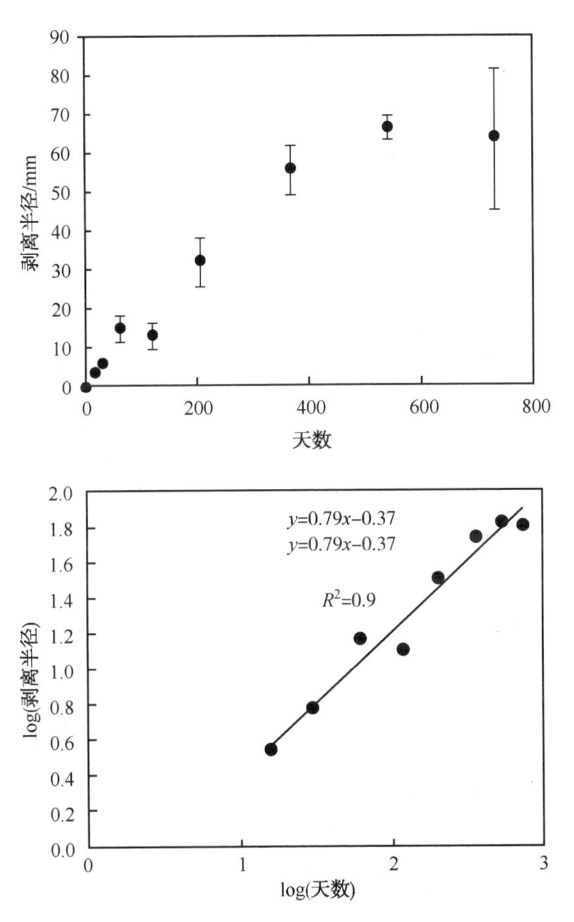

图 12.3　喷砂清理钢材上 300μm 厚的环氧涂层的阴极剥离

也许这也有助于我们解释看起来矛盾的结果，即阴极剥离速率既受外加阴极电位的影响，也受氧浓度的影响，表明氧的反应是同时受活化控制与扩散控制的。尽管大多数涂层有一定的氧渗透性，但是，已经查明穿过涂层的氧气通过量是很低的。剥离涂层下面实测的电位相当低(图 12.2)，有理由认为穿过涂层抵达金属表面的所有氧气会立刻发生反应，也就是说，反应速率是受扩散控制的。然而，剥离前沿的电位迅速升高。在此剥离前沿前端某个很小的距离处的电位相当高，以至于氧的反应变为受活化控制了。再往前远一点，因为缺乏阳离子中和氢氧化物，氧的反应甚至会停止。剥离前沿的这个电位越低，此剥离前沿与未受影响涂层下面的电位两者的电位差就越大。假如我们假定有个恒定不变的阻力对抗阳离子在剥离前沿的附着涂层下迁移，那么较高的电位差就意味着在此涂层下面极化需要一个更大的动力，这样才可能在附着涂层下面继续发生阴极反应。因为氧的反应是受扩散控制的，所以氧气浓度会造成穿过涂层更高的氧气通过量，结果造成更高的剥离速率。较低的电位造成剥离前沿较高的电位差，其允许从剥离前沿开始的氧的反应进一步向前发生。有文献证明阳离子类型和浓度将影响剥离涂层下面电解质的电阻，由此影响涂层破损部位与剥离前沿之间的电位降，也就是说影响剥离前沿的电位。

12.1.5 限制阴极剥离

可以做些工作来限制阴极剥离，但要完全防止是难以实现的。另一方面，水下钢材的保护要结合应用涂料和阴极保护，万一涂层剥离时，钢材依然可以靠牺牲阳极保护或者靠高 pH 值钝化。因此，只要阴极保护系统是根据某种涂料一定的老化程度设计的，那么，这样的构筑物将依然会得到保护。

下列措施可以降低阴极剥离速率：

- 涂装足够的涂膜厚度。阴极剥离速率随涂膜厚度增加而减小。对于暴露在海水中的环氧涂料系统，通常认为涂膜厚度 350μm 就足够了。
- 掺加金属铝粉颜料的环氧涂料对阴极剥离的敏感度较小。阴极剥离期间，铝粉颜料具有化学活性。阴极反应造成的高 pH 值对铝粉颜料有侵蚀性，会使它们腐蚀。在此腐蚀过程中，部分氢氧化物被消耗掉，从而减慢了剥离过程。为了达到这样的效果，铝粉颜料必须掺加在头道底漆中[22]。
- 应避免阴极保护系统非常低的电位。当电位降低时，阴极剥离速率增加。锌阳极和铝阳极提供大约 $-1.1V_{Ag/AgCl}$ 的阴极电位。外加电流阴极保护可以提供接近阳极的较低电位和较高的剥离速率。无论如何，设计阴极保护系统时还必须考虑其他方面，所以，考虑到阴极剥离问题，并非总是可随意选择最佳电位。

12.2 腐蚀蠕变

我们大家都很熟悉腐蚀蠕变（*corrosion creep*）这类老化现象，并且看到有涂层钢材发生这种腐蚀。当有机防腐涂层以某种方式被损坏时，金属就暴露在所处环境中，裸露金属开始腐蚀了。一开始腐蚀局限于裸露金属部位，然而过不多久，腐蚀就开始从初始损坏部位向四周扩展，涂层老化也越来越严重。图 12.4 所示是油轮压载水舱里涂料下面的腐蚀蠕变，涂敷钢材都会发生这类老化。所有涂装金属上都可能发生腐蚀蠕变，本章中我们重点关注钢材，因为腐蚀蠕变是暴露在腐蚀性空气中涂装钢材的主要老化机理。第 13 章将讨论锌材（涂装有机涂料的镀锌涂层）上的腐蚀蠕变。铝材和镁材主要受丝状腐蚀的侵蚀，详见第 12.3 节的叙述。

这类涂料的老化也叫作膜下腐蚀（*underfilm corrosion*）、切割腐蚀（*undercutting corrosion*）、阳极破坏（*anodic undermining*）。

图 12.4　从焊缝和拐角开始的腐蚀蠕变

资料来源：Photo：Børge Aune Schjelderupssen，Statoil

12.2.1　腐蚀蠕变的起始点

如上所述，腐蚀蠕变都是从任何裸露钢材部位开始向外扩展的。这些裸露部位可能是涂层受到撞击或者发生涂膜开裂等机械损伤，也可能是涂装不当或者底材不规则的形状。

边缘和焊缝是腐蚀蠕变典型的起始点。图 12.4 所示是使用了大约 20 年后的油轮压载水舱的照片。从边缘和焊缝开始，腐蚀正在涂层下面向外扩展。平整表面上腐蚀蠕变起始点很少。腐蚀之所以从边缘和焊缝开始是因为这些部位涂层通常比较薄。因为表面张力所有液体都会尽量减小其表面积。在锋利边缘的液态涂膜会从边缘往回缩而减小其表面积，所以这里的涂膜就比平整表面的涂层薄得多。图 12.5 所示是涂装边缘的横断面。靠近此边缘的平整表面上涂膜厚度约为 250μm，而此边缘上的涂膜厚度却不到 100μm。焊缝不规则的表面形态造成相同的问题。事实上，表面存在的任何不规则形态都会产生这样的问题，例如，黏附在表面较大的喷砂磨料颗粒或者焊渣。因此，如有可能，涂装前应当打磨一下边缘和焊缝。焊缝要打磨平整，边缘要打磨光滑，使其曲率半径处于 2mm 以内。此外，边缘和焊缝要进行焊缝涂装，也就是说，整个表面喷漆之前，在边缘和焊缝处要用漆刷多刷一道油漆。

许多涂装作业不当可能会导致腐蚀损坏，本书在此不做全面叙述。最常见的涂装失误可能是涂膜太薄或者是各种漏点微孔。涂装过程中全面控制涂膜厚度几乎是不可能的，特别是手工刷漆时。用机器人喷漆涂装或者用电泳涂装及辊涂通常能形成厚度比较均匀的涂膜。手工喷涂作业的结果显然会形成厚度相差很大的涂膜。涂膜厚度只能靠抽检来进行控制，所以大型施工项目中出现涂膜太薄的部位几乎是不可避免的。这也正是为什么两道涂层会比单道涂层具有更好的效果。从统计学上讲，同一部位涂刷两道涂层肯定不会太薄，所以涂装两道涂层增加了足够厚度涂膜保护构筑物的机会。

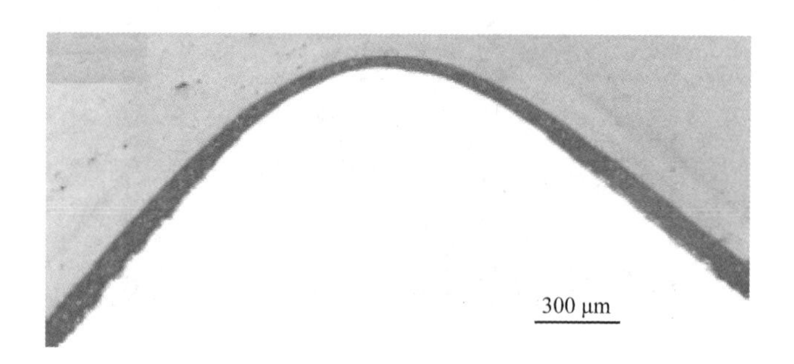

图 12.5　表面张力使涂料从锋边和拐角开始缩回导致此处涂层太薄更易老化

微孔（*pore*）这个术语用于描述许多涂装不当造成的涂膜小孔：

- 底材被油或其他低表面能物质污染时，这些物质会阻碍涂料润湿底材从而在底材上形成缩孔或鱼眼。涂料会从受污染部位开始缩回，并在涂膜中留下一个微孔。
- 溶剂挥发时液态涂层里生成的气泡使涂膜起泡。当液态涂层太黏使涂膜不再一起流动并封堵微孔后，这些气泡会爆裂[35]。
- 液体涂料涂敷在多孔表面上时也会形成针孔。因为各种原因涂料无法在这些微孔表面形成连续的涂膜，例如，因为没有涂装足够多的涂料来填没这些微孔，或者因为涂膜太黏而无法封堵这些微孔时，如同上述涂层起泡那样，溶剂或者气体会从这些微孔里爆发出来。

12.2.2　传播机理

传播机理主要取决于底材特性、涂料涂装、所处的暴露环境。虽然提出了多种不同的机理，但是，认同最多的是以下三种机理：

① 阴极剥离老化破坏了有机涂层，暴露出新鲜的钢材表面，随后受到腐蚀[36,37]。

② 阳极破坏——附着涂层下面的金属被腐蚀掉[38]。

③ 楔入效应——腐蚀产物将侵蚀部位周围有机涂层从底材上顶起，露出未生锈的钢材表面[39]。

究竟何种机理起到了主导作用取决于涂料类型、底材类型、底材预处理以及暴露环境。可能多种机理会同时起作用，使情况变得更加复杂难辨。即使底材没有腐蚀，阴极剥离也会造成涂层附着力损失，所以，清除掉剥离涂层后，腐蚀蠕变前沿尚未腐蚀部位本身就说明了这样一种机理。各种涂层加速腐蚀试验中常常会看到这种现象，但是在现场涂敷钢结构上却很少看到这种情况。在现场正常情况下，腐蚀会朝各个方向延伸到老化涂层的前沿，表明阳极破坏是主导机理。现代重防腐厚膜型涂层上的阴极剥离是个缓慢的过程，特别是在自由腐蚀电位下，不言而喻这是阳极破坏机理。

要使楔入效应成为主要传播机理，那么涂层的附着力必须小于涂层的内聚力。假如情况不是这样，那么涂层往往会破裂而不是剥离。喷砂除锈清理的钢材上涂装的重防腐涂料的附着力太强了，使得氧化物无法楔入。

与阴极剥离研究一样，已经证实扫描开尔文探针也是研究腐蚀蠕变的有用工具。必须在空气中也就是正常腐蚀蠕变老化条件下，用扫描开尔文探针测量有机涂层下面的电化学电位。正如第 12.1 节所述，当涂层破损部位被厚厚的一层电解质覆盖时，阴极剥离使此破损部位周围涂料蜕化变质。此涂层破损部位起到阳极的作用并发生了腐蚀，而在破损涂层部位周围涂层下面只会发生阴极反应。因此，涂层是因为阴极剥离而失效的。图 12.2 所示电位特性曲线就是这样的结果。然而，假如允许涂层破损部位的电解质变干，那么，情况就完全变了。电位曲线会发生逆转，涂层破损部位的钢材变成阴极，而涂层破损部位周围涂层下面的钢材变成阳极[38]。可以推测，因为迁移到钢材的氧气数量增加，涂层破损部位的电位必定增大。更多的氧气将推动 Fe^{2+}/Fe^{3+} 平衡朝 Fe^{3+} 变化，假如后期电解质膜越来越厚，这将有助于保持较高的电位。当 Fe^{3+} 还原成 Fe^{2+} 时，这会维护相同的电位梯度变化方向。阴极剥离期间，钠离子迁移到涂层下面平衡阴极反应生成的氢氧根，由此造成高 pH 值使钢材钝化。现在，正如图 12.6 所示，当涂层下面正在发生阳极反应时，氯离子会迁移进入平衡阳极反应生成的 Fe^{2+} 离子。涂层下面氯化铁的水解会使电解质变成酸性。

$$2FeCl_2+2H_2O = 2Fe(OH)_2+2HCl \tag{12.5}$$

由于电解质变成酸性，析氢过程就开始了，其会进一步加快腐蚀速率。这个过程与以往的缝隙腐蚀非常相似，尽管还是有些重要的差别。有机涂层与正在腐蚀底材之间缝隙的尺寸将允许氧气扩散进入这种缝隙。还有可能氧气会穿过有机涂层迁移进入这种缝隙。这种缝隙内氧的阴极还原反应会生成氢氧化物并限制电解质变酸。

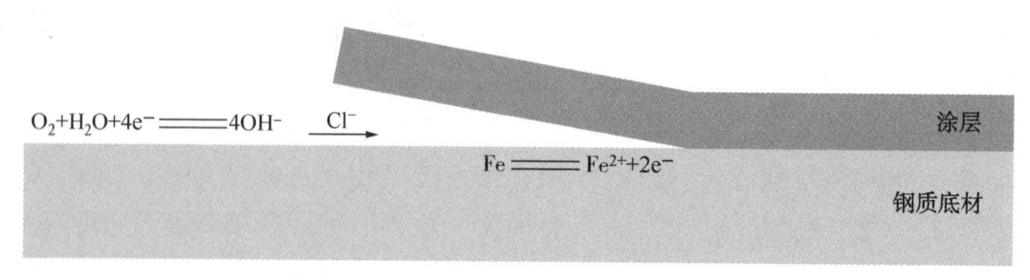

图 12.6　伴随腐蚀蠕变在有机涂层下面电解质变酸的示意图
海洋环境中氯离子是起主导作用的阴离子并迁移到涂层下面的阳极，氯化铁的生成使电解质变酸

12.2.3　限制腐蚀蠕变

可以采取许多措施限制腐蚀蠕变，其中多数方法可以分为以下四类：

① 选择能够耐受所处环境的涂料。

② 与涂料友好相融的设计——项目设计人员必须考虑到构筑物涂装开始的条件。

③ 涂装前实施正确的表面清理准备和清洁。

④ 涂装过程中的质量控制确保涂料按照技术规范要求涂装。

选择涂料时，充分阻隔离子侵蚀是耐用涂层的优选条件。正如第 2 章所解释的那样，涂料在金属表面形成一个不能发生电化学反应(腐蚀)的局部环境才使底材得到保护。当离子穿透涂层时不再维持这种防腐蚀条件，金属底材就开始腐蚀了[40]。涂层的屏蔽性能取决于涂料类型和涂膜厚度。一般来讲，催化固化型涂料的屏蔽性能好于物理干燥的涂料。涂敷富锌底漆也有助于暴露在大气环境中的钢材，因为它对钢底材有一定的阴极保护作用。金属锌的腐蚀产物也会在涂膜下面形成一个侵蚀性较弱的环境，其与铁及铝不同，氯化锌不会与水反应生成盐酸。

与涂料友好相容的设计就是要确保所有金属表面便于抵近清理和涂装。要避免出现搭接缝和积水或纳污藏垢的设计特征等腐蚀隐患，这也会降低涂层失效概率。ISO 12944-3 标准对要涂装的金属构筑物设计事项提出了具体指导意见[41]。

金属表面清理准备不足或者没有达到要求的洁净度可能是涂料失效最常见的原因。上文已讨论过腐蚀蠕变的典型起始部位，避免形成这些起始部位将有助于防止腐蚀蠕变。正如图 12.4 所示，腐蚀蠕变一般是从边缘和焊缝开始的，这些部位的涂膜厚度往往比平整表面的涂膜要薄一些。将锋利的边缘打磨圆滑以及将焊缝磨平都可减少这类问题。焊缝涂敷，也就是喷涂整个表面之前先用漆刷在焊缝和边缘上涂刷一道涂料，增加这些特定部位的涂膜厚度从而进一步减少引起腐蚀的概率。正确清洁金属表面除去盐分、油脂、污物等是技术规范强制性规定。喷砂清理要使钢材表面达到白色金属光泽和良好的锚纹粗糙度，确保涂层良好附着并延长涂料使用寿命。第8章和第9章分别详细讨论了喷砂清理和表面预处理。

最后，涂装过程需要加强质量控制。在所有施工现场，有资质的涂层检验人员应当在表面清理准备和涂装期间以及之后检查施工质量。必须控制表面洁净度、喷砂后的表面粗糙度、涂膜厚度等。经验表明所谓“你检查看到的未必就是你规定要求达到的”是千真万确的。良好的涂料技术规程是良好的起点，但是需要认真检查来确保按照技术规定要求实施涂装。美国全国腐蚀工程师协会NACE、挪威表面处理领域检验员培训和认证专家委员会FROSIO、英国腐蚀协会ICorr等组织机构都可对涂料检验人员进行专项培训。

12.3 丝状腐蚀

丝状腐蚀是涂膜下细丝状侵蚀，是从涂层损坏部位开始向外扩展的。术语“丝状腐蚀”(*filiform corrosion*)是从拉丁语“*filament*”演化而来，意思是“细丝状的”。有涂层的铝材、钢材和镁材上都会发生丝状腐蚀，但主要发生在铝材上。图12.7所示是铝材上丝状腐蚀的例子。照片是有涂层的铝材样品接受丝状腐蚀测试后的状况。样品在稀盐酸中浸泡过，然后放在40℃、相对湿度82%的潮湿试验箱里1000h。

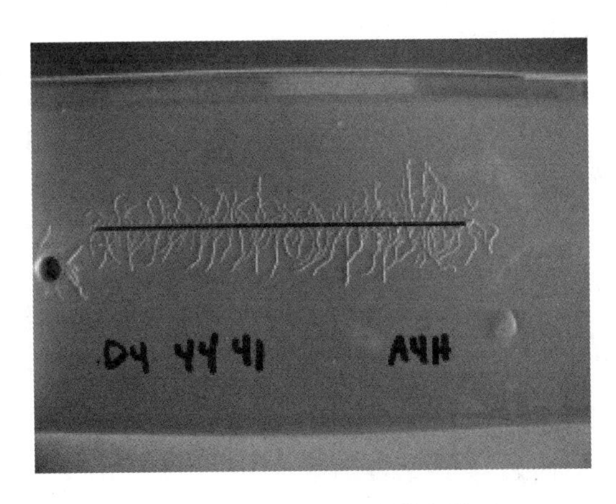

图12.7 铝材上的丝状腐蚀

12.3.1 丝状腐蚀机理

丝状腐蚀会在通常相对湿度大于75%的潮湿大气中发生。侵蚀程度取决于涂敷金属表面湿润的时间[42]，这正是为什么处于阴暗潮湿缓慢干燥环境中的金属表面更容易发生丝状腐蚀。发现主要在相当薄的大漆和清漆有这样的问题。这种腐蚀侵蚀相当浅，因此通常认为丝状腐蚀主要影响美观。已发现丝状腐蚀前端出现阳极破坏，而在丝状腐蚀尾端后面却发生阴极反应[43,44]。氯离子的存在起到非常重要的作用[45]。丝状腐蚀前端含有来自阳极反应的阳离子和氯离子。假定氧气和水等反应物迁移进入丝状腐蚀尾端[46]。氯离子是随不断蔓延侵蚀运移的，随着阴极反应而不断升高的 pH 值，腐蚀产物在丝状腐蚀尾端作为氧化物或者氢氧化物沉积下来。

如上所述，丝状腐蚀前端正在发生阳极反应时，丝状腐蚀的尾端却主要发生阴极反应。丝状腐蚀过程中氯离子的作用是削弱金属氧化膜的稳定性并使电解质变酸。阳极性前端与阴极性尾端之间的氧浓差电池促进了丝状腐蚀的增长。从原理上，铝材上的丝状腐蚀机理能够描述如下[46]：

- 在涂层薄弱部位如构件的边缘或者某个机械损伤部位，氯离子容易渗入到达金属表面。氯离子会侵蚀金属氧化膜，由于大多数惰态金属暴露于氯离子环境时都对腐蚀十分敏感，所以此金属开始腐蚀了。
- 有机涂层下面发生着阳极反应，而裸露金属正在发生阴极氧的还原反应。氯离子迁移到有机涂层下面的阳极区来维持电荷平衡。
- 金属阳离子在含有氯离子的电解质中发生水解生成盐酸。因此电解质变成酸性，实测的酸碱度值可低达 pH = 1 ~ 2。通常，这会削弱表面氧化膜的稳定性并加剧底材腐蚀。
- 阳极反应继续发展，随后氯离子迁移来维持电荷平衡。在阳极性丝状腐蚀前端的后面发生阴极氧的还原反应，其使电解质变成中性并重新钝化丝状腐蚀的尾端。因此，变成酸性的阳极丝状腐蚀前端继续发展，而氧的还原反应接踵而至。
- 沿着丝状腐蚀前端，氯离子的迁移会持续不断生成盐酸。

12.3.2 铝材上的丝状腐蚀

20 世纪 90 年代人们曾经极大关注铝材上的丝状腐蚀，因为建筑行业大量使用预涂装的轧制铝材面板。当时北欧地区几座引人关注的建筑物上丝状腐蚀造成涂层失效事故，为此要调查涂料失效机理[47]。结果发现铝型材在轧制和热处理期间生成活化变形的表面层。这层活化变形表面层的腐蚀速率非常快，成为涂装铝板的严重问题。下文简单解释一下涂层老化机理[48-57]，以及缺失这层表面层时的涂料失效机理。

铝材上的丝状腐蚀会以两种不同方式增长：因为连续发生点状腐蚀，或者由于存在上述活化表面层。连续发生的点状腐蚀会形成侵蚀麻坑，腐蚀产物会顶起底材上的有机涂层，露出未腐蚀的金属表面并由此开始新的腐蚀。

涂层附着力是影响丝状腐蚀的重要参数。涂层附着太差会生成较宽的丝状腐蚀，并且丝状腐蚀会迅速发展，而良好的涂层附着生成较窄的丝状腐蚀，并且丝状腐蚀发展也较缓慢。有活化表面层的铝材上丝状腐蚀蔓延机理是不同的。如图12.8所示，轧制铝合金型材上往往会有一层表面变形的结构。照片黑线右侧是铝材的正常微观金相结构，而最右侧是变形的微观金相结构。变形层具有纳米级金属晶粒特征，轧入了氧化膜碎片和小的金属间氧化物颗粒。例如，金属在高于350℃的高温下淬火热处理期间，痕量铅或元素周期表中其他Ⅲ类或者Ⅳ类金属扩散进入金属表面层，使起保护作用的氧化膜失去稳定性。之后，丝状腐蚀就会在这个表面层迅速蔓延，在有机涂层下面发生切割腐蚀。由于这个问题是铝质底材的活化层引起的，所以，丝状腐蚀蔓延与涂料特性几乎没有什么关系。另外，这个机理与上述机理相似。

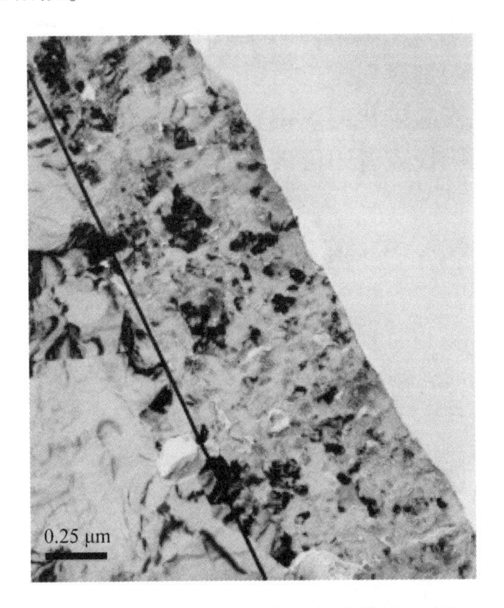

图 12.8　轧制铝型材上变形的表面层

注：黑线右侧变形层是轧制中形成的，有纳米级晶粒特征，轧入铝的氧化膜碎片和小的金属间氧化物颗粒。存在这种表面层使涂装铝型材极易发生丝状腐蚀，特别是涂装前铝合金接受过高于350℃的高温热处理时

20世纪90年代初，丝状腐蚀对建筑行业使用铝制面板构成很大威胁。由于存在变形的表面层，所以轧制铝合金更易发生丝状腐蚀，而挤压成型或者铸造铝型材或者钢材上没有发现这样的问题。由于氯离子在这个机理中起到了重要作用，所以这个问题主要是在沿海地区发现的。

除去轧制铝合金型材上活化变形的表面层是必要的。将铝型材放入碱性或酸性电解液里蚀刻就能做到了。涂装有效的转化膜、钝化铝型材、做好表面预处理增强涂层附着力等都有助于铝型材防止丝状腐蚀。铬化和阳极氧化这两种预处理工艺能在铝型材表面生成非常有效的转化膜。由于六价铬有毒，所以，越来越多的行业与产品已经禁止使用铬化工艺。新的无铬工艺主要起到附着促进剂的作用，对于铝材的钝化影响很小或者完全不起作用。尽管如此，用其防止丝状腐蚀是有用的，已有许多无铬工艺报告防止丝状腐蚀的效果很好[58-60]。

有机涂料特性对于涂装产品防止丝状腐蚀的能力也很重要。特别是良好的附着显然是至关重要的。多年来航天工业已广泛使用添加铬酸锶这种六价铬颜料的涂料产品。涂料中的六价铬起到类似铬酸盐转化膜的作用。当涂料暴露在潮湿环境中时，六价铬会析出并与铝质底材发生反应，在金属表面生成钝态氧化铬。

12.3.3 钢材上的丝状腐蚀

与丝状腐蚀相比，钢材上更常见的老化机理是腐蚀蠕变与阴极剥离。此外，钢材通常需要较厚的涂层加以保护，所以，钢材往往是因为腐蚀蠕变或者阴极剥离而不是因为丝状腐蚀发生老化的。钢材的丝状腐蚀遵循上述通用机理。究竟是因为楔入效应还是因为阴极或者阳极破坏使丝状腐蚀前端涂层失去附着力，这个问题至今还不确定[44]。

参考文献

[1] Leidheiser, H., W. Wang, and L. Igetoft. *Prog. Org. Coat.* 11, 19, 1983.

[2] Jin, X. H., K. C. Tsay, A. Elbasir, and J. D. Scantlebury. Adhesion and disbonding of chlorinated rubber on mild steel. In *Advances in Corrosion Protection by Organic Coatings*, ed. D. Scantlebury and M. Kendig. Pennington, NJ: Electrochemical Society, 37, 1987.

[3] Kendig, M., R. Adisson, and S. Jeanjaquet. The mechanism of cathodic disbonding of hydroxy-terminated polybutadiene on steel from acoustic microscopy and surface energy analysis, in *Advances in Corrosion Protection by Organic Coatings*, ed. D. Scantlebury and M. Kendig. Pennington, NJ: Electrochemical Society, 1989.

[4] Stratmann, M., R. Feser, and A. Leng. *Electrochim. Acta* 39, 1207, 1994.

[5] McLeod, K., and J. M. Sykes. Blistering of paint coatings on steel in sea water, in *Coatings and Surface Treatment for Corrosion and Wear Resistance*, ed. K. N. Strafford, P. K. Datta, and C. G. Googan. Chichester: Ellis Horwood Ltd., 295, 1984.

[6] Ritter, J. J. *J. Coat. Technol.* 54, 51, 1982.

[7] Leng, A., H. Streckel, K. Hofmann, and M. Stratmann. *Corros. Sci.* 41, 599, 1999.

[8] Steinsmo, U., and J. I. Skar. *CORROSION* 50, 934, 1994.

[9] Sørensen, P. A., K. Dam-Johansen, C. E. Weinell, and S. Kiil. *Prog. Org. Coat.* 68, 283, 2010.

[10] Knudsen, O. Ø., and J. I. Skar. Cathodic disbonding of epoxy coatings—Effect of test parameters. Presented at CORROSION/2008. Houston: NACE International, 2008, paper 08005.

[11] Leidheiser, H., Jr., and W. Wang. *J. Coat. Technol.* 53, 77, 1981.

[12] Watts, J. F., J. E. Castle, P. J. Mills, and S. A. Heinrich. Effect of solution composition on the interfacial chemistry of cathodic disbondment. In *Corrosion Protection by Organic Coatings*, ed. M. W. Kendig and H. Leidheiser. Pennington, NJ: Electrochemical Society, 1987.

[13] Sykes, J. M., and Y. Xu. Investigation of electrochemical reactions beneath paint using a combination of methods. Presented at the 5th International Symposium on Advances in Corrosion Protection by Organic Coatings, Cambridge, UK, September 14-18, 137, 2010.

[14] Leidheiser, H., and W. Wang. *J. Coat. Technol.* 53, 77, 1981.

[15] Watts, J. F., and J. E. Castle. *J. Mater. Sci.* 19, 2259, 1984.

[16] Sørensen, P. A., S. Kiil, K. Dam-Johansen, and C. E. Weinell. *J. Coat. Technol. Res.* 6, 135, 2009.

[17] Watts, J. F. *J. Adhesion* 31, 73, 1989.

[18] Sørensen, P. A., C. E. Weinell, K. Dam - Johansen, and S. Kiil. *J. Coat. Technol. Res.* 7, 773, 2010.

[19] Ge, X., et al. *ACS Catalysis* 5, 4643, 2015.

[20] Horner, M. R., and F. J. Boerio. *J. Adhesion* 2, 141, 1990.

[21] Watts, J. F., and J. E. Castle. *J. Mater. Sci.* 19, 2259, 1984.

[22] Knudsen, O. Ø., and U. Steinsmo. *J. Corros. Sci. Eng.* 2, 13, 1999.

[23] Grundmeier, G., W. Schmidt, and M. Stratmann. *Electrochim. Acta* 45, 2515, 2000.

[24] Leng, A., H. Streckel, and M. Stratmann. *Corros. Sci.* 41, 579, 1999.

[25] Leng, A., H. Streckel, and M. Stratmann. *Corros. Sci.* 41, 547, 1998.

[26] Posner, R., O. Ozcan, and G. Grundmeier. Water and ions at polymer/metal interfaces. In *Design of Adhesive Joints under Humid Conditions*, ed. L. F. M. d. Silva and C. Sato. Berlin: Springer, 21, 2013.

[27] Rohwerder, M., E. Hornung, and M. Stratmann. *Electrochim. Acta* 48, 1, 2003.

[28] Stratmann, M., W. Furbeth, G. Grundmeier, R. Losch, and C. R. Reinhartz. Corrosion inhibition by absorbed monolayers. In *Corrosion Mechanisms in Theory and Practice*, ed. P. Marcus and J. Oudar. New York: Marcel Dekker, 373, 1995.

[29] Bi, H., and J. Sykes. *Corros. Sci.* 53, 3416, 2011.

[30] Stratmann, M., H. Streckel, and R. Feser. *Corros. Sci.* 32, 467, 1991.

[31] Doherty, M., and J. M. Sykes. *Corros. Sci.* 46, 1265, 2004.

[32] Sørensen, P. A., S. Kiil, K. Dam-Johansen, and C. E. Weinell. *Prog. Org. Coat.* 64, 142, 2009.

[33] Stratmann, M. *CORROSION* 61, 1115, 2005.

[34] Wapner, K., M. Stratmann, and G. Grundmeier. *Electrochim. Acta* 51, 3303, 2006.

[35] Knudsen, O. Ø., J. A. Hasselø, and G. Djuve. Coating systems with long lifetime—Paint on thermally sprayed zinc. Presented at CORROSION/2016. Houston: NACE International, 2016, paper 7383.

[36] Funke, W. *J. Coat. Technol.* 55, 31, 1983.

[37] Reddy, B., M. Doherty, and J. Stykes. *Electrochim. Acta* 49, 2965, 2004.

[38] Nazarov, A., and D. Thierry. *CORROSION* 66, 0250041, 2010.

[39] Dickie, R. A. *Prog. Org. Coat.* 25, 3, 1994.

[40] Nguyen, T., J. B. Hubbard, and J. M. Pommersheim. *J. Coat. Technol.* 68, 45, 1996.

[41] ISO 12944-3. Paints and varnishes—Corrosion protection of steel structures by protective paint systems. Part 3: Design considerations. Geneva: International Organization for Standardization, 1998.

[42] Cambier, S. M., D. Verreault, and G. S. Frankel. *CORROSION* 70, 1219, 2014.

[43] Schmidt, W., and M. Stratmann. *Corros. Sci.* 40, 1441, 1998.

[44] Williams, G., and H. N. McMurray. *Electrochem. Commun.* 5, 871, 2003.

[45] Koehler, E. L. *CORROSION* 33, 209, 1977.

[46] Ruggeri, R. T., and T. R. Beck. *CORROSION* 39, 452, 1983.

[47] Scamans, G. M., A. Afseth, G. E. Thompson, Y. Liu, and X. R. Zhou. *Mater. Sci. Forum* 519-521, 647, 2006.

[48] Afseth, A., J. H. Nordlien, G. M. Scamans, and K. Nisancioglu. *Corros. Sci.* 43, 2359, 2001.

[49] Afseth, A., J. H. Nordlien, G. M. Scamans, and K. Nisancioglu. *Corros. Sci.* 43, 2093, 2001.

[50] Afseth, A., J. H. Nordlien, G. M. Scamans, and K. Nisancioglu. *Corros. Sci.* 44, 2491, 2002.

[51] Afseth, A., J. H. Nordlien, G. M. Scamans, and K. Nisancioglu. *Corros. Sci.* 44, 2529, 2002.

[52] Afseth, A., J. H. Nordlien, G. M. Scamans, and K. Nisancioglu. *Corros. Sci.* 44, 2543, 2002.

[53] Afseth, A., J. H. Nordlien, G. M. Scamans, and K. Nisancioglu. *Corros. Sci.* 44, 145, 2002.

[54] Leth-Olsen, H., A. Afseth, and K. Nisancioglu. *Corros. Sci.* 40, 1195, 1998.

[55] Leth-Olsen, H., and K. Nisancioglu. *CORROSION* 53, 705, 1997.

[56] Leth-Olsen, H., and K. Nisancioglu. *Corros. Sci.* 40, 1179, 1998.

[57] Leth-Olsen, H., J. H. Nordlien, and K. Nisancioglu. *Corros. Sci.* 40, 2051, 1998.

[58] Knudsen O. Ø., S. Rodahl, J. E. Lein, *ATB Metallurgie* 45, 26, 2006

[59] Lunder, O., B. Olsen, and B. Nisancioglu. *Int. J. Adhesion Adhesives* 22, 143, 2002.

[60] Lunder, O., et al. *Surf. Coat. Technol.* 184, 278, 2004.

13 双重复合涂层：有机涂层与金属涂层的结合

金属涂层与有机涂层结合在一起叫作双重复合涂层(*duplex coating*)，它们在腐蚀环境中展现出非常长的使用寿命。最早使用这种双重复合涂层的时间可以追溯到20世纪上半叶，从20世纪50年代起它的应用一直在稳步增长。现在双重复合涂层已在各行各业广泛用于各种构筑物。最初使用镀锌涂层的双重复合涂层取得了巨大成功。后来也使用了镀铝涂层，但在某些场合涂装后不久，铝基双重复合涂层发生了严重的失效事故。本章将讨论锌基和铝基双重复合涂层。

13.1 锌基双重复合涂层

13.1.1 镀锌涂层

钢材用镀锌涂层防腐蚀的历史已经很久了。本节简要介绍镀锌涂层，作为讨论锌基双重复合涂层的背景资料。Zhang[1]已经全面评述了金属锌和镀锌涂层的腐蚀特性。

涂装在钢材上的镀锌涂层起到牺牲阳极保护作用，可以降低钢材的自然腐蚀速率。相对于银-氯化银参比电极，金属锌的开路电位一般为-1.0~-1.05V，远低于钢的保护电位。因此，镀锌涂层可以像牺牲阳极那样保护钢材，镀锌涂层小缺陷处裸露的钢材由此得到保护。暴露在大气中时，阴极保护范围受限，因为阳极与阴极之间需要电解质连通。如果阳极与阴极之间仅仅通过金属表面很薄的一层电解质连通，并且此电解质的电导性非常有限，这意味着涂层缺陷远离镀锌涂层边缘的电位就会迅速增加。所以，镀锌涂层是无法保护大面积裸露钢材的。

镀锌涂层的腐蚀速率非常低，特别在腐蚀性不太严重的大气中，所以在腐蚀性空气中也有很长的使用寿命。美国电镀商协会估算出不同大气腐蚀性与镀膜厚度条件下，热浸镀锌层涂装后需要首次维护保养的时间(图13.1)[2]。金属锌的腐蚀速率低是因为表面生成了一层很薄的碳酸锌($ZnCO_3$)，钝化了金属锌[1]。锌离子与空气中的二氧化碳生成的碳酸盐结合在一起，这层碳酸锌就会沉积在表面上。生成这层致密的保护性碳酸盐需要不时地干燥表面。这层碳酸锌对于镀锌涂膜保持很长的使用寿命是至关重要的，如果这层碳酸锌的生成受阻，腐蚀速率就会非常高，年腐蚀速率可以达到 30~100μm[1]。当金属浸没在水下或者持续处于潮湿状态下，一般都会发生这样的问题。非常纯的水和软化水对镀锌涂层有很强的侵蚀作用，因为碳酸盐的含量太低，结果会生成无保护作用的氢氧化锌。

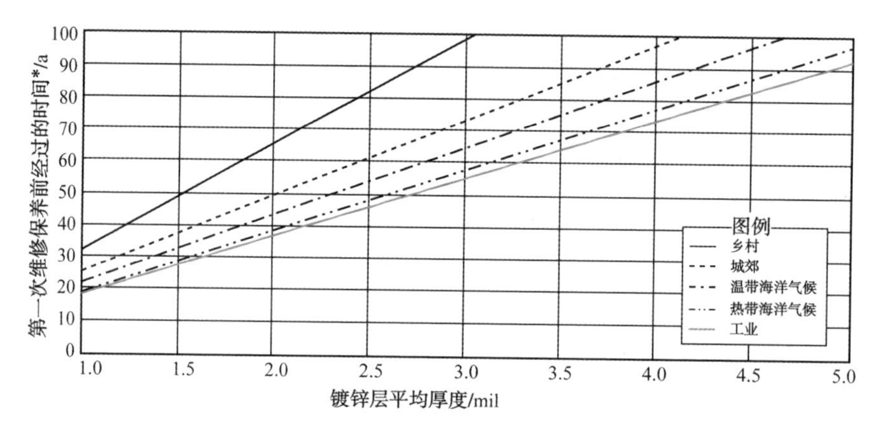

图 13.1 各种大气环境中不同厚度热浸镀锌层首次维修养护的时间

注：* 规定钢材表面锈蚀 5%为第一次维修保养前经过的时间；1mil(密耳)= 25.4μm=0.56 盎司/平方英尺

资料来源：American Galvanizers Association，Zinc coatings：A comparative analysis of process and performance characteristics，American Galvanizers Association，Centennial，CO，2011. Reprinted with permission

工业上镀锌涂层最重要的涂装方法是热浸镀锌、电镀锌和热喷涂。

热浸镀锌是多道工序的浸镀工艺，包括脱脂、酸洗、冲洗和热浸镀锌。钢材要完全浸没在 435~460℃的熔融锌里，一般大约浸没 5min。通过铁与锌的合金化反应生成镀锌涂层，这层涂层由多层锌-铁相构成，且含铁量是不断减少的。只有外层是纯锌。涂层与底材间的金属键确保镀锌层的强力附着。镀锌层厚度主要取决于钢材的化学组成，特别是硅的含量，也取决于要镀锌的钢材厚度[2]。因此，延长浸镀时间未必总能得到更厚的镀锌层。一般镀锌层厚度为 60~100μm。热浸镀锌用于能够装入熔锌坩埚的钢构件，所以热浸镀锌受钢构件大小的限制。受尺寸限制而无法热浸镀锌的构件可以改用涂装粉末涂料，两种工艺相辅相成，构成涂装防腐涂层的有效方法[3]。

电镀锌是用电镀方法将金属锌镀在钢材上的工艺。与热浸镀锌工艺一样，电镀前钢材需要脱脂和酸洗。电镀锌比热浸镀锌的速度慢一些，所以电镀锌一般用于涂装 10~20μm 比较薄的镀锌层。在此过程中锌与铁是不发生合金化反应的，所以镀锌层附着性能比较差。然而电镀锌的外观更具装饰性。镀锌层太薄，所以，除非镀锌层外面还有额外的防护涂料涂层，否则电镀锌部件只适合室内使用。从 20 世纪 90 年代起，电镀锌涂层加上额外的涂料涂装已大量用于汽车车体的防腐蚀保护，可能这是电镀锌涂层的双重复合涂层用量最大的领域。

热喷涂工艺是靠能源将熔融的材料喷到底材上固化后生成涂膜。可以热喷涂的材料范围很宽，包括金属、复合材料、聚合物，热喷涂工艺技术发展也很快。热喷锌可以用电弧喷锌和火焰喷锌设备。电弧喷锌的单位时间喷涂面积非常大，适合大件热喷锌。而火焰喷锌设备比较小，方便携带和掌控。热喷锌工艺适合大型构筑物涂装镀锌涂层，例如钢铁桥梁、海上油气平台、舰船等。热喷锌前，钢材必须彻底喷砂清理确保镀锌涂层良好附着在钢材上。镀锌涂层是靠与喷砂清理后底材锚纹间的机械连锁作用牢牢附着在钢材上的。镀锌涂层表面多孔且非常粗糙。因此，镀锌涂层上要先涂敷封闭底漆，然后才能涂装较厚的有机涂料。

13.1.2 锌基双重复合涂层的使用寿命：协同效应

许多行业在用锌基双重复合涂层，例如汽车工业、海上风电、海运、建筑业和基础设施等。现在大多数汽车车体清漆下面是镀锌涂层，这正是为什么今天汽车的腐蚀问题远比 20 世纪 80 年代少得多的原因。由于人员难以接近，海上风电塔的防腐涂层维护保养非常困难，为此人们常常用热喷锌(TSZ)加上有机涂料外防腐涂层来保护[4]。许多国家沿海地区的铁路和公路桥梁也用热喷锌加上涂料涂装来防腐，因为这些构筑物的设计寿命非常长，一般都有 100 年。

沿着挪威的海岸线大约有 2000 多座钢铁桥梁，它们大小不同，结构类型多样(梁式桥、桁架桥、悬索桥、轮渡码头桥等)。许多桥梁处于严重的海洋腐蚀环境中。有些浮桥甚至位于海浪飞溅区。挪威国家公共道路管理局(NPRA)估计这些桥梁总共有约 $250\times10^4m^2$ 涂装表面积，大部分都涂装了热喷锌涂层双重复合涂层。他们从 20 世纪 60 年代开始使用热喷锌涂层双重复合涂层，所以他们在这类双重复合涂层的应用方面积累了丰富的经验。挪威国家公共道路管理局使用双重复合涂层是很成功的。与桥梁涂装常规涂料系统相比，涂装双重复合涂层的桥梁维修养护间隔时间更长，因此，虽然初始涂装成本比较高，但是桥梁使用寿命期成本却是比较低的。纳尔维克城外的伦巴大桥就是证据确凿的案例(图 13.2)，这是一座挪威北部地区跨越峡湾的悬索桥[5,6]。大桥长 765m，最大跨度 325m，桥下船舶通航空间高度 41m。

图 13.2　跨越挪威伦巴峡湾的伦巴大桥

注：自 1970 年涂装热喷锌涂层双重复合涂层以来大桥的防腐涂层系统无须维修养护

资料来源：Photo：Reidar Klinge，NPRA

大桥是 1964 年通车的。当时仅仅涂装了临时涂层系统，所以不久之后大桥大部分钢结构开始发生了腐蚀。1970 年，大桥就地涂装了双重复合涂层系统。这个涂层系统包括 100μm 厚的热喷锌涂层、磷化底漆、80～100μm 厚掺加铬酸锌的醇酸漆和 80～100μm 厚的醇酸面漆。大桥下面桁架结构的腐蚀状况从未测试过，但是，因为其在峡湾上方 41m 处高度，所以我们可以合理地认为桥梁达到(ISO 12944-2 标准)4 级腐蚀等级。大桥通车后 39 年里没有进行过任何维修养护，2009 年对大桥进行了检查，没有发现任何腐蚀迹象[6]。面漆外观变得相当灰暗，出于美观考虑，涂刷了一层新的面漆。图 13.3 所示是大桥下面桁架结构的铆钉结合状况。这种搭接缝一般都是腐蚀隐患，腐蚀往往最早出现在这样的接缝部位。然而这里没有腐蚀迹象，证实这种双重复合涂层系统的防腐特性和耐用性。

其他单位也报告了涂装热喷锌的耐用性。1978 年，美国海军土木工程实验室报告了用和不用有机涂料的情况下大量热喷锌涂层现场试验结果[7]。他们在加利福尼亚怀尼米港潮汐区安置了 10ft(1ft = 0.3048m)长涂装各种防腐涂层系统的试验钢板接受暴露试验 21 年。表 13.1 归纳了此项试验的部分结果。试验样品是 20 世纪 50 年代准备的，所以用的有机涂料过时了，但是表 13.1 的结果有力证明

图 13.3　挪威伦巴大桥的细部

注：初次涂装后几乎过去四十年了没有发现任何腐蚀迹象。即使像照片中的搭接缝，涂料是无法渗透进入搭接钢构件之间缝隙的，也没有任何腐蚀迹象

资料来源：Photo：Reidar Klinge，NPRA

了热喷锌双重复合涂层的防腐特性。这些样品上的锌涂层是用火焰喷涂工艺涂装的。暴露的样品上没有人为划痕，根据红锈(氧化铁)开始刺破涂膜的时间来评价这些涂层。乙烯基丙烯酸除外，其他镀锌涂层上涂敷有机涂料后可使涂层使用寿命大约增加四倍。假如涂料直接涂在钢材上，所用涂层的寿命可能不足五年。如果把镀锌涂层与有机涂料结合起来，使用寿命比分别涂刷金属涂层和有机涂料的使用寿命长，也就是说，双重复合涂层是一种协同效应。

表 13.1　热喷锌涂层双重复合涂层系统在怀尼米港模拟钢桩试验结果

热喷锌涂层	厚度/μm	面漆	厚度/μm	失效时间/a
锌粉	75	—		2
锌丝	140	—		4
锌丝	100	—		4
锌丝	60	萨兰耐火树脂	180	18
锌丝	60	乙烯基红丹	100	20
锌丝	75	乙烯基丙烯酸	125	5
锌丝	60	乙烯基面漆	110	15
锌丝	75	环氧树脂面漆	170	18
锌丝	75	灰色呋喃树脂	100	15

资料来源：Alumbough，R. L.，and Curry，A. F.，Protective coatings for steel piling：Additional data on harbor exposure of ten-foot simulated piling，Publication NCEL-TR-711S，final report，Naval Civil Engineering Laboratory，Port Hueneme，CA，1978。

Van Eijnsbergen 发表了锌基双重复合涂层协同效应的论文[8]。他汇集了欧洲各地各种腐蚀环境中热浸镀锌钢和涂漆钢材的实际使用经验，这些案例中钢材的使用寿命约为 15~25 年。根据这项研究成果以及在类似双重复合涂层长期现场试验结果，他提出一个与镀锌涂层和有机涂料使用寿命对应的双重复合涂层系统寿命模型，表达如下：

$$D_{\text{duplex}} = K \cdot (D_{\text{Zn}} + D_{\text{paint}})$$

式中　D_{duplex}——双重复合涂层系统的耐久性；

D_{Zn}——单纯锌涂层的耐久性；

D_{paint}——单纯有机涂料的耐久性；

K——协同效应系数。

他发现协同效应系数介于 1.5~2.3 范围内，取决于环境的腐蚀性。腐蚀性减小时，协同效应系数就会增大。必须用涂装在镀锌涂层上而不是钢材上的与有机涂料不同的老化机理来解释这个协同效应。下一节将深入讨论这个问题。

13.1.3　锌基双重复合涂层的防腐蚀保护和老化机理

锌基双重复合涂层结合两种机理起到防腐保护作用。显然，对涂层小缺陷裸露的钢材，锌起到了阴极保护作用。另一防腐保护机理是有机涂料涂层取代了镀锌涂层表面的水分，和第 2 章里讨论钢材一样钝化了锌。因此，锌保护了钢材，而有机涂料保护了锌。

镀锌涂层的阴极保护能力是有限的。在潮湿气氛中，锌仅仅能使镀锌涂层边缘开始有限距离内的钢材极化到保护电位以下。依据金属表面上形成的水膜特性，特别是水膜厚度和含盐量，预期阴极保护的范围是从镀锌涂层边缘开始几毫米到几厘米不等。钢材上的阴极反应会生成氢氧根离子，而锌的阳极溶解会生成锌离子。这些离子必须在金属表面上的水膜中迁移才能维持电荷平衡。阳极与阴极之间的离子流导致欧姆电位损失随着与镀锌涂层的距离而发生变化。因此，与镀锌涂层某个距离上的电位将超过保护电位，并且钢材再也得不到保护。

锌基双重复合涂层的协同效应必须取决于镀锌涂层上涂装的有机涂料耐久性。一旦有机涂料失效，镀锌涂层就暴露在此环境中，其使用寿命就与没有涂装有机涂料的镀锌涂层相当。这也暗示在锌基双重复合涂层中腐蚀导致有机涂料的老化比直接涂装在钢材上的同类有机涂料要慢一些。

研究双重复合涂层因为腐蚀而老化的机理时，我们需要面对两种十分不同的情况，一种情况是涂层损坏仅仅穿透有机涂料并露出镀锌涂层，另一种情况是涂层损坏穿透了镀锌涂层露出了钢底材。第一种情况仅仅露出镀锌涂层，老化单纯取决于镀锌涂层和有机涂层。第二种情况钢材也受影响。实际情况有时候可能更加复杂，阴极剥离和阳极破坏会进一步加剧老化。下面段落中，我们将研究各种案例中发生了什么情况。人们已经研究了镀锌涂层上有机涂层的阴极剥离机理[9-12]和阳极破坏[13,14]，虽然这些问题并没有如同钢材上那样大量发生。

仅仅因为镀锌涂层外露破损而发生的阴极剥离与第12章描述的钢材阴极剥离情况相似，虽然电位更低一点[12]。环绕破损部位形成一个原电池，外露镀锌涂层发生阳极反应，而在破损部位周围涂层下面却发生阴极氧的还原反应。钠离子迁移到涂层下面平衡了阴极反应中生成的氢氧化物，由此生成碱性电解质。然而与钢相反，在高pH值下锌不会钝化，而会发生锌的某种氧化反应。因此，阳极前沿将跟随在分层前端后面。腐蚀反应会消耗一些氢氧化物，说明镀锌涂层起到了一种缓冲作用[12]。

假如涂层破损部位外露的镀锌涂层上面只覆盖了一层非常薄的电解质，那么，锌会钝化，并且上述原电池中的电位将会反转[13]，与第12章描述的钢材上发生的阳极破坏情况相同。现在有机涂层下面正在发生阳极反应时，氯离子会在有机涂层下面迁移进入并平衡带正电荷的锌离子，最终生成氯化锌。无论如何，与水解和酸化电解质的氯化铝和氯化铁相反，氯化锌是很稳定的。在水里的溶解度很高，但是不会水解而引起酸化。这是铁和铝之间一个重要差别，可能由此极大地成就了锌基双重复合涂层良好的性能。

当涂层的破损部位穿透了镀锌涂层和有机涂层并露出了钢底材时，情况就变得复杂多了。锌基双重复合涂层破损部位迟早会发生腐蚀，而不管初始破损程度是否已经往下穿透到了钢材。破损部位外露的镀锌涂层会持续腐蚀，并且最终镀锌涂层会消耗殆尽而露出钢材，当然，除非有机涂层缺陷及时进行了补伤。已经用扫描开尔文探针研究了涂层破损部位裸露钢材的状况，发现了类似图13.4所示涂层破损部位周围涂层下面的电位分布曲线[11]。

在涂层破损部位周围形成一个腐蚀电池，在此涂膜下面金属锌发生了阳极溶解。有机涂层下面金属锌的腐蚀向外蔓延，随着时间推移，越来越多的钢材会裸露在外。锌的腐蚀把裸露钢材的电位下降到阴极保护的水平。相对于银-氯化银参比电极，正在氯化钠溶液里腐蚀的锌的电位大约为-1.0V。预期在此也可能由于裸露钢材的极化，会有一个接近或者略高的电位(混合型电位)。钢材上发生阴极氧的还原反应，并且，金属表面很薄的一层电解质中，阳极区和阴极区之间会发生离子交换。这些离子流造成锌阳极与钢阴极之间的电位降，如果沿着裸露的钢材表面继续移动离开镀锌涂层，这个电位会逐步增加，与上文描述的单纯镀锌涂层情况相同。与镀锌涂层有一定距离时，钢材不再受到保护并开始腐蚀。在相反方向正在腐蚀的镀锌涂层前方，如图13.4标注大约-0.6V的电位平台区，

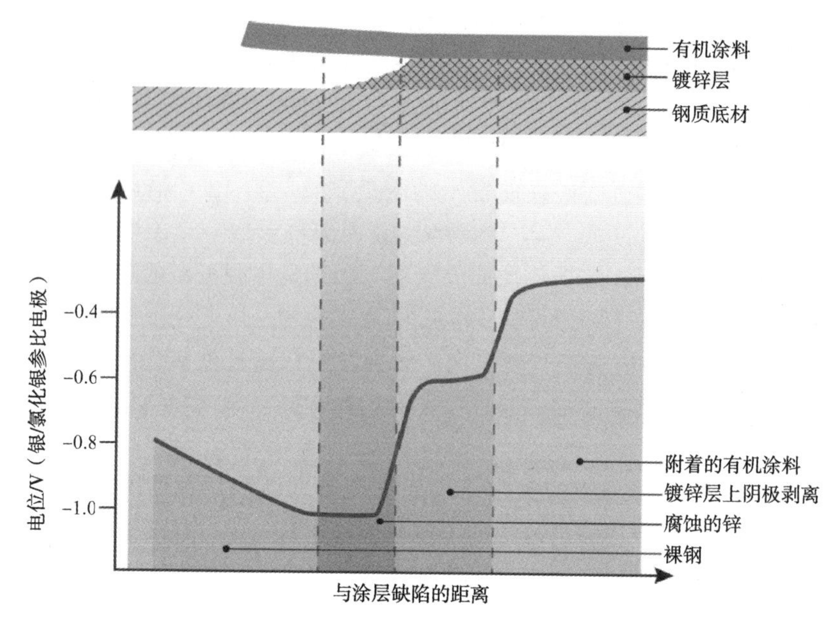

图 13.4　老化锌基双重复合涂层下电位分布图

注：此涂层破损部位露出了钢底材

发现镀锌涂层上的有机涂层发生了阴极剥离[11]。在阴极剥离前方发现甚至更高的电位，表明致密的防腐有机涂层下面是钝化的镀锌涂层。

除去剥离的有机涂层后用 X 射线光电子能谱(XPS)检测金属表面，发现阳极反应中生成的锌离子被有机涂层下面迁移的氯离子平衡了。正如上文解释的那样，氯化锌的温和天性不会水解也不会导致局部环境酸化，也许在很大程度上解释了为什么锌基双重复合涂层性能比直接涂装在钢材上的有机涂料性能好得多。

上文描述的情况多少有点理想化，并且这是以一个稳定的潮湿实验室环境中一个典型涂层系统上得出的测量值为基础的[11]试验。在现场我们会经历干湿交替变化，这很可能会影响得到的电位分布曲线。实验室试验的典型涂层系统也比现场大多数涂层简单得多，涂膜也薄得多。电镀锌涂层通常要磷化处理后再涂装有机涂料，正常情况下，热浸镀锌钢表面要进行快速喷砂清理或者磷化。这将增加有机涂层的附着力，并有可能降低阴极氧的还原反应速率。这些影响会减慢或者消除正在腐蚀的镀锌涂层前方涂层的阴极剥离。现场用的有机涂层更厚、性能更好，因此发生阴极剥离的几率更小。在现场试验或者循环老化试验(ISO 20340 标准)研究锌基双重复合涂层下面的腐蚀时，在腐蚀镀锌涂层前方很少发现阴极剥离[3,15]。

有机防腐蚀涂料下面金属锌的有利影响可以归纳如下：

- 在涂层破损部位周围有限范围内，金属锌对涂层破损部位裸露钢材起到了阴极保护作用。
- 为平衡锌腐蚀生成的锌离子，氯离子在有机涂层下迁移并生成氯化锌。与钢材相反，氯化锌不会水解，而且不会使涂层下面的电解质变酸。酸化能在次生阴极反应中释放出氢，加速涂层的退化变质。锌基双重复合涂层可以避免这种情况的发生。

13.1.4 成功的关键：涂装耐用的锌基双重复合涂层

与所有涂料一样，假如涂装不当，双重复合涂料也会失效。钢材表面预处理不当、镀锌层涂装有误、锌的预处理不当，以及有机涂料涂装有误，最终会生成质量很差的双重复合涂层并使之过早失效。

在桥梁和舰船这样的大型构筑物上，必须用热喷涂工艺涂装镀锌涂层。正如图 13.5 所示，热喷锌涂层是个多孔结构，表面非常粗糙，与常规喷砂清理的钢材相比，热喷锌涂层上涂装是更大的挑战。涂装较厚的有机涂料之前，需要在热喷锌涂层表面涂敷一层封闭底漆填补这种多孔表面。封闭底漆是一种有机涂料，用于热喷锌涂层双重复合涂层时，通常将环氧树脂稀释到固体分含量只有 15%～40%。溶剂比例高一点，黏度就低一点，这样封闭底漆就容易渗透进入热喷锌涂层表面的小孔和复杂的几何形状中。应当涂敷很薄的一层封闭漆膜，不会超过热喷锌涂层的厚度峰值而增加涂层厚度，也就是说，封闭底漆不会将热喷锌涂层完全隐藏起来。透过封闭底漆依然能够看到部分热喷锌涂层。这样微孔中的空气容易释放出来，封闭底漆容易填补这些微孔。如果涂敷的封闭底漆过黏过厚，涂层中会留有微孔并在这些部位引发腐蚀[16]。热喷锌涂层双重复合涂层的另一个潜在问题是电弧喷锌中产生所谓的“漆疙瘩”。由于各种原因在喷枪中金属锌可能

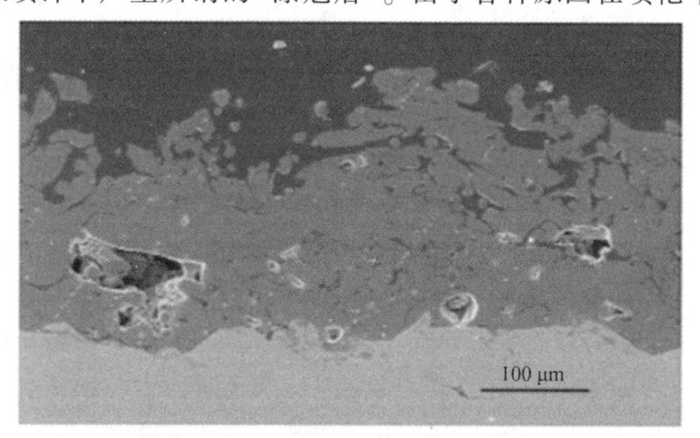

图 13.5 喷砂清理的钢材上涂装的热喷锌涂层的横断面

没有完全熔融，成团锌粉或者甚至喷出的整段锌丝会从生成的热喷锌涂层上凸起。这成为双重复合涂层中有机涂层的薄弱点，因为有机涂层太薄，无法覆盖这些凸起物，从而使这些部位引发腐蚀。一个训练有素的金属喷枪操作工能注意什么时候会发生这样的问题以及应当采取什么样的纠错措施。后来的目测检查中也许很难查出这些凸起物，但是，用油漆刮刀划一下金属涂层就可以找到这些凸起物。

电镀锌和热浸镀锌涂层上涂装有机涂料之前，表面往往需要磷化处理，主要是要增强有机涂料在锌涂层上的附着力。磷酸盐转化膜的质量对涂层质量至关重要[3]。如果磷化质量很差，那么，有机涂层在镀锌涂层上附着力很差，涂层破损部位周围就会出现很多涂层剥离问题。幸好目测检查就很容易评价磷化质量。合格的磷化处理会生成暗淡无光灰色表面。用指甲轻轻划一下磷化表面，会留下浅灰色的痕迹。假如磷化后的镀锌涂层呈现亮丽的金属外观，那么这样的磷化处理是不合格的。

热浸镀锌钢上涂装有机涂料时有几个与镀锌工艺有关的问题。正如本章引言部分所述，镀锌是个合金化反应，在此锌与钢发生反应生成不同 Fe 含量的各种 Zn-Fe 金相。图 13.6 所示是四种热浸镀锌层的横断面。图 13.6(a)所示是低硅钢(Si+P<0.03%)上热浸镀锌层横断面。能够看到各种 Zn-Fe 金相，并且外表面有一层纯锌。这类镀锌涂层上通常比较容易涂装。图 13.6(b)镀锌涂层表面可见浮渣和灰分。浮渣是镀锌工艺的副产物，在坩埚里锌与松散的铁屑发生反应生成硬质颗粒，可能夹杂在镀锌涂层中。灰分是漂浮在浸锌槽表面的氧化锌，从坩埚里提出钢构件时灰分会黏附在镀锌涂层上。凸起物上的有机涂层很薄，这些部位会首先引发腐蚀。图 13.6(c)所示是高硅钢(Si+P>0.15%)上热浸镀锌层的横断面。这种钢材上形成的镀锌涂层直至表面可以全部由 Zn-Fe 金相构成。更加粗糙的表面使涂料涂装有更大的挑战。图 13.6(d)所示所谓的圣德林效应，这是钢材的 Si+P 含量 0.03%~0.15%时发生的情况。镀锌涂层的增长无法控制而生成脆性 Fe-Zn 金相[2]。镀锌涂层在钢材上的附着力很差，这样的镀锌涂层表面难以涂装有机涂料。

控制双重复合涂层中有机涂层的厚度也是一项挑战。正常情况下用磁性厚度规测量涂膜厚度，但是金属锌是非磁性金属，所以磁性测厚规测出的是镀锌涂层与有机涂料的总厚度。由于技术规范规定的是双重复合涂层的总厚度，所以，假如镀锌涂层的厚度超过了规定，那么就无法发现有机涂料太薄的部位。基于涡流原理的测厚仪可以测出单纯有机涂料的厚度，因为镀锌涂层是导电的。然而，许多镀锌涂层不同部位的导电性差别很大，这会影响测量值得出不可靠的结果。例如，热喷锌涂层的孔隙度的差异会影响镀锌涂层的导电性。

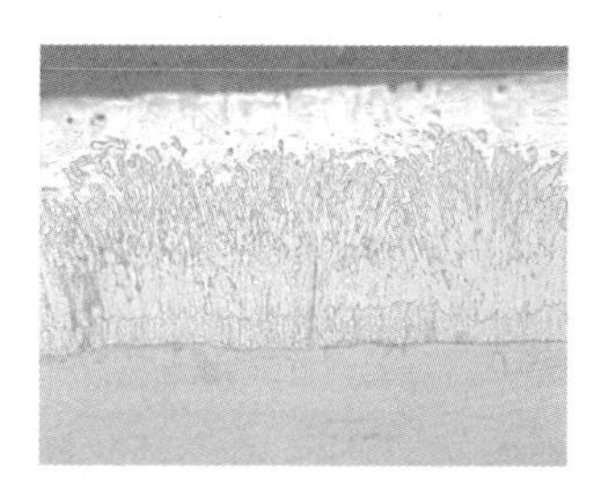

（a）低硅钢上镀锌涂层。镀锌涂层外表面有一层纯锌使镀锌层特别适合涂敷有机涂料

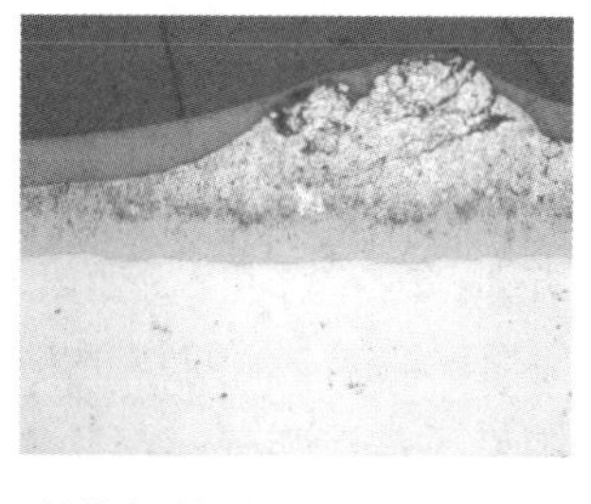

（b）镀锌涂层表面的浮渣会穿透有机涂层

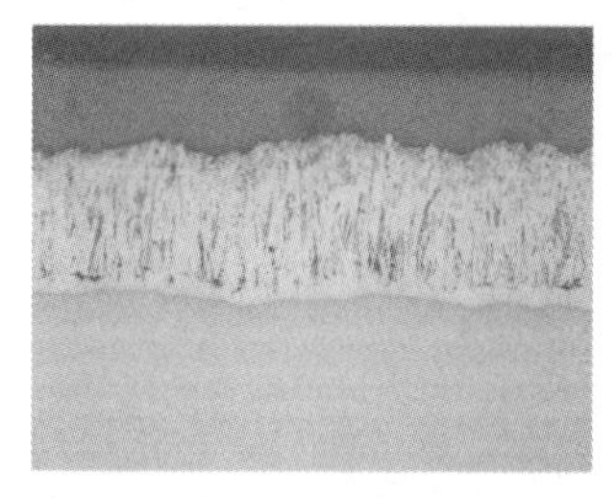

（c）高硅钢的镀锌使镀锌涂层里遍布Zn-Fe金相。对于有机涂料的涂装可能是项挑战

（d）硅含量0.03%~0.15%的钢材不适合镀锌，生成Si-Fe金相构成的粗锌涂层几乎不可能成功涂装有机涂料

图 13.6　热浸镀锌钢

13.2　铝基双重复合涂层

13.2.1　热喷铝

热喷铝（TSA）作为耐用的防腐蚀金属镀层已有很长历史了。自 20 世纪 80 年代中期应用取得巨大成功后，海洋工业已经大规模应用热喷铝镀层。火炬臂、起重机吊架、救生艇站、下部甲板以下区域、保温材料下面等都是使用热喷铝镀层的典型场所。大多数事例已证实这是个正确的选择，热喷铝镀层使用寿命很长[17,18]。有文件报告使用寿命超过了 30 年，表明热喷铝是在用最耐用的镀层之一。

20 世纪 50 年代美国焊接协会开始在海水、海洋大气和工业大气中进行热喷铝和镀铝涂层现场试验。1974 年发表了现场试验 19 年的检测报告[19]。结果表明热喷铝性能良好，由此得出结论，热喷铝的预期寿命比此项试验持续时间要长得多。可以说这标志着金属防腐蚀开始广泛采用金属涂装工艺。

13.2.2　热喷铝双重复合涂层：应避免选用的涂层系统

20 世纪 90 年代，挪威大陆架上建造安装了设计寿命 50 年的海上油气生产平台以及陆上气体处理厂。为了达到这样长的设计寿命，当时决定采用比富锌底漆+环氧树脂屏蔽层+聚氨酯面漆构成的常规三层涂层系统更强大耐用的防腐涂层系统。正如上文讨论的那样，已有报告表明，在海洋环境中热喷铝镀层的使用寿命至少有30年。当时认为如果在热喷铝涂层上再涂装一层防腐漆系统有望增加20年的使用寿命，预期双重复合涂层系统有50年免维护的防腐蚀能力。然而，实际结果不是这样的。与此相反，几年后发现所有三座海洋平台热喷铝双重复合涂层大面积老化。虽然陆上气体处理厂涂层系统问题少一点，但是也发现有同类型的腐蚀损坏。涂膜下的镀铝涂层正在腐蚀，并且，腐蚀很快蔓延开来(图13.7)。涂层系统的老化是从拐角、金属涂层边缘以及电缆梯架和管夹等有涂层钢结构里安装有不锈钢构件的地方开始的。

图13.7　漆膜下热喷铝涂层的腐蚀

注：漆膜下的热喷铝涂层正在腐蚀使漆膜起泡

实际上更早一些时候人们就已观察到涂装涂料后的热喷铝迅速失效。参照第13.1.2节美国海军土木工程实验室1978年有关热喷锌双重复合涂层的试验报告，当时也测试了用和不用有机涂层覆盖的热喷铝涂层[7]。表13.2归纳了热喷铝试验结果。与热喷锌双重复合涂层一样，那些有机涂料已经过时了，但是，令人感兴趣的是单纯热喷铝涂层性能好于覆盖有机涂料的热喷铝双重复合涂层系统。这与热喷锌涂层的试验结果相反，外露的热喷锌涂层失效了，而涂装有机涂料的热喷锌双重复合涂层却性能良好。

表 13.2 热喷铝双重复合涂层系统在怀尼米港模拟钢桩试验结果

热喷铝	厚度/μm	面漆	厚度/μm	失效时间/a
铝粉	110	—		21
铝丝	125	—		10
铝丝	100	—		18
铝丝	90	萨兰耐火树脂	180	6
铝丝	110	红丹	100	4
铝丝	60	乙烯基丙烯酸	125	4
铝丝	75	乙烯基面漆	110	7

资料来源：Alumbough，R. L.，and Curry，A. F.，Protective coatings for steel piling：Additional data on harbor exposure of ten-foot simulated piling，Publication NCEL-TR-711S，final report，Naval Civil Engineering Laboratory，Port Hueneme，CA，1978。

1975 年，挪威国家公共道路管理局发布了另一份热喷铝双重复合涂层失效报告。特罗索松大桥下直至最低潮位以下 1m 的钢桩上都涂装了热喷铝双重复合涂层。几乎安装后不久有机涂层就开始起泡。这些液泡内有 pH=3.5~4 的液体。这些液泡内的热喷铝涂层被腐蚀掉，露出了钢材表面。

20 世纪 90 年代海洋平台上的热喷铝双重复合涂层失效后，人们开始调查涂层老化机理。调查的结论是热喷铝涂层上不应当涂装很厚的防腐有机涂料[20]。认为涂层老化的机理是阳极破坏造成热喷铝涂层失效。这与上文描述的热喷锌双重复合涂层腐蚀机理相同，但有个很大的不同点：热喷铝是在有机涂料下面发生腐蚀生成了氯化铝而不是氯化锌，氯化铝水解并在有机涂料下面形成一个酸性环境。图 13.8 所示就是这样的老化机理。

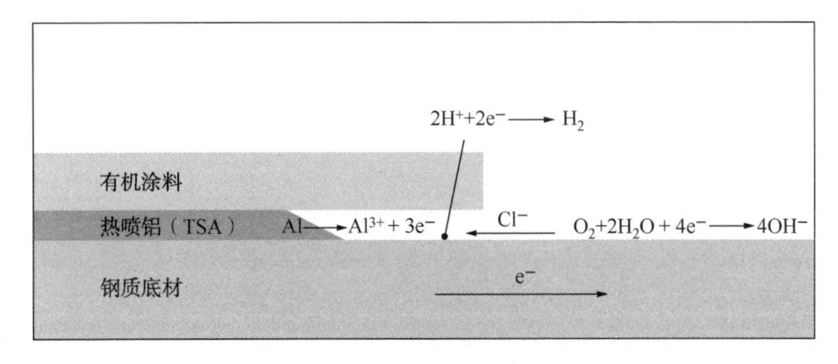

图 13.8 腐蚀环境中热喷铝双重复合涂层的腐蚀

在裸露钢材上发生氧的阴极还原反应，而在有机涂层下面发生热喷铝的阳极溶解。为了维持电荷平衡，氯离子迁移到有机涂层下面使铝发生腐蚀。氯化铝水解并使有机涂层下面电解质的酸碱度值下降，可能低于 pH=4。发现特罗索松大桥上液泡内液体 pH=3.5~4，有理由认为这是失效热喷铝双重复合涂层下面的普遍现象。有机涂层下面电解质低 pH 值产生两个后果。首先，铝的腐蚀相当活跃，因为酸碱度值低于 pH=4 时，起保护作用的氧化铝是不稳定的。其次，酸性电解质析氢是个有效的阴极反应。因此，正如第 13.2.1 节叙述的那样，铝的腐蚀并不取决于任何外部阴极反应。总的腐蚀反应是这样的：

$$2Al+6HCl \longrightarrow 3H_2+2AlCl_3$$

在此腐蚀反应中再次生成氯化铝，这样它会立刻与水反应再次生成盐酸。只要有水不断补充，腐蚀反应自身就可以维持下去，这可以解释为什么热喷铝双重复合涂层会迅速失效。这种机理与裂隙腐蚀机理相当，裂隙中电解质发生酸化也起到了重要作用。

正如本章节引言部分提到的，如果在热喷铝镀层上仅仅涂装很薄的一层封闭底漆，结果就有非常好的防腐保护效果，而且涂层几乎没有发生老化。要解释这种现象很简单，只要正确涂装封闭底漆，不形成任何裂隙，也就是说不增加额外的涂膜厚度而只是填补热喷铝镀层中的微孔。

参考文献

[1] Zhang, X. G. *Corrosion and Electrochemistry of Zinc*. New York: Springer, 1996.

[2] American Galvanizers Association. Zinc coatings: A comparative analysis of process and performance characteristics. Centennial, CO: American Galvanizers Association, 2011. Available at http://www.galvanizeit.org/ (accessed 2016).

[3] Bjordal, M., S. B. Axelsen, and O. Ø. Knudsen. *Prog. Org. Coat.* 56, 68, 2006.

[4] Mühlberg, K. *J. Prot. Coat. Linings* 21, 30, 2004.

[5] Klinge, R. *Stahlbau* 68, 382, 1999.

[6] Klinge, R. *Steel Construct.* 2, 109, 2009.

[7] Alumbough, R. L., and A. F. Curry. Protective coatings for steel piling: Additional data on harbor exposure of ten-foot simulated piling. Publication NCEL-TR-711S, final report. Port Hueneme, CA: Naval Civil Engineering Laboratory, 1978.

[8] Van Eijnsbergen, J. F. H. *Duplex Systems. Hot-Dip Galvanizing Plus Painting*. Amsterdam: Elsevier Science, 1994.

[9] Fürbeth, W., and M. Stratmann. *Prog. Org. Coat.* 39, 23, 2000.

[10] Fürbeth, W., and M. Stratmann. *Corros. Sci.* 43, 243, 2001.

[11] Fürbeth, W., and M. Stratmann. *Corros. Sci.* 43, 229, 2001.

[12] Fürbeth, W., and M. Stratmann. *Corros. Sci.* 43, 207, 2001.

[13] Nazarov, A., M. G. Olivier, and D. Thierry. *Prog. Org. Coat.* 74, 356, 2012.

[14] Ogle, K., S. Morel, and N. Meddahi. *Corros. Sci.* 47, 2034, 2005.

[15] Knudsen, O. Ø., A. Bjorgum, and L. T. Dossland, *Mater. Perform.* 51, 54, 2012.

[16] Knudsen, O. Ø., J. A. Hasselø, and G. Djuve. Coating systems with long lifetime—Paint on thermally sprayed zinc. Paper presented at CORROSION/2016. Houston: NACE International, 2016, paper 7383.

[17] Døble, O., and G. Pryde. *Protect. Coat. Eur.* 2, 18, 1997.

[18] Fischer, K. P., W. H. Thomason, T. Rosbrook, and J. Murali. *Mater. Perform.* 34, 27, 1995.

[19] AWS (American Welding Society). Corrosion test of flames-sprayed coated steel: 19-year report. Miami: AWS, 1974.

[20] Knudsen, O. Ø., T. Røssland, and T. Rogne. Rapid degradation of painted TSA. Paper presented at CORROSION/2004. Houston: NACE International, 2004, paper 04023.

14 腐蚀测试：背景与理论依据

前面几章已经叙述了导致在用的有机涂层各种老化过程并最终使涂层失效。良好喷砂清理底材上优质涂料使用多年后才会在现场老化与破损。当然，人们需要在较短时间内了解特定涂料的适用性，而采集试验数据后往往需要等待几周甚至几个月才能对新涂料配方、指导意见、采购与涂装工艺做出决策。然而，从工程考虑要等几年是根本谈不上的。这解释了为什么需要加速试验方法。加速试验的目的是要在实验室尽可能复制涂层在户外环境中的老化过程，但要在较短时间内完成。

本章着重叙述涂层防腐蚀能力的测试。本章末尾简要解释了一些涂层腐蚀测试常用的条件。

14.1 加速试验的目标

涂层防腐蚀能力的测试目的确实需要回答以下两个不同的问题：

① 这种涂料能否提供足够的防腐蚀保护？

② 在特定的使用环境中，这种涂料预期使用寿命有多长？

第 1 个问题很简单：这种涂料是不是一种防腐蚀的优质涂料？其是否具有屏蔽性，或者含有缓蚀性颜料，或者含有牺牲型颜料，从而确保涂层下面的金属不被腐蚀？第 2 个问题要解答这种涂料如何能够长时间维持良好的防腐蚀性能？它会不会迅速老化而变得毫无用处？或者它具有良好的抗老化性能从而能维持防腐蚀特性多年？

虽然两者的差别似乎不太重要，但是区分两个问题却是有益的。测试涂层初始防腐蚀性能费用比较低，测试结果也很简单明了。各种应力，水、高温、电解质，造成涂层下面金属发生腐蚀的说法有点夸张，但是之后确实观察到涂层下面金属发生了腐蚀。无论如何，尝试重现涂层的老化过程费用太贵，而且因为以下原因也是相当困难的：

① 无法预期不同类型的涂层能对某种加重的应力做出相似的响应。

② 缩小干湿循环会改变传质现象。

③ 气候变异意味着不同试验场站各种应力平衡及随后的老化是不同的。

前面几章已经提到有机涂层会以不同的方式失效——粉化、起泡、失去附着力、开裂、阴极剥离、腐蚀蠕变等都是最常见的涂料失效类型。耐受这些失效模式取决于不同的涂料特性，例如，附着力、抗紫外线、屏蔽性、电化学特性。导致失效的首要特性决定了这种涂料的使用寿命。这多少有些暗示应当测试哪些特性以及应当加速哪些影响参数。

14.2 加速大气老化

造成有机涂层老化的主要气候影响因素是：

- 紫外线辐射；
- 水和湿气；
- 温度；
- 离子(如氯化钠 NaCl 这样的盐分)；
- 化学物质。

虽然这些大气老化因素中后四种都是裸露金属腐蚀的主要起因，但是，第一项是有机涂层独特的大气老化因素。大多数测试项目尝试重现自然大气老化过程并通过加重这些因素来加速这个老化过程。然而，非常重要的是不要过度加重这些因素。为了加速腐蚀过程，我们按比例升高温度、增大含盐量、增加干湿交替频率，因此，我们也必须按比例减小每个试验步骤温度-湿度交替变化的持续时间。随着每次应力的加重，传质现象、电化学过程等的平衡必然发生变化。按比例变化越大，实验室里的传质和化学过程的平衡与在现场实际看到的情况差异就越大，从而使我们离真实的使用性能越来越远。我们在实验室强行发生的腐蚀越严重，我们准确预测涂料现场性能的能力就越差。

例如，升温是增加腐蚀测试速率的常用方法。在升高温度情况下，对于某些涂层，离子迁移会显著增加。甚至试验温度仅仅比使用温度范围高一点点，也会造成涂料屏蔽特性很大变化。这类涂料对于加速试验中人为升温条件特别敏感，而在实际使用中却从未见过这种现象。然而，在相同升高温度条件下其他涂层没有出现离子大量增加迁移的现象。这两种涂层在升高温度下的加速试验，可能会得出一种涂料不如另一种涂料的假象，而实际上，在目的用途中这两种涂料确实都有极好的表现。

当然，预期不同应力之间相互影响也是存在的。涂料测试人员应当知道一些比较重要的相互影响，包括：

- 温度-湿度交替变化的频率。因为腐蚀反应取决于氧气和水的供给，加速试验必须正确模拟现场发生的传质现象。为了满足 24h 试验期内更多的交替变化频率，我们可以将温度-湿度交替变化频率按比例减小多少是有限度的。超出了这些限度，实验室试验中发生的传质就不再反映出现场实际看到的情况。

- 温度、盐分、相对湿度(RH)。这些影响因素之间的平衡有助于确定活性腐蚀电池的大小。假如加速试验条件与现场实际情况不成比例，那么得出的结果可能与现场实际使用中所见的情况大相径庭。Ström 和 Ström[1] 已经描述了这种不平衡的情况，在此高盐分结合低温度构成一个不成比例的腐蚀电池。
- 污染物的类型与相对湿度。氯化钠 NaCl 和氯化钙 $CaCl_2$ 这类盐分是吸湿性盐分，但是在不同相对湿度下会液化。氯化钠在 76% 相对湿度下会液化，而氯化钙在 35%～40% 相对湿度下(取决于温度)会液化。在中间相对湿度例如 50% 相对湿度下，由于存在吸湿性盐分，所用的盐分类型能决定样品表面是否会生成很薄的水膜。

各种聚合物以致各种涂料类型对于一种或者多种大气老化因素变化的反应是不同的。因此，要预测某项特定用途中某种涂料的使用寿命，有必要不仅了解环境——平均润湿时间 TOW(*time of wetness*)、空气中所含污染物的量、紫外线暴露状况等，而且还需要知道这些大气老化因素对特定聚合物的影响[2]。

14.2.1 紫外线辐照

有机涂层的老化和降解中，紫外线辐照起到了极端重要的作用。受到紫外线辐照时，涂料中的聚合物主链会慢慢断裂，可以预期这样的涂层屏蔽特性就会变坏。无论如何，在防腐涂料中，紫外线辐照的重要性确实是有限的。因为只要在这层涂料上涂装另一种不透光的涂料就可以防止这层涂料受到紫外线辐照的影响。

在测试防腐涂料中，紫外线辐照试验的作用可以说就是“合格—不合格”。知道一种防腐涂料对紫外线是否敏感是很重要的。假如已经知道了，那么就有必要用另一种涂料覆盖这层涂料来保护它防止受到紫外线辐照。实际上这层额外的涂装是作为日常工作来安排的，因为众所周知，最重要的防腐涂料类型即环氧涂料对紫外线因素是很敏感的。

因为紫外光本身在腐蚀过程中并没有起到任何作用，所以在加速腐蚀试验中是否需要进行紫外线因素测试是有疑问的。此外，大家已经知道各种涂料类型对紫外线的灵敏度。环氧树脂对紫外线的灵敏度是非常高的，而聚氨酯、丙烯酸、聚酯、醇酸都有一定的抗紫外线能力，聚硅氧烷抗紫外线功能甚至更强。

另一个要解答的问题是要不要将粉化认定为涂料失效问题。实际应用中视觉外观是很重要的，这是肯定无疑的。然而，无人监管的海洋设施上涂层的粉化是完全可以接受的，只要这样的涂层依然维持应有的防腐作用。

14.2.2 湿气

有许多有关涂料的加速腐蚀试验中使用恰当量的水分的观点，因为在此领域有许多科学家。理由当然都是不同现场的水分含量与水分形式是极大不同的。除了局部地方(因为火山爆发或者工业设施)空气严重污染外，全球大气在各地的气体组成基本相同：氮气、氧气、二氧化碳、水蒸气。氮气和二氧化碳对有涂层的金属没有什么影响。然而，氧气和水蒸气会使涂层老化，最终导致涂料下面的金属发生腐蚀。各地方空气中的氧气含量多少是恒定不变的，但是各地空气中的水蒸气含量却是不尽相同的。根据地点、昼夜和季节，空气中的水蒸气含量会有所不同[3]。水的形态也是变化的，大气中的水蒸气是气态，而雨水和凝结水是液态。

人们往往注意到水蒸气比液态水对涂料的影响更大。对于非多孔材料，在理论上，液态水和水蒸气的渗透性是没有什么差别的[4]。涂料当然不是纯粹的固体，但确实包含大量空隙空间，例如：

① 固化过程中因为溶剂挥发或者因为存在空气而形成针孔。

② 交联过程中形成空隙空间。固化期间发生交联时，聚合物颗粒停止了自由移动。增加了移动阻力意味着聚合物分子无法在收缩膜中有效地“充实”。固化不是均质过程，而是通过形成高度交联的微凝胶再继续进行。当固化趋近结束时微凝胶相遇聚集，由于缺乏反应物和缓慢的扩散过程，造成不完全固化的结果[5]。

③ 聚合物分子键合到底材上时会形成空隙空间。涂装涂料前，聚合物分子在溶剂中是任意分布的。一旦涂装在底材上，聚合物分子上的极性基团就会键合到金属上的反应部位。形成的每个化学键意味着减少了剩余聚合物分子运动的自由度。当越来越多的极性基团键合到金属上的反应部位时，这些化学键之间的聚合物链节就会向上移动并在金属表面上方形成环路(图 14.1)。形成环路的聚合物链节占据了更多的体积并在表面形成空隙，水分子就能够聚集在这样的空隙里[6]。

④ 成膜物质与颜料颗粒之间会形成空隙。甚至在最佳情况下，颜料颗粒表面凸现的区域，成膜物质与这些颜料颗粒之间也只是极端紧密的物理接近而不是化学键合。成膜物质与这些颜料颗粒之间的这个区域成为水分子滑动穿过固化涂膜的潜在路径。

(a)

(b)

图 14.1 金属表面上方形成环路的聚合物链节

Ström 和 Ström[1]已经提出了润湿的定义，在权衡比较水蒸气和液态水时可能有用。他们指出，76%相对湿度时氯化钠会液化，而35%~40%相对湿度时(取决于温度)氯化钙会液化。氯化钠是至今腐蚀试验中使用最广的盐类。似乎可以合理地推定，加速试验中电解质喷淋、浸泡和雾化步骤后，接着必须用清水冲洗，否则，在样品表面就会有吸湿盐的残留物。低于氯化钠冷凝温度但高于其液化温度的条件下，吸湿性残留物能够在表面生成一层很薄的水膜。因此，等于或高于76%相对湿度的条件应认定为潮湿条件。任何试验的平均润湿时间就是相对湿度等于或高于76%周期中的时间量值。

14.2.3 干燥

加速测试中的一个关键因素是干燥。虽然往往被忽视，但是干燥确实与水分一样是很重要的。是用尽可能多的润湿时间(即100%润湿)来加快腐蚀的诱因。然而，这种方法存在三个问题：

① 研究表明从潮湿到干燥的转化过程中，腐蚀进程极为迅速[7-11]。

② 在100%潮湿条件下锌的腐蚀机理与实际使用中常见情况是不同的。

③ 老化机理取决于相对湿度。高相对湿度下，涂层因为阴极剥离而失效，而在低相对湿度下，涂层因为阳极破坏而失效[12]。

14.2.3.1 干湿交替转换期间腐蚀更快

Startmann及其同伴发现铁的大气腐蚀80%~90%是在干燥周期结束后发生的[8]，在碳钢和镀锌钢上也有类似的研究结果。Ström和Ström[1]报告了干燥对锌的影响可能比对铁的影响更明显。Ito与其同伴[7]也已提出这方面令人信服的数据。在他们的实验中，干燥时间比率R_{dry}的定义是样品处于低的相对湿度下每个循环周期的时间百分数：

$$R_{dry}=\frac{T_{drying}}{T_{cycle}}\times 100\%$$

干燥条件限定为35℃和60%相对湿度，潮湿条件限定为35℃和恒定不变的5%氯化钠喷淋(即盐雾条件)。T_{cycle}是一次干湿交替周期总的时间，T_{drying}是一个周期里35℃和60%相对湿度下的干燥时间。冷轧钢和三种镀锌层厚度的镀锌钢样品分别在干燥时间比率$R_{dry}=0$、50%、93.8%条件下接受了试验。所有四种底材在干燥时间比率$R_{dry}=50\%$时出现了最大钢材失重量。

总之，假如没有发生干燥过程，那么在钢材和镀锌钢底材的腐蚀是比较缓慢的。这样的发现似乎是合理的，因为干燥过程中这层电解质变得越来越薄，迁移到金属表面的氧气总量就会增加，就可能发生更多的活性腐蚀[13-16]。正如第12章所解释的那样，干湿交替循环改变了涂层破损部位外露钢材与周围涂层下面钢材之间的极性。如果暴露在潮湿环境中，涂层破损部位是阳极，而周围有涂层的钢材则是阴极，这意味着涂层会因为阴极剥离而发生老化。当湿度降低时，极性改变了，涂层就会因为阳极破坏而老化[12]。

有意深入了解这个过程的读者可以阅读 Suga[15] 和 Boocock[16] 的论文，会特别有帮助的。

14.2.3.2 锌腐蚀——大气曝晒与潮湿条件的比较

假如金属锌作为一种颜料或者作为底材上的镀层，那么干燥周期是绝对必要的。恒定不变的湿度条件下金属锌的腐蚀机理与干燥期间观察到的情况是相当不同的。现场使用中，干湿交替过程是常见现象。在这些条件下，金属锌展现出极好的真实的防腐蚀保护特性，但在实验室里假如仅仅在加速试验中使用恒定不变的湿度，这是绝对看不到的。这种明显的矛盾值得深入探讨。

虽然这是一本有关有机涂料而不是金属腐蚀的专著，但是此刻有必要关注比较一下分别在干燥与潮湿条件下锌的腐蚀机理。正如第 13 章讨论过的那样，镀锌钢是一种重要的防腐蚀材料，并且，常常会在镀锌涂层上涂装有机涂料(锌基双重复合涂层)。因此，加速试验是在涂装了有机涂料的镀锌钢上进行的。为了获得加速试验有用的信息，有必要了解金属锌分别在干燥与潮湿条件下的化学。

在正常大气环境中，金属锌与氧气反应生成一层很薄的氧化膜。这层氧化物会与空气中的水分发生反应生成氢氧化锌 $Zn(OH)_2$，其转而与空气中的二氧化碳发生反应生成一层碱性碳酸锌[17-19]。碳酸锌起到钝化层的作用，有效保护其下面的金属锌不再与水发生反应，从而减缓了腐蚀。业已查明，涂装了有机涂料的镀锌涂层的退化变质速率取决于大气中的二氧化碳浓度[20]。

当镀锌钢上涂装有机涂料后，如果划痕深至钢材时，锌与钢系统的原电池特性决定了涂层下面是否会发生腐蚀以及这样的腐蚀会发展到什么程度。机理见第 13 章的解释。

Ito 与其同伴[7]在涂装了有机涂料的冷轧钢和镀锌钢上重复他们的干燥时间比率 R_{dry} 实验时，得到一个有意思的曲线图形。在图 14.2 中，对应不同镀锌涂层厚度标绘出涂膜下腐蚀长度 D 的自然对数。这样，镀锌涂层厚度、干燥比率、涂膜下腐蚀距离之间的关系就一目了然了。

潮湿条件下(即低干燥时间比率 R_{dry})，发现镀锌钢的涂膜下腐蚀比冷轧钢的涂膜下腐蚀更严重。在干燥条件下(即高干燥时间比率 R_{dry})，排列顺序相反，镀锌钢的结果更好些。

① 在腐蚀前端金属锌发生阳极性溶解。

② 在腐蚀前端后面的起泡区域，阴极反应生成的氢氧根使镀锌层顶面的锌溶解了。

无论如何，假如包含高干燥时间比率 R_{dry} 的条件，因为下列原因，那么镀锌

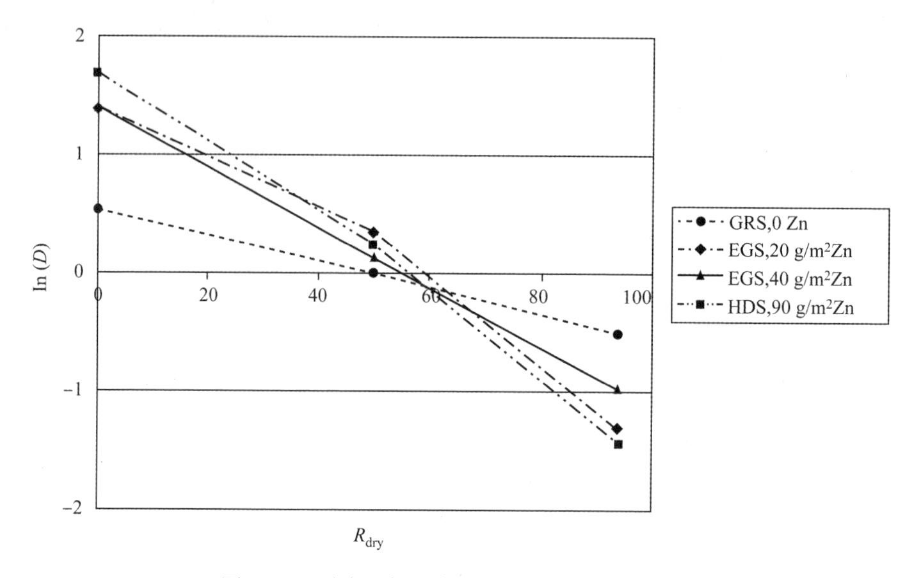

图 14.2　对应干燥比率涂膜下腐蚀的自然对数

注：冷轧钢（CRS，0 锌）；电镀锌（EGS，20g/m^{2}锌和 40g/m^{2}锌）；热浸镀锌钢（HDG，90g/m^{2}锌）

资料来源：Data from Ito，Y.，et al.，*Iron Steel J.*，77，280，1991

钢发生的涂膜下腐蚀就比冷轧钢要少一些：

① 水和氯离子 Cl^-总的供给量减少了，限制了前端电解池的大小以及金属锌阳极性溶解的区域。

② 在划痕处的电化学电池减少了。

③ 金属锌早早就与潮湿的腐蚀环境隔开了。干燥大气中金属锌表面能够生成保护膜。进一步的周期性变化抑制了锌的腐蚀速率。

④ 因为抑制了前端的氯离子 Cl^-浓度，所以，锌的阳极性溶解速率减小了。

应当指出，本项研究中 90g/m^{2}镀锌涂层是热浸镀锌，而两种比较薄的镀锌涂层是电镀锌。除了镀锌涂层厚度不同外，还可能有其他差别，例如，镀锌涂层的结构和形态，发挥了不可理解的作用。在此领域需要进一步开展研究，从而可以了解镀锌涂层的结构和形态在切割腐蚀中起了什么作用。

14.2.3.3　吸水速率与解吸速率的不同

涂料吸收水的速率未必和涂料干燥的速率相同。有些涂料几乎有相同的吸水和解吸速率，而另一些涂料干燥可能比湿润要慢些或者情况正好相反。

在恒定因素测试中，样品总是处于湿润状态或者总是处于干燥状态，这个差别并不成为一个影响因素。然而，一旦进入了干湿交替变化周期，吸水速率和解吸速率之间的差别就变得极为重要了。两种涂料有大致相似的吸水速率，但它们的解吸速率可能有巨大差别。在现代加速试验中，潮湿与干燥期的持续时间是以小时而不是以天为计量单位的，这样十分可能使某种解吸速率较慢的涂料在每次循环周期中的干燥时间比此种涂料完全解吸所需要的时间要短。这种解吸比吸收慢得多的涂料累积的水分多。

这不是一个学术问题。Lindqvist[21]用 6h 润湿接着 6h 干燥的干湿交替变化周期研究了环氧树脂、氯化橡胶、亚麻籽油、醇酸树脂等成膜物质的吸水速率和解吸速率。环氧涂料在润湿阶段吸收了 100%其能够吸取的水分，但是在干燥阶段却从没有干透过。相反，本项研究中的亚麻籽油在 6h 润湿阶段从未达到完全饱和，但是在干燥阶段却彻底干透了。

Lindqvist 指出单种涂料或者不同类型涂料的吸水速率与解吸速率的差别可以成功解释为什么周期性加速试验得出的涂料等级排名往往与现场暴露试验结果有所不同。如果将不知道吸水和解吸特性的不同类型涂料接受干湿交替的加速测试，就会有一定的风险。这个风险就是加速试验结果会得出与实际看到的情况不同的等级排名。有可能根据某些初步的吸水和解吸测量值而减少了这个值，这样之后选择的加速试验要有足够长的润湿与干燥时间才能使所有涂层完全吸水和解吸。

14.2.4 温度

任何加速腐蚀试验中，温度是个非常关键的变量。较高的温度意味着可以利用更多的能量，由此使导致腐蚀和固化膜老化的化学过程有更快的反应速率。在限度范围内提高温度不会改变金属表面的腐蚀反应，它仅仅是加快了腐蚀反应。然而，一个潜在的问题是较高的温度对成膜物质会有什么影响。假如导致成膜物质老化的化学过程只是加快反应过程而不是改变它，那么高温不会产生什么问题。但是，情况并非总是如此。

配制的每种涂料都要在某个温度范围内维持稳定的涂膜。假如超出了这个温度范围，涂料就会经历自然条件下不会发生的转变[3]。聚合物的玻璃化温度自然限制了增加热应力而强行达到的加速量。在玻璃化温度附近进行测试时，会使涂料特性发生太大的改变，所以，这样测试的涂料与现场实际使用的涂料会有很大差别，即使样品取自同一罐涂料。

14.2.5 化学因素

加速试验中使用术语化学因素时，通常表示溶液里含有氯化物盐分，因为相信空气中含有的污染物对涂料老化的影响非常小。有关空气中含有的污染物详见第 11 章。

试验人员可以尝试增加化学因素的量来强行加快腐蚀试验。在 0.05% NaCl

溶液里腐蚀的钢材，在5%NaCl溶液里会腐蚀得更快，镀锌钢的情况相同。问题在于两种金属加速的量是不同的。增加NaCl含量对镀锌底材的影响比对碳钢底材的影响大得多。Ström和Ström[1]在涂装了有机涂料的镀锌钢与碳钢样品上轻度加速户外暴露试验中已经证实了这种情况。这种轻度加速试验就是大家熟知的“Volvo scab”试验，暴露在户外的样品每星期喷淋两次盐水溶液。表14.1是每周喷淋两次不同含量的NaCl一年后的试验结果。

表14.1　轻度加速户外暴露试验一年后的平均腐蚀蠕变距离

材　料	户外样品每周喷淋两次		
	0.5% NaCl	1.5% NaCl	5% NaCl
所有涂料涂装的电镀锌和热浸镀锌钢样品的平均值	1.3mm	2.0mm	3.1mm
所有涂料涂装的冷轧钢样品的平均值	6.2mm	8.2mm	9.6mm

资料来源：Modified from Ström，M.，and Ström，G.，A statistically designed study of atmospheric corrosion simulating automotive field conditions under laboratory conditions，SAE Technical Paper Series，paper 932338，Society of Automotive Engineers，Warrendale，PA，1993。

从此项研究可以看到，增加氯化物的含量对涂装了有机涂料的镀锌底材比对涂装了有机涂料的碳钢底材的影响更大。对于裸露的金属，已经知道与碳钢相比，锌的腐蚀速率更加直接取决于污染物的量(在此例中是NaCl)。这种关系可能是表14.1所示结果造成的。此外，盐分含量越高，样品上留下的吸湿性残留物越多(见第14.2.3节)，这可能是相对湿度高于76%的条件下形成较厚水膜造成的。

Boocock[22]报告了加速腐蚀试验中高含量NaCl的另一个问题：在高NaCl含量条件下会发生实际使用中没有见过的高度皂化反应。现场实际暴露中使用性能良好的涂料却在5% NaCl含量的加速试验中意外失效了。

增加NaCl的含量会增加涂装了有机涂料的样品的腐蚀速率，但是不同底材腐蚀加速量是不同的。当NaCl含量增加时，必须收窄此试验中能够相互比较的底材或者涂层的范围。为了达到最大可靠性，建议采用低含盐浓度。

另一种方法是降低盐因素的频次。大多数循环试验要求盐因素介于每周2~7次。然而，Smith[23]为汽车工业开发成功一种循环试验方法，每两周在5%NaCl里浸泡5min。高含盐量——这种试验进行时很典型——用低频次来抵消。

多少盐分算太多了呢？对此尚未达成一致看法，但多位专家同意对于涂装了有机涂料的样品在熟悉的盐雾试验中使用5%NaCl盐分就太多了。有些研究人员提议应当将1% NaCl作为自然极限。建议选用的较低含盐量的电解质溶液(用水作为溶剂)有：

- 0.05%(质量)NaCl 和 0.35%硫酸铵$(NH_4)_2SO_4$[24]；
- 0.5% NaCl+0.1% $CaCl_2$+0.075% $NaHCO_3$[25]；
- 0.9% NaCl+0.1% $CaCl_2$+0.25% $NaHCO_3$[26]。

14.2.6 磨损和其他机械因素

使用中涂料要受到以下这些外部机械因素的影响，例如：

- 研磨(也叫作滑动磨损)；
- 微动磨损；
- 刮擦磨损；
- 挠曲；
- 撞击或冲击。

这些机械因素在腐蚀测试中不是特别重要的。尽管开始腐蚀需要涂层有些破损，例如深入到金属底材的划痕，但是腐蚀试验中很少将涂层破损的形成包括在内。取而代之的是试验会从涂层的机械划痕开始。这并非说这个领域不重要，一种良好防腐涂料的特征就是能够容忍一定程度的腐蚀，但不允许腐蚀蠕变从最初的涂层破损点慢慢向外扩展很远的距离。看起来机械因素与紫外线辐照相似，取决于使用条件，可以是一项判断合格或不合格的试验。例如有许多石头碎屑的地方(因为在公路附近)，涂层可能需要接受冲击试验。

有几篇极好的有关外部机械因素的评述文章，包括它们起因的细节、对各种涂层的影响、测量涂层耐受这种机械因素的试验方法等。如果要深入了解这方面的资料，可以浏览以下几篇出版物[27-29]。

14.2.7 加速试验的启示

以往，人们已经在实验室尝试用有机涂层的加速试验来增大使涂层老化的因素(受热、湿气、紫外线、盐分)。主导思想是施加因素越多，试验加速越快。

前面的章节已经讨论过为什么这样的主导思想是有缺点的。在这样讨论的基础上，对因素提出一些限制：

- 温度不能升高到高于或者接近该种聚合物的玻璃化温度。
- 潮湿很重要，但是干燥周期也是同样重要的。
- 含盐量应当低于目前普遍采用的含量。
- 紫外线辐照通常是不必要的。

14.3 为什么没有单一卓越的大气老化试验

通过大量研究已经了解了涂层的老化过程，人们努力在实验室更精准更快地重现这样的老化过程。这个领域的应用已经取得了非常大的进步，预期将来会有更大的进步。但是，至今还从没有看到一项卓越的加速试验能够在世界任何地方用于预测所有底材上各类涂层的性能。从没有一项加速试验能够用来预测使用寿命。要将加速试验结果转换成现场涂层的老化速率是不可能的。最好的结果是能够得出某种关联关系的排列顺序。试验中最好的涂层预期会成为现场最好的涂层之一。

几个理由如下：

- 世界各地不同现场有不同的气候、因素和老化机理。
- 不同涂料有不同的弱点，无法同等响应实验室里加重的因素。
- 不可能加重所有大气老化因素，并且依然维持它们之间在现场存在的平衡状况。

以下章节将深入讨论这些问题。

14.3.1 不同地方诱发不同的老化机理

各地现场的气候会有非常大的差异。例如，连接爱德华王子岛与加拿大大陆的大桥以及连接鄂兰德岛与瑞典大陆的大桥。乍一看，有人会说这两个现场大致相当，两座大桥都是跨海大桥，靠近北极，远离赤道。然而，这两个现场使涂料受到了不同因素的影响。加拿大这座跨海大桥因为受到大量海冰的撞击，所以大桥涂料要承受多得多的机械因素。而且大西洋的含盐量也高于波罗的海，所以加拿大这座跨海大桥涂料还要承受高盐分的侵蚀。假如乍一看很相似的这两个现场情况却能够诱发不同的老化机理，那么澳大利亚的悉尼、俄罗斯的海参崴、荷兰的鹿特丹等沿海地区的情况差别就更大，或者法国的普鲁旺斯艾克斯、巴西的巴西利亚、美国的辛辛那提等不同海岛之间差别也更大。

这不是个学术问题，然而对于选择加速试验场地确实是至关重要的。一种机械韧性很强的涂料，虽然可能对盐分特别敏感，但是在两个跨海大桥工地上的使用性能都很好，那么具有同样机械韧性的涂料，虽然在王子爱德华岛大桥因为有少量氯化物渗透而失效，但是在鄂兰德岛大桥上确实是成功的。

Rendahl 和 Forsgren[30] 在瑞典各地造纸厂有涂层试件的暴露试验结果表明，用加速试验预测涂料性能的典型问题：完全相同的试验样品在不同现场的测试结果排列顺序是有变化的。此项研究中，在两个造纸厂里 12 个测试站一共 23 组涂料与底材的组合接受了 5 年的暴露试验。腐蚀最严重的两处位置分别位于硫酸盐纸浆分厂的蒸煮车间和漂白车间的屋顶上。虽然这两个腐蚀最严重的地方具有相似的特征——相同的温度、湿度、紫外线辐照，但是，它们得出的有涂层样品耐腐蚀性能的排列顺序是不一样的。涂层样品在这两处的情况是最糟糕的，但是在其他地方几乎没有什么问题。醇酸漆样品在漂白车间屋顶上的暴露试验结果很好，而在其他屋顶上的结果极差。相反，丙烯酸涂料样品在漂白车间屋顶上发生了明显的切割腐蚀，而在蒸煮车间屋顶上却表现良好。

这些结果诠释了为什么没有什么“灵丹妙药”：加速试验正确预测了蒸煮车间屋顶上23种样品耐腐蚀性能的排列顺序，但是，如果用这样的结果预测同一座造纸厂里漂白车间屋顶上相同样品耐腐蚀性能的排列顺序，结果却是非常错误的。

Glueckert[31]报告在加利福尼亚的科尔顿和印第安纳州的东芝加哥暴露试验的6种涂料系统的光泽消失研究观察到相同的现象。东芝加哥试验站处于海岛气候，温度-23~38℃。科尔顿试验站温度比较高，阳光更强烈，大风携带着沙土。表14.2所示是6种涂料的光泽消失和排列顺序。两个试验站有完全相同的最好涂料和最差涂料，但是两个试验站的4种涂料的性能排列顺序是不同的。

表14.2 加利福尼亚科尔顿和印第安纳州东芝加哥的涂料暴露试验结果

涂料	东芝加哥 光泽消失/%	科尔顿 光泽消失/%	东芝加哥 涂料排列顺序	科尔顿 涂料排列顺序
环氧树脂-聚氨酯	3	0	1	1
聚氨酯	38	31	2	3
水性醇酸漆	56	6	3	2
环氧树脂B	65	83	4	5
丙烯酸醇酸漆	68	77	5	4
环氧树脂A	98	98	6	6

资料来源：Data from Glueckert，A. J.，Correlation of accelerated test to outdoor exposure for railcar exterior coatings，presented at CORROSION/1994，NACE International，Houston，1994，paper 596。

另一项在瑞典各地不同现场试验站的涂料暴露研究[2]中，无论是腐蚀程度还是每个试验站的涂料性能排列顺序，发现完全相同的涂料样品的耐腐蚀性能在站与站之间不存在任何关联关系。此项研究中要识别一种涂料“总是最好的”或者“总是最差的”是不可能的。

甚至仅仅测试一种涂料和一种底材，也不可能设计出一种加速试验可以完美地适合这部分提及的所有暴露试验站，而在全世界涂料暴露试验站中，这些只是沧海一粟。

14.3.2 不同涂料有不同的弱点

人们普遍认为固化涂料结构是非常简单的：通常描述为一层含有颜料的成膜物质，认为这是由颜料颗粒增强的一层均质的、连续的、实心的成膜物质的涂膜。但实际上，固化涂层结构复杂得多。

首先，固化涂膜不是实心的，它含有许多真空区：针孔、交联后的空隙、颜料与成膜物质之间的间隙等。所有这些空隙都是水分子穿过固化涂膜迁移的潜在路径。对于加速试验，问题在于涂膜中这些真空区的量不是恒定不变的，它会随着大气老化而发生改变，因为成膜物质和颜料都是会改变的。像钝化颜料这类颜料会慢慢消耗掉，导致颜料和成膜物质之间的真空区增加。其他一些颜料在它们的表面会立刻腐蚀掉。腐蚀产物体积的增加会减少颜料颗粒与成膜物质之间的真空区。

成膜物质因为多种原因也会随时间发生变化。成膜过程引发的成膜物质中的应力在老化期间能够增加也能够释放出来。成膜过程引发的应力大小以及大气老化下这些应力产生的后果在很大程度上取决于此种成膜物质用的聚合物类型。紫外线辐照老化问题或者使成膜物质老化的任何因素都一样：成膜物质的反应，包括机理和大小，在很大程度上取决于所用的特定聚合物。即使只打算用一个涂料样品暴露试验站，要设计出一个能够适合所有原料和成膜物质的加速试验是不可能的。

14.3.3 强调薄弱环节

每种涂料都有其薄弱环节，也就是弱点。理想试验希望能够以相同程度加速所有因素。这样才有可能对有不同老化机理、不同薄弱环节的涂料相互进行比较。

可惜，不可能均匀加重所有因素。也不可能加重所有大气老化因素而依然维持它们与现场存在情况之间的平衡。例如，当我们增加紫外线辐照的时间百分数时，改变了光照与黑暗的比值，也就偏离了现场看到的真正的昼夜循环。

因为不可能均匀加重所有老化因素，所以最好进行试验尝试模仿预期的失效机理。每项试验加重一项或几项根据机理要控制速率的因素。通过选择正确的试验有可能找到涂层与底材系统中某些预期的弱点。当然，窍门在于正确估计特定用途的失效机理，从而选择最适合的试验项目。

14.4 加速浸泡试验

测试涂料浸泡在水里的性能有很多方法，比大气暴露试验简单，因为暴露环境变化比较小。大气暴露试验时，涂料可能要承受北极-50℃至沙漠地区+50℃这样宽的温度范围。湿度变化也非常大，可能从完全干透到完全湿透。有的环境可能完全不含盐分，而在海洋环境中的涂层可能会被盐分沉积物覆盖。大多数情况下，浸泡在水里的涂料暴露条件的范围也要窄得多：

- 温度一般介于0~30℃之间。
- 淡水和海水的盐度差别很大，但指定工程项目的盐度通常是有规定的。船舶属于例外，它们往往要从大海航行进入江河。
- 没有任何紫外线辐照。

在此要引入一个新的参数——电化学电位。相对于银-氯化银参比电极，有涂层的结构钢的电位能够在大约-0.6~-1.5V范围内变化，取决于其是否实施了阴极保护。

浸泡使用中的氧气浓度也是变化的，这是涂层大气暴露试验中很少遇见的问题。埋在土壤里时也认为这是一种“浸泡”，但氧气浓度可能为零。在海底淤泥中、储罐和管道中，以及某些水域中也发现厌氧条件。深海中的氧气浓度比浅水域里的氧气浓度低[32]。

因此，除温度外，加速试验中还可能用到电化学电位和氧气浓度。

鉴于阴极剥离是浸泡在水里的涂层最重要的老化机理。因此，浸泡在水里使用的涂层需要进行阴极剥离试验。第12.1节讨论了暴露参数对阴极剥离的影响。

14.4.1 电化学电位

试验主要是施加一个低于实际使用条件的电位来进行的。相对于银-氯化银参比电极，尽管许多试验选用的电位大约为-1.5V，但是在役阴极保护构筑物的典型电位介于-0.8~-1.1V之间。低于大约-1.0V时，主导的阴极反应是析氢反应，而高于-1.0V时以氧化还原反应为主。这可能导致老化略有变化，因为我们可能获得某些剥离的涂层下面析出的氢，特别是在试验最初阶段几乎没有什么涂层剥离的情况下。正如第12.1节所述，剥离前缘的阴极电位高于施加的电位，因为剥离涂层下面存在阻力。试验开始时，剥离的距离比较短，析氢是可能的。后来剥离距离越来越长时，剥离前缘中的电位太高以致无法析氢。然而，这已经造成人们怀疑测试是在低电位下进行的，例如，ISO 15711标准规定加速试验时，相对于银-氯化银参比电极不可用-1.05V的外加电压，因为其处于海水中钢材阴极保护的预期电位范围以内。

有些试验用相对于铜-硫酸铜参比电极-3V的低电位，以便在较短时间里得出结果。这样侵蚀性加速试验结果是否可靠就有疑问了。

14.4.2 氧气浓度

正如第12.1节所述，电解质中的氧气浓度会影响阴极剥离。因此，剥离试验就可以用纯氧气氛取代空气来进行。至今，还没有一项试验已经这样利用纯氧，可能因为实际操作中很难控制电解质中的氧气浓度。由于这些试验一般需要进行 30 天至 6 个月，所以需要的氧气量也是很大的，由此增加了试验成本。

试验电解质中的氧气浓度会随着时间推移下降，除非采取措施，通常要在电解质中鼓泡充氧。

14.4.3 温度

温度会加速阴极剥离，但是大多数试验是在实验室环境温度下进行的，或者温度比较高时试验是在预期的使用温度下进行的。

管道工业已经进行了长时间的高温阴极剥离试验[33-35]，并且，已经为此目的研发了高温试验方法。对于结构钢，一直不太关注高温阴极剥离问题，直至最近才把这项试验包括在 NORSOK M-501 标准中[36]。

对于试验温度高于 100℃时试验容器是否需要增压有些争议。假如不增压，那么涂层下面剥离裂隙里的电解质就可能会挥发，由此会减慢甚至停止剥离[37]。这个课题尚未进行彻底的研究，但是已经有迹象表明存在这样的影响[37,38]。对于深水中的构筑物，这个问题是有意义的，因为液体静压力会阻止电解质沸腾。陆上埋地管道是暴露在环境大气压下的，所以这样的试验就没有必要增压了。

14.4.4 电解质组成

正如第 12.1 节所述，阴极剥离速率取决于电解质中阳离子的类型。剥离速率是按照下列阳离子类型排列顺序不断增加的：$CaCl_2$、LiCl、NaCl、KCl、CsCl。这个排列顺序与水中阳离子的活动性相符合。因此，在 CsCl 中进行试验有可能加速此项试验。还没有这样进行过试验，尽管老化机理未必会改变。

需要考虑和电解质组成有关的阴极剥离试验问题是事实上这样的试验会改变电解质。用牺牲阳极极化试验样品，结果会使阳极腐蚀，并释放出离子进入电解质。可以用锌阳极、铝阳极或者镁阳极，这些阳极释放出的离子会影响试验。可能需要定期更换电解质，或者用一个盐桥将牺牲阳极与试验电解质分开。样品用恒电位仪或者恒电流仪极化时，要用一支惰性阳极（反电极），但是在此阳极会生成次氯酸盐。环境温度下试验时，没有发现次氯酸盐对试验电解质有什么影响[39]。然而，升高温度时次氯酸盐会侵蚀环氧树脂[33]。同样，可以用盐桥隔离开试验电极或者定期更换电解质就能解决这个问题。

14.4.5 阴极剥离试验的可靠性

正如上文解释的那样，浸泡在水里的涂层的暴露环境更加明确，试验结果也更加可以预见。这也许正是为什么实验室加速试验和现场试验之间的关联关系十分良好的原因[40]。循环试验结果已经表明实验室对照样品上进行的相同阴极剥离试验之间有相当好的关联关系[41]。同一循环试验中也包括了涂料暴露在大气中的老化试验，结果却有很大的变化。

14.4.6 阴极剥离试验的相关性

实施阴极保护的钢材涂装的目的是要减少保护电流的需要量，减少牺牲阳极的用量。因此涂料并不提供防腐蚀保护。然而阴极保护设计取决于所用涂料。有些阴极保护设计规范仅仅按照涂层厚度对涂料做出规定，但不要求进行任何质量评定试验[42]，而另一些技术规范质量评定要求涂料进行阴极剥离试验[43]。

对实施阴极保护 20 年或者更长时间后的水下钢结构上涂层老化情况的调查结果表明，涂层基本上维持良好的状态[44]。发现个别部位涂层起泡，但涂层没有脱落并依然覆盖在钢结构上。涂层的状态远好于阴极保护设计规范的预期。然而阴极剥离的问题还是存在的并从涂层的边缘和气泡开始向外扩展，尽管存在这样的不足，涂层还是留在原处，达到了减少阴极保护电流需要量的目的。实验室试验结果表明阴极剥离与阴极保护电流需要量之间没有关联[40]。因此有人会问阴极剥离试验是否还有必要呢？至今对此问题的解答是阴极剥离试验成本很低却可以确保涂层满足一定的质量要求。当涂层性能保持完好时，阴极保护就有更长的使用寿命。翻新改造阳极的费用很贵，所以不提倡。此外，法规要求延长海上构筑物的使用寿命超过预期。为此原因，高质量的涂料和长效阴极保护结合在一起才是最理想的。

阴极剥离试验不仅要测量涂层耐受阴极剥离的能力，还要测量涂层耐受阴极起泡的能力。该项试验用直流电极化有涂层的样品，同时测量涂层的屏蔽特性。假如阳离子渗透穿过涂层，那么在钢材与涂层的界面就会开始阴极反应，生成 NaOH，之后发生碱性起泡。涂层起泡会增加阴极保护电流的需要量，所以，足够良好的屏蔽特性是至关重要的[40]。

在高温阴极剥离试验中，试验的屏蔽方面是额外有关的。假如因为温度使涂层老化，那么其屏蔽特性就会越来越坏。阴极起泡揭示的就是这个问题。

参考文献

[1] Ström, M., and G. Ström. A statistically designed study of atmospheric corrosion simulating automotive field conditions under laboratory conditions. SAE Technical Paper Series, paper 932338. Warrendale, PA: Society of Automotive Engineers, 1993.

[2] Forsgren, A., and C. Appelgren. Performance of organic coatings at variousfield stations after 5 years' exposure. Report 2001: 5D. Stockholm: Swedish Corrosion Institute, 2001.

[3] Appleman, B. *J. Coat. Technol.* 62, 57, 1990.

[4] Hulden, M., and C. M. Hansen. *Prog. Org. Coat.* 13, 171, 1985.

[5] Nguyen, T., et al. *J. Coat. Technol.* 68, 45, 1996.

[6] Kumins, C. A., et al. *Prog. Org. Coat.* 28, 17, 1996.

[7] Ito, Y., et al. *Iron Steel J.* 77, 280, 1991.

[8] Stratmann, M., et al. *Corros. Sci.* 27, 905, 1987.

[9] Miyoshi, Y., et al. Corrosion behavior of electrophoretically coated cold rolled, galvanized and galvannealed steel sheet for automobiles—Adaptability of cataphoretic primer to zinc plated steel. SAE Technical Paper Series, paper 820334. Warrendale, PA: Society of Automotive Engineers, 1982.

[10] Nakgawa, T., et al. *Mater. Process* 1, 1653, 1988.

[11] Brady, R., et al. Effects of cyclic test variables on the corrosion resistance of automotive sheet steels. SAE Technical Paper Series, paper 892567. Warrendale, PA: Society of Automotive Engineers, 1989.

[12] Nazarov, A., and D. Thierry. *CORROSION* 66, 0250041, 2010.

[13] Mansfield, F. Atmospheric corrosion. In *Encyclopedia of Materials Science and Engineering*. Vol. 1. Oxford: Pergamon Press, 1986, p. 233.

[14] Boelen, B., et al. *Corros. Sci.* 34, 1923, 1993.

[15] Suga, S. *Prod. Finish* 40, 26, 1987.

[16] Boocock, S. K. *J. Prot. Coat. Linings* 11, 64, 1994.

[17] Seré, P. R. *J. Scanning Microsc.* 19, 244, 1997.

[18] Odnevall, I., and C. Leygraf. Atmospheric corrosion. In ASTM STP 1239, ed. W. W. Kirk and H. H. Lawson. Philadelphia: American Society for Testing and Materials, 1994, p. 215.

[19] Almeida, E. M., et al. An electrochemical and exposure study of zinc rich coatings. In *Proceedings of Advances in Corrosion Protection by Organic Coatings*, ed. D. Scantlebury and M. Kendig. Vol. 89-13. Pennington, NJ: Electrochemical Society, 1989, p. 486.

[20] Fürbeth, W., and M. Stratmann. *Corros. Sci.* 43, 243, 2001.

[21] Lindqvist, S. *CORROSION* 41, 69, 1985.

[22] Boocock, S. K. Some results from new accelerated testing of coatings. Presented at CORROSION/1992. Houston: NACE International, 1992, paper 468.

[23] Smith, A. G. *Polym. Mater. Sci. Eng.* 58, 417, 1988.

[24] Mallon, K. Accelerated test program utilizing a cyclical test method and analysis of methods to correlate with field testing. Presented at CORROSION/1992. Houston: NACE International, 1992, paper 331.

[25] Townsend, H. Development of an improved laboratory corrosion test by the automotive and steel industries. Presented at the 4th Annual ESD Advanced Coatings Conference. Detroit: Engineering Society of Detroit, 1994.

[26] Yau, Y. -H., et al. Performance of organic/metallic composite coated sheet steels in accelerated

cyclic corrosion tests. Presented at CORROSION/1995. Houston: NACE International, 1995, paper 396.

[27] Hare, C. H. *J. Prot. Coat. Linings* 14, 67, 1997.

[28] Koleske, J. V. *Paint and Coating Manual: 14th Edition of the Gardner-Sward Handbook*. Philadelphia: ASTM, 1995.

[29] Paul, S. *Surface Coatings Science and Technology*. Chichester: John Wiley & Sons, 1996.

[30] Rendahl, B., and A. Forsgren. Field testing of anticorrosion paints at sulphate and sulphite mills. Report 1997: 6E. Stockholm: Swedish Corrosion Institute, 1998.

[31] Glueckert, A. J. Correlation of accelerated test to outdoor exposure for railcar exterior coatings. Presented at CORROSION/1994. Houston: NACE International, 1994, paper596.

[32] Sverdrup, H. U., et al. *The Oceans, Their Physics, Chemistry, and General Biology*. New York: Prentice-Hall, 1942.

[33] Kehr, J. A. *Fusion-Bonded Epoxy (FBE): A Foundation for Pipeline Corrosion Protection*. Houston: NACE International, 2003.

[34] Mitschke, H. R., and P. R. Nichols. Testing of external pipeline coatings for high temperature service. Presented at CORROSION/2006. Houston: NACE International, 2006, paper 06040.

[35] Surkein, M., et al. Corrosion protection program for high temperature subsea pipeline. Presented at CORROSION/2001. Houston: NACE International, 2001, paper 01500.

[36] NORSOK M-501. Surface preparation and protective coatings. Rev. 6. Oslo: Norwegian Technology Standards Institution, 2012.

[37] Knudsen, O. Ø., et al. Test method for studying cathodic disbonding at high temperature. Presented at CORROSION/2010. Houston: NACE International, 2010, paper 10007.

[38] Cameron, K., et al. Critical evaluation of international cathodic disbondment test methods. Presented at CORROSION/2005. Houston: NACE International, 2005, paper 5029.

[39] Knudsen, O. Ø., and J. I. Skar. Cathodic disbonding of epoxy coatings—Effect of test parameters. Presented at CORROSION/2008. Houston: NACE International, 2008, paper 8005.

[40] Knudsen, O. Ø., and U. Steinsmo. Current demand for cathodic protection of coated steel—5 years data. Presented at CORROSION/2001. Houston: NACE International, 2001, paper 01512.

[41] Winter, M. Laboratory test methods for offshore coatings—A review of a round robin study. Presented at CORROSION/2011. Houston: NACE International, 2011, paper 11041.

[42] RP B401. Cathodic protection design. Oslo: Det Norske Veritas, 2005.

[43] NORSOK M-503. Cathodic protection. Oslo: Norwegian Technology Standards Institution, 2016.

[44] Knudsen, O. Ø., and S. Olsen. Use of coatings in combination with cathodic protection—Evaluation of coating degradation on offshore installations after 20+ years. Presented at CORROSION/2015. Houston: NACE International, 2015, paper 5537.

15 腐蚀测试：实践与先进技术

本章提供下列信息：

- 涂料加速老化试验。
- 为什么不应当选用盐雾试验？
- 期待老化试验完成后达到什么目的？
- 浸泡在水里使用的涂料的加速试验。
- 如何计算试验的加速量以及如何将试验与现场数据关联起来？

可以利用的试验很多，但是，本文只讨论其中若干项。腐蚀环境中的结构钢试验方法是讨论的焦点所在。

15.1 加速老化方法和腐蚀试验

加速试验的目的是要让涂料在很短时间内以现场使用若干年里可能发生的相同方式老化。这些试验能够得出涂料失效的直接证据，包括从划痕开始的腐蚀蠕变、起泡以及严重生锈。它们也是测量涂料特性的必要工具，能够作为涂料失效的间接证据。即使没有发生彻底锈蚀或者切割腐蚀，涂层附着力的明显减小以及吸水量的大量增加都表明涂料失效已是迫在眉睫的问题了。

有几百种试验方法可以加速涂层的老化。其中有些已被广泛采用，例如盐雾试验和紫外线辐照大气老化试验。全面评述涂料可用的所有腐蚀试验或者即使是主要的循环试验方法已经超出了本章范畴。本书没有必要赘述了，因为其他文献资料中已经叙述得很清楚了，推荐 Goldie[1]、Appleman[2]、Skerry 及其同伴[3]的综述特别有帮助。

本章节的目的是提供读者精选的这组加速老化试验方法，它们能够满足大多数需求：

- 均匀腐蚀试验——通用试验；
- 冷凝或湿度试验；
- 大气老化试验(紫外线辐照)。

此外，本章还叙述了一些汽车工业用的试验方法。已经证实这些试验可以和现场使用的汽车与卡车涂层状况有关联，并且，这些试验方法修改后可用于重防腐涂料试验。

用于预测各种用途中各种类型涂料性能的通用型加速试验是涂料测试的“必杀技”。然而当下没有这样的试验方法，也可能永远不会有这样的试验方法(见第 14 章)。无论如何，有些通用腐蚀试验依然能够用来得出涂料性能的有用数据。在此推荐的两项通用试验方法是美国材料试验学会 ASTM D5896 标准试验和 ISO 20340 国际标准试验。

15.1.1 ISO 20340 标准试验(以及挪威石油工业标准 NORSOK M-501)

实际上，ISO 20340 标准包含的试验技术规程适用于暴露在海洋大气、飞溅区以及浸没在水下的涂料。有关浸没在水下区域的涂料，可参见 ISO 15711 标准，第 15.3.1 节中将深入讨论此项标准。本节讨论暴露在大气中涂料的老化周期。

编制的此项标准是用于海洋油气工业，特别是针对北海所处的海洋环境。最初，NORSOK M-501 技术规范叙述了这项试验，到了 2003 年，此项试验变为 ISO 20340 标准的一部分。并且，冻-融交替循环试验步骤也包括在该试验周期中了。现在 NORSOK M-501 涂料技术规范已经指的是 ISO 20340 标准，用于暴露在大气中的钢材防腐涂料低于 120℃的工艺质量评定试验。

NORSOK M-501 技术规范规定了海上平台用的涂料的材料选择、钢材表面清理准备、涂料涂装、检验等。然而，现在其他行业也在参考 NORSOK M-501 技术规范。按照 NORSOK M-501 技术规范的要求，大量涂料已经按照 ISO 20340 标准进行了质量评定，由此现在其他行业从中获益匪浅。

每个老化周期时间为 168h，要进行 25 个老化周期(也就是一共 25 个星期)。每个周期包括 72h 紫外光辐照-冷凝试验(ASTM G53 标准)、72h 盐雾试验、24h 20℃的冷却。1995~2000 年期间，大量涂料接受了海上现场试验，并将腐蚀蠕变性能与老化试验关联起来[4]。发现两者的关联度为 0.6~0.75 不等。

自从 1994 年实施 NORSOK M-501 技术规范以来，挪威大陆架已经发生了三次重大的涂料失效事故[5]。这三次失效事故为：①热喷铝涂层上有机涂料失效；②双层涂膜的面漆发生鳞片状脱落；③快速固化涂料系统发生开裂。已在第 13 章讨论过第一个案例。后两个涂料失效案例实际上没有通过质量评定试验，但是依然验收通过了存在的这些缺陷。因此，之后的涂料预质量评定要求更加严格了，防止再发生这类涂料失效事故。

15.1.2 ASTM D5894 标准(以及 NACE TM0404 标准试验方法)

ASTM D5894《涂装金属盐雾-紫外线交替暴露标准试验方法(在雾化-干燥和

紫外线辐照-冷凝试验箱里交替暴露试验)》，也叫作“改良型干湿交替混合盐雾试验”或者“干湿交替混合盐雾紫外线辐照试验”。这项试验偶尔会被误称为“干湿交替混合盐雾试验”。然而，干湿交替混合盐雾试验并不包括紫外线辐照因素，而仅仅是简单的 1h 的干湿交替盐雾试验(在 23℃喷淋 0.35%硫酸铵与 0.05%氯化钠 NaCl 配制成的盐雾；再在 35℃温度下干燥)。无疑这样会产生混淆，因为最初编制的 ASTM D5894 标准叫作“改良型干湿交替混合盐雾试验”。

美国腐蚀工程师协会 NACE TM0404 标准试验方法参照 ASTM D5894 标准作为老化和耐受腐蚀蠕变试验。

这些试验能够用于研究防腐蚀特性和大气老化特性。每个试验周期为两个星期，一般要运行 6 个周期(也就是说，一共需要 12 个星期)。每个周期的第一个星期里，样品要放在紫外线辐照-冷凝试验箱里，在 60℃温度下接受 4h 紫外线辐照，然后在 50℃温度下接受 4h 冷凝。在这个试验周期的第二个星期，样品要转移到盐雾试验箱，在 24℃下盐雾喷淋 1h(用 0.05%氯化钠 NaCl 与 0.35%硫酸铵配制成的盐雾，pH=5.0~5.4)；再在 35℃温度下干燥 1h。

有关文献已经告诫锌在这项试验中腐蚀速度太快，所以此项试验不宜用于含锌涂料和不含锌涂料的比较。如果一定要比较含锌涂料和不含锌涂料，可按照该标准指南，用可替代的(例如不含硫酸盐)电解质来替代。这样可以避免发生硫酸锌腐蚀产物溶解度造成的问题。还应当注意 ASTM D5489 标准电解质中硫酸铵的酸碱度值大约为 pH=5，此时锌的反应速率比在中性 pH 值下的反应速率高得多。锌不能生成可提供长期保护的氧化锌和碳酸锌。

15.1.3 汽车工业的腐蚀试验

汽车工业对防腐蚀涂料系统有巨大的需求，因此，已经投入大量人力物力财力研发加速腐蚀试验用于帮助预见恶劣条件下涂料的性能。应当注意大多数汽车工业的试验项目，包括循环腐蚀试验，是用与汽车用途有关的涂料研发出来的。它们被设计成与普通防护涂料有很大的不同。源于汽车的试验方法普遍忽略了那些对防腐蚀涂料十分关键的因素，例如，大气老化与紫外线辐照。此外，汽车涂料的干膜厚度远低于许多防腐蚀涂料的干膜厚度，这对于传质现象是很重要的。

本章节不打算全面综述汽车工业的各项试验。本文也不叙述有些与汽车卡车的现场实际使用状况有良好关联的试验方法，例如，福特 Ford APGE、日产 Nissan CCT-Ⅳ、通用汽车 GM 9540P[6]。相信下文描述的三项试验方法适用于大修涂料的测试，即德国汽车工业标准 VDA 621-415、沃尔沃室内腐蚀试验(VICT)、美国汽车工程师学会 SAE J2334 标准。

15.1.3.1 ISO 11997 标准

多年来德国汽车工业用的有机涂料加速试验方法叫作 VDA 621-415，现在此项标准已经变为国际标准化组织 ISO 11997 标准，此项试验也已经用于重型基础设施涂料的试验。此项试验包括 6～12 循环周期的中性盐雾试验（按照德国工业标准 DIN 50021）和 4 个周期的交替冷凝水气候试验（按照 DIN 50017 标准）。此项试验的润湿时间非常长，意味着其与锌颜料或者镀锌钢的实际使用状况关联度很差。预期在此项试验几乎恒定不变的润湿条件下锌的腐蚀机理与现场实际使用中发生的腐蚀机理截然不同。必须仔细检查这项试验预测有镀锌层底材以及含锌颜料涂料的实际性能的能力，因为这些材料普遍用在腐蚀工程领域。

15.1.3.2 沃尔沃室内腐蚀试验或者沃尔沃循环试验

沃尔沃室内腐蚀试验（VICT）[7]，尽管叫作“室内试验”，实际上模拟了汽车典型的户外腐蚀环境。与许多加速腐蚀试验根据经验开发出试验程序不同，沃尔沃室内腐蚀试验是统计析因设计的结果[8]。

现代汽车涂装中，所有防腐蚀保护是由无机涂层加上很薄的（大约 25μm）电泳涂层提供的。再由额外的多层涂料（通常有三层）防紫外线辐照和防机械损伤保护。防腐蚀涂层和电泳涂层的测试局限于几个参数，例如引发腐蚀的离子（通常是氯离子）、润湿时间和温度。因此，沃尔沃室内腐蚀试验没有任何紫外线辐照，也没有任何机械因素，此项试验用的因素是温度、湿度、盐水溶液（喷淋或者浸泡）。

汽车工业有大量各种使用环境中的腐蚀数据。沃尔沃室内腐蚀试验有望与现场数据关联起来，但是，针对此项试验的一点批评意见是其往往会在划痕处发生丝状腐蚀。

沃尔沃循环试验有四种改型，或者是恒定温度与两种湿度等级，或者是一个恒定的露点（即变化的温度与两种湿度等级）。改型沃尔沃室内腐蚀试验 VICT-2 采用恒定温度与两种湿度等级之间不连续的转变，详见下文叙述。

- 步骤Ⅰ：在相对湿度 90%和 35℃恒定温度下暴露试验 7h。
- 步骤Ⅱ：在 35℃温度下，1.5h 内相对湿度从 90%持续地成线性减小到 45%。
- 步骤Ⅲ：在相对湿度 45%和 35℃恒定温度下暴露试验 2h。
- 步骤Ⅳ：在 35℃温度下，1.5h 内相对湿度从 45%持续地成线性增加到 90%。

一星期两次，即星期一和星期五。用下列步骤取代上述步骤Ⅰ：

- 步骤Ⅴ：从试验箱里取出样品，并在 1%（质量）NaCl 溶液里浸泡 1h 或者用此 NaCl 溶液喷淋 1h。
- 步骤Ⅵ：从盐浴里取出样品，排出过多的液体 5min。再将这些样品放回相对湿度 90%的试验箱，暴露在润湿环境中至少 7h，然后才可以进行干燥。

沃尔沃室内腐蚀试验一般要进行 12 个星期。预期紫外线辐照不太重要时，这是一项很好的通用型试验。

15.1.3.3 美国汽车工程师学会 SAE J2334 标准

这是用汽车工业底材和涂料得出的统计性设计实验的结果。早期颁布的此项试验也叫作“PC-4”技术规范[6]。这项试验是以 24h 循环周期为基础的。每个周期包括 6h、50℃温度和相对湿度 100%的润湿期，接着是 15min 的盐雾喷淋，再接着是 17h 45min、60℃温度和相对湿度 50%的干燥期。一般试验持续时间要 60 个循环周期，厚膜重防腐涂层已用更长的循环周期。虽然溶液相对比较复杂，但是盐浓度相当低：0.5%NaCl+0.1% $CaCl_2$+0.075% $NaHCO_3$。

15.1.4 要避免的一项试验：凯斯特尼西腐蚀试验

凯斯特尼西（Kesternich）腐蚀试验中，样品要暴露在水蒸气和二氧化硫中 8h，接着敞开试验箱，使样品暴露在实验室环境中 16h[2]。此项试验设计成使裸露的金属暴露在工业污染环境中，对于这样的试验目的，这是一项很好的试验。然而该试验与原始有涂层金属之间的相关性却是受到高度怀疑的。Berke 和 Townsend 的论文说明此项试验与现场实际暴露情况缺乏良好的关联性[9]。出于同一原因，也不推荐有涂层的钢材采用类似的 ASTM B605 标准试验。

15.1.5 盐雾试验

盐雾试验 ASTM B117《操作盐雾试验装置的标准做法》是至今仍在使用的历史最久的腐蚀试验之一。尽管专家们普遍认为用盐雾试验预测涂料在大多数应用中的性能或者甚至相对的性能排序没有什么价值，但是在评价涂层和底材时，这确实是试验标准规定使用频率最高的试验。

盐雾试验在现场工作人员中声誉欠佳，因为有时候在这种试验编号的前面标注了“不太有名”这样的词语。事实上，最近发表的几乎每一篇经同行评议的有关加速试验的论文都开始在抱怨盐雾试验[10-13]。例如：

- “事实上，多年来已经认识到在有机涂料系统性能等级顺序排位时，标准盐雾试验结果和实际情况之间几乎没有任何关联可言”[3]。
- “著名的 ASTM B 117 盐雾试验标准得出的是几百小时内冷轧钢与电镀锌钢的性能比较。可惜盐雾试验不能预测众所周知的镀锌钢板比无涂装的冷轧钢板有更加优越的耐腐蚀特性”[6]。
- “盐雾试验能够使涂料快速老化，但与户外暴露状况的关联度很差，其得出的涂料老化机理往往与实际看到的户外暴露情况不同，而且精准性较差”[14]。

人们进行了大量研究来比较盐雾试验结果和实际现场暴露状况。涂料类型、底材、位置和时间长短都是不一样的。发现盐雾试验与下列使用环境之间不存在任何关联性：

- 美国得克萨斯州加尔维斯顿岛(16 个月)，离大海 800m[15]；
- 美国新泽西州海岛城(28 个月)，海洋暴露试验站[16]；
- 美国佛罗里达州代托那海滩(3 年)[17]；
- 瑞典莱塞博和斯库茨卡尔的造纸厂，涂漆热轧钢底材(4 年)[18]和涂漆铝材、镀锌钢、碳钢底材(5 年)[19]；
- 美国北卡罗来纳州库里海滩，海洋暴露试验站[20-22]。

Appleman 和 Campbell[23]检查了盐雾试验中各种加速因素并与户外或者“真实使用”暴露状况进行比较，研究它们对腐蚀机理的影响。他们发现盐雾试验存在下列不足：

(1) 恒定的潮湿表面

- 不管是涂层还是底材都没有经历过干湿交替循环。腐蚀机理可能与现场所看到的情况不匹配，例如，在富锌底漆或者镀锌底材上，锌好像并没有像在现场那样生成钝化膜。
- 吸收水量和水的解吸量比现场大。
- 存在一层导电性很高的恒定水膜，现场不发生这种情况。

(2) 升高的温度

- 水、氧气和离子的迁移量比现场大。
- 对于一些涂层，试验升高的温度接近成膜物质的玻璃化温度。

(3) 氯离子浓度高(对腐蚀的影响取决于涂料提供的保护类型)

- 对于牺牲型涂料，例如富锌底漆，如果氯离子含量比较高，同时始终存在很高的湿度，意味着锌无法像现场那样生成钝化膜。
- 对于缓蚀型涂料，氯离子吸附在金属表面上，阻止其钝化。
- 对于屏蔽型涂料，渗透力比现场小得多，事实上，它们会与实际看到的情况完全相反。在盐雾试验中，划痕或者缺陷处的腐蚀远比致密漆膜下的划痕产生的侵蚀性夸大得多。

Lyon 等人[24]指出，盐雾试验中，如果氯化钠含量比较高，由此造成的腐蚀形态和状态不能代表自然状况。Harrison 和 Tickle 指出此项试验不适用于锌、镀锌底材或者含有磷酸锌颜料的底漆，例如，因为盐雾试验期间是恒定润湿的，锌经历的腐蚀机理与实际使用中是不同的[25]。这是个众所周知的现象并已有大量文献佐证，已经在第 13 章进行了深入的讨论。

15.1.6 干湿交替循环的重要性

就钢材和镀锌钢上腐蚀蠕变后果而论，人们早已知道干湿交替循环对于建立加速老化试验与现场暴露状况之间的关联性是非常重要的[3,24,26-29]。现在我们知道为什么了。试验期间恒定不变的润湿状态与涂料在使用现场实际经历的干湿交替变化情况是不同的。评价试验样品时，发现老化的涂层前端发生了阴极剥离，而在现场发现的是阳极破坏[14]。现在实际上是用扫描开尔文探针测量的。恒定不变的润湿条件下，阴极剥离导致涂层老化。干燥是必要的，使涂层损坏与老化前端之间的电位发生反转，从阴极剥离转换成阳极破坏[30]。此问题的深入讨论见第 12 章。

15.1.7 大气老化

在紫外光老化试验中，涂层处于交替冷凝与紫外线辐照下，以此研究紫外线对有机涂料的影响。温度、紫外线辐照量、紫外线辐照时间长短、试验箱里冷凝时间长短都是可以编程的。紫外光老化试验的例子有 QUV-A、QUV-B(® Q-LAB)和氙灯辐照试验。ASTM G154 标准推荐的紫外光老化试验实际操作方法非常有用。

15.1.8 恒定冷凝或者湿度

许多试验是以恒定不变的冷凝或者湿度为基础的。然而，恒定冷凝试验与湿度试验并非总是一样的。恒定冷凝时的冷凝速率高于湿度试验时的冷凝速率，因为恒定冷凝试验箱里试件的背面处于室温下，而涂层一侧面对的是 40℃ 的水蒸气。这个不大的温度差使得试件上有很多冷凝水。假如不存在这样的温度差，那么，湿度试验条件就成了“热带气候试验箱”。克利夫兰试验箱是冷凝试验的一个例子。关掉盐雾试验箱的盐雾，开启加热器，留在底部的水(产生水蒸气)成为了湿度试验。

测试不太理想的底材，例如生锈的钢材上涂料的屏蔽特性时，恒定冷凝或者湿度试验是很有用的。任何吸湿性污染物，例如铁锈里夹杂的盐分都会吸取水分。在新建构筑物或在旧的构筑物上重新涂装油漆时，钢材表面不应残留任何污染物，如有可能应当喷砂除锈清理达到 Sa 2½。然而，许多用途条件不允许使用干磨料喷砂或者湿法喷砂作业，往往只能使用钢丝刷这样的手工工具。这些工具能够除去松散的铁锈，但是会留下附着致密的铁锈。并且，氯离子(Cl^-)这类造成腐蚀的离子总是位于腐蚀坑底部，紧密附着的锈垢必定含有这些吸湿性污染物。在这种情况下，必须用涂料阻止水分抵达完好无损的钢材。冷凝条件下涂层下面生成气泡的速度能够作为一项指标，说明涂料提供防水屏蔽层的能力并由此保护钢材不发生腐蚀。

应用恒定冷凝或者湿度试验的标准试验方法很多，包括 ISO 6270 标准、ISO

11503标准、英国标准BS 3900、ASTM D2247标准、ASTM D4585标准和德国工业标准DIN 50017。

15.2 加速老化后的评价

应当评价加速老化试验后样品的变化情况。通过比较样品老化前后的状况就可以发现：

- 腐蚀的直接证据；
- 涂层老化的迹象；
- 腐蚀或者失效隐含的迹象。

涂料科学家应用组合技术检测涂层与底材系统中的宏观变化和亚微观变化。必须对由此得出的定量数据和定性数据做出解释，这样才能预测涂料会否失效，并且，假如可能的话，分析为什么会失效。

宏观变化可以分为以下两大类：

① 用裸眼或者借助光学显微镜就能看见的变化，例如彻底的锈蚀，从划痕开始的腐蚀蠕变；

② 通过测量机械性能发现的重大变化，其中最重要的是涂层与底材的附着力以及阻止水分迁移渗透的能力。

老化试验前后所得附着力数据的变化以及失效部位能够揭示相当多的老化与失效机理。用电化学阻抗谱(EIS)测量得出涂料屏蔽特性的变化数据是很重要的，因为阻碍溶液里电解质迁移的能力是涂料最重要的防腐蚀保护机理之一。

可以尝试将失去光泽或者颜色变化等这类参数包括在宏观变化之中。然而，尽管这些是紫外线损伤的可靠表征，但是，因为查看的仅仅是面漆的外观，所以它们未必能够表明涂料系统作为一个整体的防腐蚀保护能力正在变弱。

用裸眼或者普通实验室光学显微镜是无法看到亚微观变化的，因此，必须采用先进的电化学技术或者光谱分析技术进行测量。例如，用傅立叶变换红外光谱能够发现涂层表面化学结构的变化，或者用原子力显微镜能够发现涂层表面形态的变化。即使没有发生任何宏观变化，从这些亚微观变化能够得出涂料与金属系统的信息，并且依据这些信息就能预测涂料的失效。

可用于研究老化因素对涂料影响的更高级技术包括：

- 电化学监测技术：交流阻抗谱、开尔文探针；
- 用傅立叶变换红外光谱或者X射线光电子能谱研究油漆表面化学结构变化；
- 用扫描电子显微镜或者原子力显微镜研究涂层表面的形态学。

15.2.1 均匀腐蚀

通过宏观测量划痕开始的腐蚀蠕变、锈垢强度、起泡、开裂、片状剥落等能够得到腐蚀的直接证据。

15.2.1.1 从划痕开始的蠕变

假如涂料恰当涂装在良好清理准备的底材表面上并允许涂料固化，那么，通常无须过多担心遍布完好无损涂层表面的均匀腐蚀。然而，一旦涂层上有划痕并且露出了金属底材，那么情况就完全不一样了。外露的金属与周围有涂层的金属之间构成一个电化学电池，导致腐蚀在涂层下面向外蔓延(第 12 章)。用涂料阻止这种腐蚀蠕变的能力是个要重点关注的问题。

从划痕开始并在涂层下面向外蔓延的腐蚀叫作“腐蚀蠕变”或者“切割腐蚀”。令人惊讶的是腐蚀蠕变难以量化，因为很少是均匀的。可以采纳几种测量方法，例如：

- 最大单向蠕变(可能是最常见的方法)，若干标准中采用，如 ASTM S1654 标准；
- 沿着划痕 10 个等距离分布点的腐蚀蠕变数据的总和；
- 双向蠕变的平均值。

这些方法描述丝状腐蚀没有一个是令人满意的。最大单向蠕变和双向蠕变平均值方法允许测量两个值：总的蠕变和丝状蠕变。

15.2.1.2 其他均匀腐蚀

起泡、锈蚀强度、开裂、片状剥落等都要按照 ISO 4628 标准或者相当的 ASTM D610 标准做出判断。在这些方法中，样品要与一组标准照片进行比较来做出评价，这些照片显示每种失效类型的各种不同程度。

对于表面起泡，ISO 标准中的照片代表了气泡密度 2~5，最高密度是 5 个气泡。气泡大小也用2~5 表示，数字 5 表示最大的气泡。报告结果时，气泡密度后面用括弧表明气泡大小，例如，4(S2)表示气泡密度=4，气泡大小=2，用这种方法量化结果，“许多小气泡”。

表 15.1 锈蚀程度等级

锈蚀程度等级	锈蚀面积/%	锈蚀程度等级	锈蚀面积/%
Ri 0	0	Ri 3	1
Ri 1	0.05	Ri 4	8
Ri 2	0.5	Ri 5	40~50

资料来源：ISO 4628-3，Designation of degree of rusting，International Organization for Standardization，Geneva，2016。

此项 ASTM 标准用数字 10 代表无缺陷的油漆，用数字 0 代表完全失效的油漆。ISO 标准用数字 0 代表没有任何缺陷和完全失效的最高纪录。

对这些标准，人们提出一些批评意见，主要意见如下：

- 过度的主观判断。
- 它们假设表面上的腐蚀形态是均匀的。

针对这些试验的主观特性，已经提出一些修改建议，例如，增加试验区域的网格，计算每个缺陷网格的数量。当腐蚀很严重但局限于样品的某个区域时，假设均匀的腐蚀形态显然是有疑问的。已经提出更准确反映这种情况的系统，例如，报告腐蚀面积百分比，以及将受到影响的(腐蚀的)区域划分成不同的腐蚀等级。有关这方面资料，建议读者阅读 Appleman 的评述[2]。

15.2.2 附着力

有许多方法可以用来测量涂层在底材上的附着力。最常用的方法有以下两类：直接拉拔(DPO)试验方法(例如 ISO 4624 标准)或者划格法(例如 ISO 2409 标准)。必须对试验方法做出具体规定，比较试验结果时，直接拉拔试验方法中用的拉拔锭子的几何形状和黏结剂是很重要的，必须写入报告。

15.2.2.1 测量附着力的难度

两个完好附着在一起的物体如果没有发生变形，要用机械方法让它们分离是不可能的，因此，用于分开它们的断裂能量是这种材料内部界面过程与主体过程的一部分[32]。在聚合物中，这些主体过程普遍是塑性变形与弹性变形的复杂混合形态，在界面前后能够发生极大变化。这引出一个有意思的难题：对底材被液体涂料润湿以及后续固化涂料在底材上的附着的基本理解成为涂料科学发展最好的领域之一，而比较起来，附着力的实际测量方法比较原始，不太复杂。

已经表明通过实验测量的附着强度包括基本附着力加上外部来源的作用。基本附着力就是涂层与底材之间各种力的总和，外部来源包括涂层和缺陷的内部应力或者测量技术本身造成涂层的外来影响过程[32]。使事情变得复杂的是，后者可以通过引入新的无法测量的应力来降低基本黏合力，或者可以通过减轻预先存在的内部应力来提高基本黏合力。

使涂层剥离最常用的方法是在界面平面上施加一个法向力或者施加一个侧向应力。

15.2.2.2 直接拉拔法

直接拉拔试验方法测量分开单位面积上两种材料必要的力或者测量这样操作时所做的功(或者消耗的能量)。直接拉拔法在涂层与底材界面平面上施加一个法向力。基本原理是将一个拉拔工具(锭子或者滑架)用胶黏结在涂层上，然后

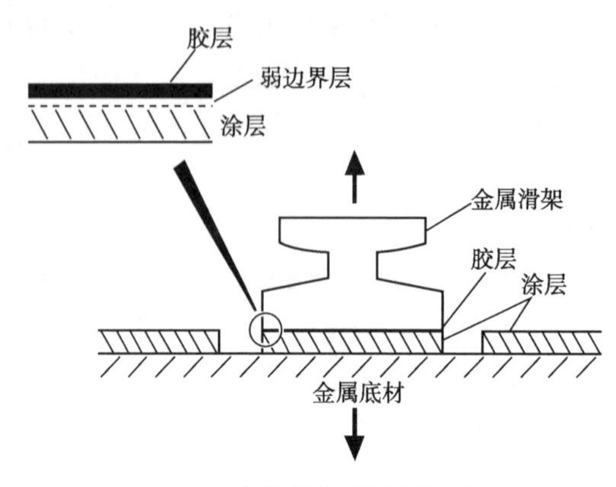

图 15.1　直接拉拔法测量附着力

与涂层表面垂直方向施加一个力，直至将涂层从底材上拉脱或者涂层内发生失效(图 15.1)。

直接拉拔法的一个内在缺点是在涂料系统最薄弱的部分发生失效。这可能是涂层内的内聚强度问题，或者是涂层之间附着力问题，特别是胶水在涂层内生成一个较弱的边界层，或者是底漆层与金属底材之间的附着问题，总之取决于哪个是该系统中最薄弱的环节。因此，这种方法测量结果未必是底漆与金属的附着力，除非在此界面正好是附着力最薄弱的地方。

直接拉拔法还有一些额外的缺点：

- 张力试验通常涉及断裂前瞬间混合的张力与剪切力，使解释很困难。
- 黏结剂硬化期间油漆层里产生的应力可能会影响测量值(胶水与涂层相互作用的问题)。
- 拉拔过程会在接触区域发生不均匀的张力荷载分布。应力集中在接触区域的某一部分，导致这些点上比荷载均匀分布状态时所看到的更低值就失效了。这个问题通常是拉拔头设计产生的。

与侧向应力法不同，不管涂层软硬，都可以使用直接拉拔法。然而，正如上文所述，对于完好附着的涂层，这些方法往往测量的是涂层的内聚强度，而不是涂层与底材的附着力。

用直接拉拔法检查破裂的表面是可能的，不仅适用于底材，也适用于试验滑架。底材与滑架表面逐点比较使其有可能十分精准地确定界面失效模式和内聚失效模式。

15.2.2.3　侧向应力法

应用侧向应力分开涂层的方法包括弯曲试验或者冲击试验，并且如同划格法试验那样用小刀在涂层上划痕。

划格法试验中最常用的是侧向应力试验方法，用刀片在涂层上刻划出网格状划痕，要划透涂层直至金属底材。通常根据涂层厚度来确定划痕的间距。表 15.2 是划痕间距的标准指南。从与刀片相邻但刀片尚未触及的区域里除去的涂层总量作为附着力的量值。表 15.3 所示是评价片状剥落总量的标准等级。

表 15.2　划格法附着力试验划痕的间距

涂层厚度/μm	划痕的间距/mm	涂层厚度/μm	划痕的间距/mm
<60	1	>120	3
60~120	2		

表 15.3　涂层片状剥落总量的评价

等级	说　明
0	划痕非常锋利清晰，没有发生任何涂层片状剥落
1	有点不均匀的划痕。划痕的交叉部位出现小片涂层脱落
2	清晰的不均匀划痕。沿着划痕的边缘或者划痕的交叉部位，涂层成片状剥落
3	非常不均匀的划痕。沿着划痕的边缘涂层部分或者整体成带状大片状剥落。最多 35%划格面积受到影响
4	材料严重的片状剥落。沿着划痕的边缘涂层成带状大片状剥落，或者一些方格里的涂层已经部分或者整体脱落。最多 65%划格面积受到影响
5	超过 65%划格面积受到影响

涉及的影响力分析很复杂，因为在涂层中能同时发生剪切和撕剥。刀尖上产生的剪切力与撕剥力的总量不仅取决于切割时所用能量的大小(也就是作用力和划痕速度)，也取决于涂层的机械特性——塑性变形或者弹性变形。例如，紧贴刀刃正前方，涂层的上表面经历了塑性变形。在刀刃正前方压痕四边下面，这个塑性变形产生一个剪切力向下直达涂层与金属的界面上[32]。

使用侧向应力方法最大的缺点是它们在很大程度上取决于涂层的机械特性，特别是涂层经历了多少塑性变形和弹性变形。Paul 注意到许多这类试验造成涂层内聚开裂[32]。以弹性变形为主的涂层普遍发生平行于金属与涂层界面的系统性开裂，导致划痕处涂层成片状剥落和很差的试验结果。另一方面，塑性变形比例很高的涂层在此项试验中表现良好——尽管它们可能与金属底材的附着力比硬质涂层差得多。

弹性变形意味着划痕时裂缝尖的材料几乎一点也不圆滑。几乎所有能量都促进裂缝扩展。当刀片移动时，沿划痕向下涂层会产生更多的裂缝。这些裂缝的扩展直至两条或者多条裂缝汇聚在一起造成沿着划痕的涂料成片状剥落。这样的试验结果可能会产生误解，例如，在划格法附着力试验时，环氧树脂的结果可能比更软的醇酸树脂更差，尽管总的说来环氧树脂在金属上的附着强度会大得多。

对于非常硬的涂层，要划透涂层直达金属也许是不可能的。划格法试验设备的使用仅限于较软的涂层。因为此项试验在很大程度上取决于涂层的变形特性，所以，互相比较不同涂料的划格法附着力试验结果所得值是有问题的。无论如何，单种涂料用此项试验比较各种底材上或者各种预处理方法时的附着力还是有些价值的。

15.2.2.4 附着力的重要方面

根据失效部位——那个发生失效的地方——得出非常重要的涂层薄弱环节与最终失效的信息。与样品老化有关的失效部位的变化尤其能揭示涂层系统内部以及涂层系统下面正在发生的情况。

测量附着力可以获得有关涂层与底材黏结的机械强度信息以及涂层受到环境应力影响时这些黏结特性的老化状况。已经开展了大量研究，研发出更好的方法来测量涂层与底材的初始黏结强度。

相比之下，几乎无人关注如何利用附着力试验得出有关涂层或者涂层与金属的附着老化机理。这个领域应得到极大关注，因为研究大气老化前后的附着力试验失效部位能够得出大量涂料为什么失效的信息。

最后，重要的是记住附着力仅仅是防腐蚀保护的一个方面。至少一项研究已经表明，与金属附着力最好的涂料并没有提供最好的防腐蚀保护[33]。并且，研究已经发现初始附着力与湿态附着力之间没有任何明显的关联关系[34]。

15.2.3 涂层的内部应力

ASTM D6991 标准叙述了如何用悬臂方法测量有机涂层内部应力，这是以 Perera 和 Eynde[35] 以及 Korobov 和 Salem[36] 的研究为基础的。在薄金属条一侧涂敷涂料。例如，可以用不锈钢或者铝材做成金属条，厚度小于 300μm，宽 10～20mm，长 100～200mm。涂层的内部应力使金属条卷曲，按照式(15.1)用挠曲程度计算出内部应力[37]：

$$S=\frac{hE_s t^3}{3L^2 c(t+c)(1-\gamma_s)} \tag{15.1}$$

式中 S——内部应力，MPa；

h——金属条的挠曲程度，mm；

E_s——金属条的弹性模量，MPa；

γ_s——金属条的泊松比；

L——金属条的长度，mm；

t——金属条的厚度，mm；

c——涂层厚度，mm。

只有涂层厚度比金属条厚度明显薄很多时，这个方程才有效，然而，假如测试较厚的涂层时，必须用式(15.2)[37]：

$$S=\frac{hE_s t^3}{3L^2 c(t+c)(1-\gamma_s)}+\frac{hE_c(t+c)}{L^2(1-\gamma_c)} \tag{15.2}$$

式中 E_c——涂料的弹性模量；

γ_c——涂料的泊松比。

这些值通常是不知道的，因此增加了这种方法的复杂程度。可以假定涂料的泊松比与底材的泊松比相似，但是，涂料的弹性模量范围很宽，必须测量。

15.3 浸没用途涂料的加速试验

与老化试验一样，有大量阴极剥离试验方法适用于浸没在水里的涂料。Camron 等人已经评述了这些试验方法[38]。已为测试埋地的或者浸没在水下的管道涂层专门研发出许多试验方法，在技术上，管道涂层的阴极剥离和结构钢上涂层的阴极剥离两者没有任何不同。各种试验方法的不同在于电解质的组成、温度、施加的电压、试验的持续时间。为叙述阴极剥离试验时遇到的一些问题，本节仅提及三种试验方法，即环境温度试验、灵活的温度试验、高温试验。

15.3.1 ISO 15711 标准

此项试验是专为暴露在环境温度海水中的结构钢开发的并已被 ISO 20340 标准(以及与此有关的 NORSOK M-501 技术规范)参照用于阴极剥离试验。这些试验是在实验室环境温度下用天然海水或者人造海水进行的，相对于银-氯化银参比电极，阴极电位是-1.05V。这意味着试验条件与现场条件非常相似，并且此项试验几乎完全无法加速。因此，预期与现场表现应当有非常好的关联性。加速能力差也是此项试验的主要不足——需要很长的持续时间才能区分不同的涂料。规定此项试验最少持续进行 26 个星期。

15.3.2 NACE TM0115 标准

这是美国腐蚀工程师协会 NACE 在 2015 年颁布的阴极剥离试验方法。开展另一项阴极剥离试验的目的是要有更精准规定的操作程序，从而减少测试实验室之间的差异。例如，本项试验标准中规定了如何维持电解质中恒定不变的氧气浓度、确定参比电极的位置、温度的测量、反电极的绝缘、如何人为制作涂层漏点、阴极保护电流的监测、试验结束时如何撕剥已经剥离的涂层等，这些正是其他同类标准中忽略或者描述不完整的问题。与此同时，对试验结果影响不大的那些参数，例如，升温试验时如何加热样品，试验时将电解槽附着在样品表面还是将样品浸没在试验电解质中，本项试验也有很大的灵活性。

本项试验是在 3%NaCl 溶液里进行的，相对于银-氯化银参比电极，施加适度加速的电位 1.38V(相对于铜-硫酸铜参比电极，施加-1.50V 保护电位)。试验持续时间 30 天。根据涂层将要暴露的现场条件选择试验温度。测试最高运行温度95℃的陆上管道防腐涂层时，样品和电解质的温度应当保持与管道运行温度相同。当测试温度高于95℃时，只要将钢材加热到测试温度，而电解质可继续维持在95℃。测试高温海底管道防腐涂层时，电解质温度可以维持在30℃，因为海水对流对海底管道涂层起到了冷却作用。

15.3.3 挪威石油工业标准 NORSOK M-501 高温阴极剥离试验

该项试验是用于评价水下高温结构钢表面涂料的。用人造海水进行本项试验，相对于银-氯化银参比电极，施加适度加速的电位1.2V。钢材加热到规定的现场温度，而电解质保持在30℃。当钢材温度高于100℃时，为了防止剥离涂层下面裂隙中涂料的蒸发，应当增加试验电解质的压力。

15.4 研究防护特性和老化机理的先进方法

15.4.1 屏蔽特性

基于聚合物的涂层自然对电流有很高的电阻。利用这个事实能够测量涂层的吸水量以及渗透通过涂层的水分。涂层本身是不导电的，任何穿过涂层的电流是涂层中的电解质所携带的。测量涂层的电气特性就可能计算出存在水分的量(叫作含水量 *water content* 或者溶解度 *solubility*)以及水在涂层中是如何迅速流动的(叫作扩散系数 *diffusion coefficient*)。电化学阻抗谱用的就是这项技术。

在电化学阻抗谱里，将完好无损的涂层描述为一个普通等效电路，如图15.2所示，也叫作"兰德尔斯模型"(*Randles model*)。当涂层变得有越来越多的小孔或者发生局部缺陷时，该模型变得更复杂了(图15.3)。图15.3(a)中的电路是使用更广泛的模型，有时候叫作"扩展型兰德尔斯模型"(*extended Randles model*)[39,40]。

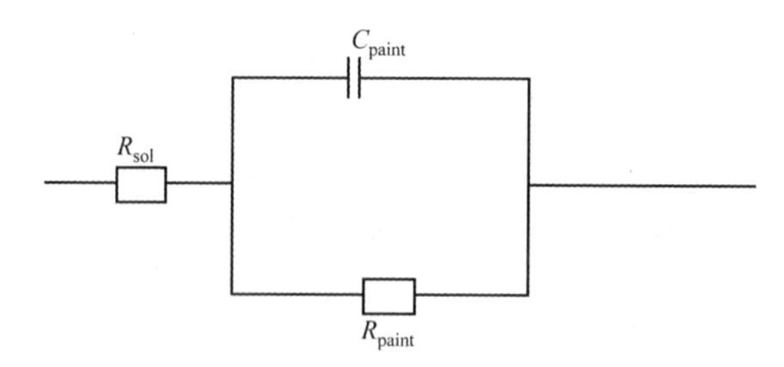

图15.2 描述完好涂层的等效电路

注：R_{sol}—溶液的电阻；C_{paint}—涂层的电容；R_{paint}—涂层的电阻

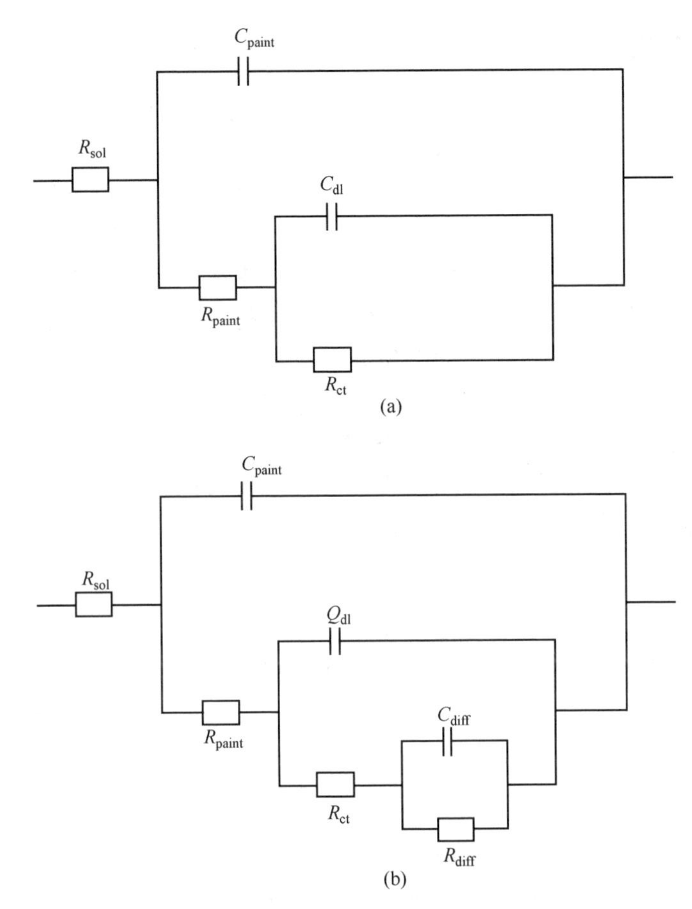

图 15. 3　描述缺陷涂层的等效电路

注：C_{dl}—双电层电容；R_{ct}—腐蚀过程的电荷转移阻力；Q_{dl}—恒相位元件；C_{diff}—扩散层的电容；R_{diff}—扩散层的电阻

评价涂层保护其下面金属的能力时，电化学阻抗谱是项极其有用的技术，已经颁布了有关的 ISO 标准[41]。试验前后会频繁使用电化学阻抗谱，因为用它可以比较老化（加速的或者自然暴露的）前后涂层的含水量和扩散系数。Królikowska[42]提议用于保护钢材防止腐蚀的涂层应当至少有 $10^8/cm^2$ 的初始阻抗，其他人也提议了有关数值[39]，并且，老化后，这个阻抗值应当减小不超过 3 个数量级。Sekine 报告不管涂层厚度是多少，当涂层电阻下降到 $10^6/cm^2$ 以下时就会起泡[43]。

有关用电化学阻抗谱预测涂层性能时用的基本理念和模型的深入评述，读者可以阅读 Kending 与 Scully[44]以及 Walter[45-47]的研究论文。

15.4.2 扫描开尔文探针

无须接触腐蚀表面，扫描开尔文探针就可提供一个与金属腐蚀电位有关的伏打电位(逸出功)的量值[48]。用这项技术能够得出高度绝缘的聚合物涂膜下的腐蚀电位分布。横向分辨率取决于探针与钢底材之间的距离，也就是取决于涂层的厚度。扫描开尔文探针是一个极佳的研究工具，可以用来研究在金属与聚合物界面引发腐蚀的条件，第 12 章与第 13 章参考文献中多项研究结果证实了这一点。

图 15.4 和图 15.5 所示是 5 个星期少许加速的现场试验前后涂装卷材样品的伏打电位分布[49]。在“试验后”的电位分布图中，能够清楚地看到很大区域有较低的电位(-850~-750mV/标准氢电极 NHE)。在“完好的”金属与聚合物界面(这些区域有较高的电位-350~-200mV/标准氢电极)和更负的电极电位之间的过渡区域发生分层或腐蚀，或者两者都发生。五个星期后在此开始腐蚀，但不像瑞典博胡斯-马尔蒙沿海地区腐蚀测试站接近两年的暴露实验后涂层出现肉眼可见的起泡问题[49]。

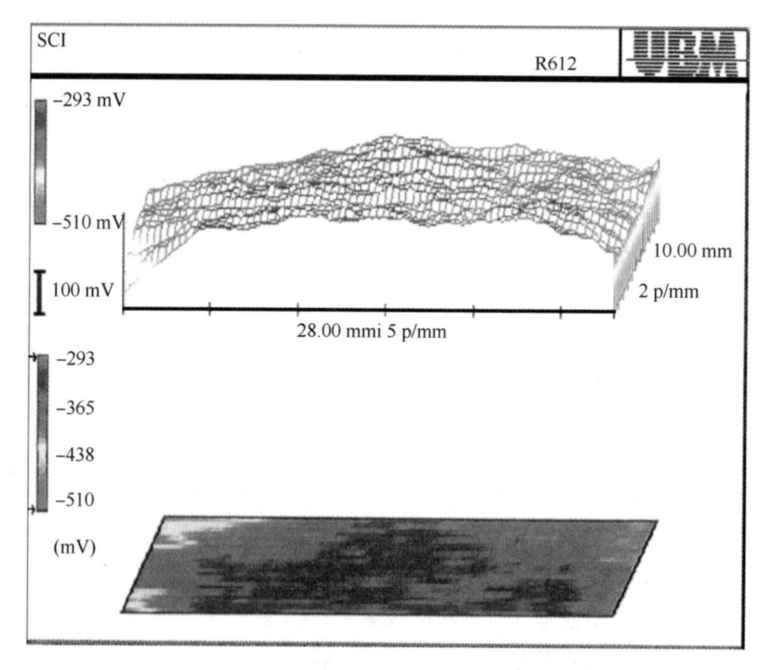

图 15.4　暴露试验前有涂层钢材试件的伏打电位分布(mV)

资料来源：From Forsgren, A., and Thierry, D., Corrosion properties of coil-coated galvanized steel, using field exposure and advanced electrochemical techniques, Report 2001: 4E, Swedish Corrosion Institute, Stockholm, 2001. Photo courtesy of Swedish Corrosion Institute

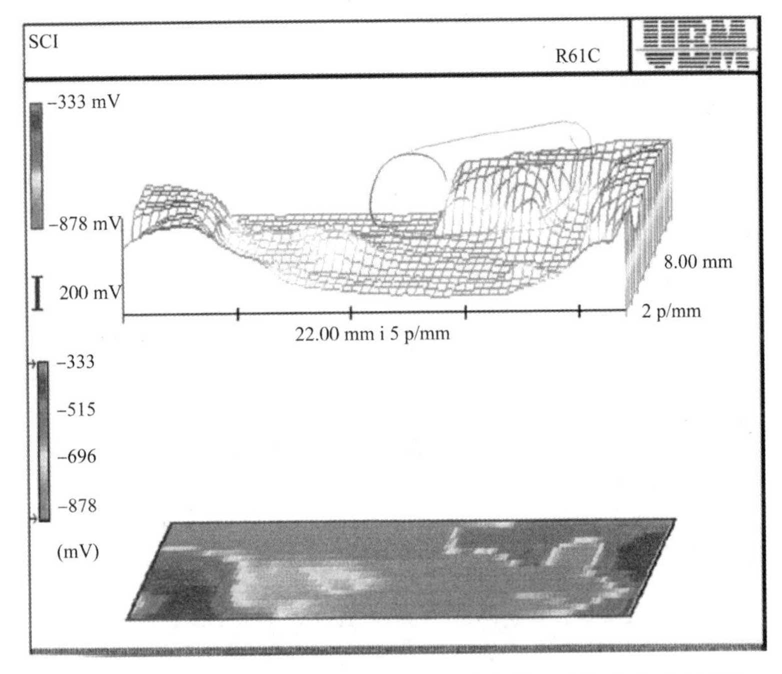

图 15.5　5 个星期少许加速的现场暴露试验之前(上图)与之后(下图)有涂层的钢材样品的伏打电位分布(mV)

资料来源：From Forsgren, A., and Thierry, D., Corrosion properties of coil-coated galvanized steel, using field exposure and advanced electrochemical techniques, Report 2001: 4E, Swedish Corrosion Institute, Stockholm, 2001. Photo courtesy of Swedish Corrosion Institute

15.4.3　扫描振动电极技术

扫描振动电极技术用于量化和绘制局部腐蚀图。该仪器将振动探头移动到样品表面正上方(100μm 或者更少)，测量局部电化学或者腐蚀活性造成的临近电解质产生的电场并绘成图。已经确认这是研究点蚀、晶间腐蚀、涂层缺陷等局部腐蚀现象的有效工具。扫描振动电极技术得出两维的电位分布，在许多方面与扫描开尔文探针相似，事实上，有些仪器制造商可提供扫描振动电极技术与扫描开尔文探针组合测试仪。

15.4.4　先进的分析技术

对于研究人员或者装备精良的失效事故分析实验室，业已证明几项先进的分析技术在防腐涂料研究中是很有用的。这类技术中许多是以检测带电粒子为基础的，这些带电粒子来自所研究表面或者与所研究表面发生反应而生成的。这些技术要求很高的真空度[10^{-5}Torr 或者 10^{-7}Torr，毫米汞柱(托)，1Torr≈133.3Pa]或者超高真空度(小于 10^{-8}Torr)，这意味着这些样品无法就地进行原位研究[50]。

15.4.4.1 扫描电子显微镜

与光学显微镜不同，扫描电子显微镜不用光来检查表面。取而代之的是扫描电子显微镜在要研究的表面上投射一束电子。这些电子与样品发生反应，产生各种各样的信号：X 射线、反向散射电子、次生电子发射、阴极发光。检测与拍照时，这些信号的每一种都略有不同的特征。扫描电子显微镜有非常高的焦深，使其成为研究表面轮廓的强大工具。

发现不仅研究机构在用电子显微镜，许多高级工业实验室也在用电子显微镜。它们现在已经变得越来越无所不在，事实上，它们是先进的失效分析不可或缺的工具，几乎任何从事材料科学研究的实验室都配备了电子显微镜。

15.4.4.2 原子力显微镜

用原子力显微镜可以提供一个表面形态的信息。可以生成该表面的三维图像，并得出一些该表面区域的相对硬度信息。原子力显微镜有几种不同的型号适合不同的样品表面，包括接触模式原子力显微镜、开孔模式原子力显微镜、相位对比原子力显微镜。软的聚合物表面是许多涂层常见的现象，往往会利用开孔模式的原子力显微镜。

水性涂料研究中，已经证实原子力显微镜是研究乳胶涂料聚结的极好工具[50-53]。正如图 15.6 和图 15.7 所示，已用原子力显微镜研究成膜发生前水性涂料对钢材的最初影响[54]。

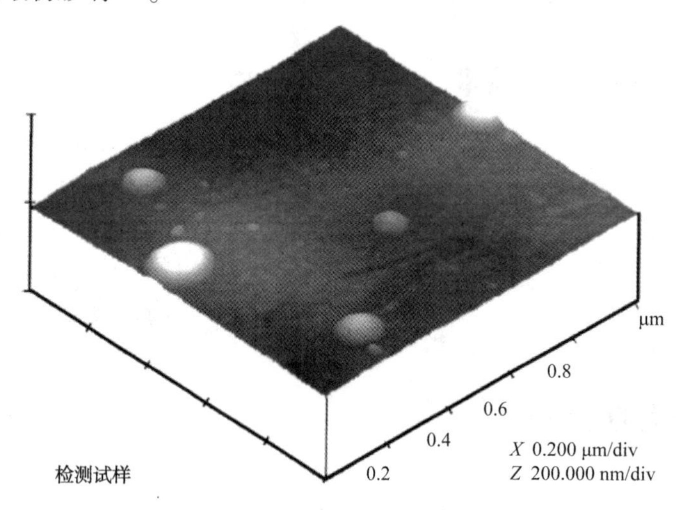

图 15.6　原子力显微镜图像的示例

资料来源：Photo courtesy of Swedish Corrosion Institute

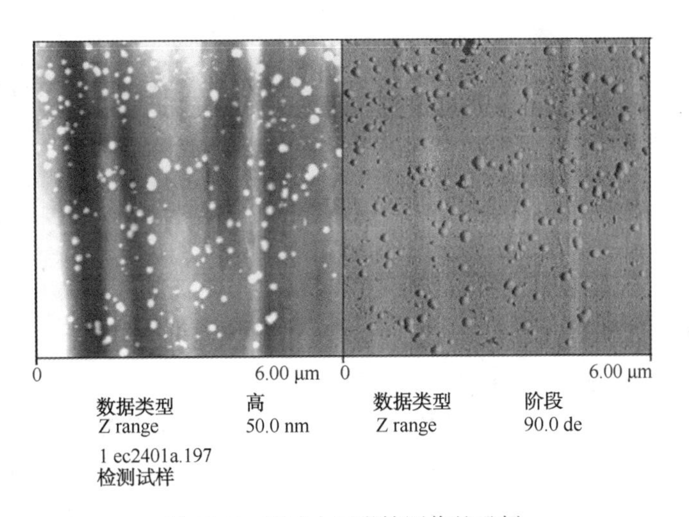

图 15.7　原子力显微镜图像的示例

资料来源：Photo courtesy of Swedish Corrosion Institute

15.4.4.3　红外光谱法

红外光谱法是一组能够用于识别化学键的技术。用傅立叶变换数学技术改进后的测试技术叫作傅立叶变换红外光谱。用傅立叶变换红外光谱能够像识别人的指纹那样识别化合物：将样品的傅立叶变换红外光谱扫描结果与“已知”化合物的傅立叶变换红外光谱扫描结果进行比较。假如两者完美匹配，这种化合物就辨认出来了。图 15.8 是个示例。有时候分析化学家把傅立叶变换红外光谱扫描结果叫作“指纹”，看来一点也不奇怪了。

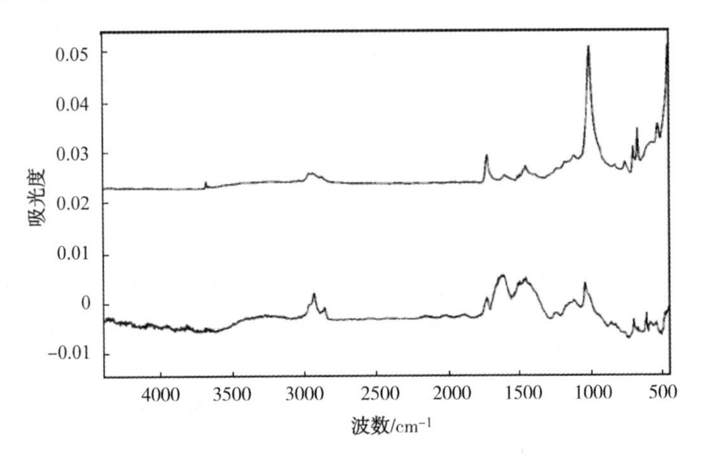

图 15.8　傅立叶变换红外光谱指纹示例

资料来源：Photo courtesy of Swedish Corrosion Institute

最重要的傅立叶变换红外光谱技术包括：

● 衰减全反射率(ATR)，按此技术应将样品安置好与衰减全反射率晶体紧密接触。试验期间没有退化变质的光滑表面上衰减全反射率是极佳的。

● 内部扩散反射率(DRIFT)。这项技术用溴化钾颗粒制备样品，因此，对于吸湿性材料，这项技术的使用有一定的限制。

● 光声光谱(PAS)。用此技术时，样品表面吸收辐射能，发热升温产生热波。这造成周围气体压力变化，其传输给一个扩音器，因此发出一个有声信号[55]。

15.4.4.4 电子能谱

电子能谱是一种化学分析技术，按照此技术，表面要用粒子轰击或者用光子辐照，这样就会从此表面发射出电子。广义上讲，不同的元素会以略有不同的方式发射出电子，因此，分析发射出电子的模式。更具体讲，分析分光仪上电子的动能以及使它与原子脱离所需要的能量(结合能)，能够有助于识别样品中存在的原子。

有几种电子能谱技术，每一种技术采用的辐射源是不同的。在涂料研究中最重要的一项技术是X光电子能谱(或者叫作化学分析用的电子能谱ESCA)，使用单波X射线。用X光电子能谱能够识别位于表面顶面1~5nm的元素(但是氢和氦除外)。它也能够得出有关氧化状态的信息。这是一项强大的研究工具，例如，已经用于描绘胶黏剂破裂后的表面特征[56,57]。

15.4.4.5 电化学噪声测量

自从20世纪80年代电化学噪声测量(ENM)技术首次应用于防腐涂层检测以来，已经引起了大家的关注[58]。噪声是腐蚀过程中发生的电流或者电位波动产生的。隐含的理念是这些电流或者电位的波动并不是完全随机的。伴随电流的流动不可避免的最小噪声总是随机的。然而，假如这个最小噪声能够用于预测电化学反应，那么分析剩余噪声就能得出有关其他过程的信息，例如，点蚀、传质波动、生成气泡(即在阴极生成氢气)。

电化学噪声的理论处理是不完全的。似乎与最有用的信号分析技术并不一致。然而，十分清楚，懂得电化学噪声测量需要良好的统计学应用知识，任何打算掌握此项技术的人必定经常听说过峰度(*kurtosis*)、偏斜(*skewness*)和阻塞(*block*)平均值。

将来，这项技术有望成为研究局部腐蚀过程的标准研究工具，因为微生物腐蚀和点蚀这样的局部腐蚀过程会产生很强的电化学噪声信号。

15.5 计算加速量和关联度

最常用的加速试验是以下两种方法之一：

① 比较一组样品或者将一组样品按顺序排列，由此筛选出不适合的涂层或者底材(或者相反，目的要找到最适用的那一个)。

② 预测一种涂层与底材组合是否能够在现场达到令人满意的性能，以及良好的性能可以保持多久。

这需要有可能计算出试验过程加速的量以及在整个底材和涂层范围这样加速能够达到怎样均匀一致的程度。

为了比较不同涂料系统或者底材，加速试验必须使所有正在接受测试的样品有个均匀一致的加速腐蚀过程。不同类型涂料有不同的防腐蚀保护机理，因此，加重一种或者多种应力，例如加热或者润湿时间，预期一组涂料中能够产生不同的腐蚀加速量。对于底材这个道理是一样的。当进一步加重应力时，更高的温度、更长的润湿时间、更多的盐分、更强的紫外线辐照，就会增加不同涂料或者不同底材腐蚀速率的变化。例如，加速试验中将三个样品并排放在一起，因为不同涂料有不同的脆弱性，所以可能分别得出 3 倍、2 倍、8 倍的加速度变化率。当然，问题在于进行试验的人员并不知道每种样品的加速度变化率。这样加速试验完成时，可能得出涂料或者底材的性能顺序排列是错误的。

因此，对于任何一种加速方法，这个问题要与(不同涂料或者底材之间)差异得出的加速量加以平衡。这个差异应当最小，而加速量应当最大，这不是试错法评价，因为一般来讲，一组样品预期加速量越大，产生的加速度变化率的差异就越大。

15.5.1 加速度变化率

实验室试验得出的加速量可以简单的认为是实验室测试中看到的腐蚀量与相当的时间跨度里现场暴露所看到的腐蚀量(也认作是“基准”)的比值。通常实验室按照 2 倍、10 倍等来报告发生的腐蚀量，在此，2 倍表示实验室里的腐蚀速率是现场腐蚀速率的 2 倍，这种现象正如式(15.3)所示：

$$A=\frac{X_{\mathrm{accel}}}{X_{\mathrm{field}}}\cdot\frac{t_{\mathrm{field}}}{t_{\mathrm{accel}}} \tag{15.3}$$

式中 A——加速度变化率；

X_{accel}——加速试验的响应值(从划痕开始的腐蚀蠕变)；

X_{field}——现场暴露的响应值；

t_{accel}——加速试验的持续时间；

t_{field}——现场暴露的持续时间。

例如，在实验室进行了 5 个星期试验后，在样品上看到从划痕开始腐蚀蠕变延伸了 4mm。户外暴露试验 2 年后，相同的样品从划痕开始腐蚀蠕变延伸了 15mm。可以按式(15.4)计算出加速度的变化率 A：

$$A=(4\text{mm}/5\ \text{星期})\div(15\text{mm}/104\ \text{星期})=5.5 \tag{15.4}$$

15.5.2 关联系数或者线性回归

可以认为关联系数是一组样品内加速的均匀性。比较加速试验样品所得数据与现场暴露的完全相同样品的响应情况，就可以计算出线性最小二乘回归的关联性。如果关联系数高，表明这组样品在此项试验中都达到差不多相同的加速腐蚀程度。关联分析的一个缺点是使用了最小二乘回归，其对数据的分布很敏感[59]。

15.5.3 平均加速度比和变异系数

另一种比较评价现场数据与加速数据有意思的方法是平均加速度比和变异系数[59]。

为了比较一组试件现场暴露得出的数据与加速试验得出的数据，要计算出每种材料(即涂料和底材)的加速度比值，为此，可将加速试验得出的平均结果除以通常从现场暴露得出的相应参照值。然后将这组试件的所有数据加在一起，再除以这组试件的件数，就得出平均加速度比值。也就是：

$$MVQ=\frac{\sum_{i=1}^{n}\frac{X_{i,\ accel}}{X_{i,\ field}}}{n}+/-\sigma_{n-1} \tag{15.5}$$

式中　MVQ——商的平均值；

$X_{i,accel}$——每个样品 i 的加速试验响应值(从划痕开始的腐蚀蠕变)；

$X_{i,field}$——每个样品 i 现场暴露的响应值；

n——这组样品的件数[59]。

将它除以平均值 MVQ，其用于将标准偏差规格化：

$$\text{变异系数}=\sigma_{n-1}/MVQ$$

$$\text{试验加速度}=MVQ\cdot(t_{field}/t_{accel}) \tag{15.6}$$

变异系数将试验得出的加速度的量与一组样品加速腐蚀的均匀性结合在一起。如果所有样品腐蚀速率的加速度均匀一致当然是很理想的，也就是说，应尽可能降低标准偏差。结果自然是平均加速度的偏差率应当尽可能接近 0。变异系数高意味着对于每组数据，加速度的量比实际加速时分散得多。

参考文献

[1] Goldie, B. *Prot. Coat. Eur.* 1, 23, 1996.

[2] Appleman, B. *J. Coat. Technol.* 62, 57, 1990.

[3] Skerry, B. S., et al. *J. Coat. Technol.* 60, 97, 1988.

[4] Knudsen, O. Ø., et al. *J. Prot. Coat. Linings* 18, 52, 2001.

[5] Knudsen, O. Ø. Review of coating failure incidents on the Norwegian continental shelf since the introduction of NORSOK M - 501. Presented at CORROSION/2013. Houston: NACE International, 2013, paper 2500.

[6] Townsend, H. Development of an improved laboratory corrosion test by the automotive and steel industries. Presented at the 4th Annual ESD Advanced Coatings Conference. Detroit: Engineering Society of Detroit, 1994.

[7] Volvo. Corporate Standard STD 423-0014. Accelerated corrosion test. Gothenburg, Sweden: Volvo Group, 2003.

[8] Ström, M. Presented at Proceedings of the Conference on Automotive Corrosion and Prevention. Volvo laboratory study of zinc-coated steel sheet: Corrosion behavior studied by a newly developed multifactor indoor corrosion test, Warrendale, PA: Society of Automotive Engineers, 1989, paper 890705.

[9] Berke, N., and H. Townsend. *J. Test. Eval.* 13, 74, 1985.

[10] Funke, W. *J. Oil Color Chem. Assoc.* 62, 63, 1979.

[11] Lambert, M. R., et al. *Ind. Eng. Chem. Prod. Res. Dev.* 24, 378, 1985.

[12] Lyon, S. B., et al. *CORROSION* 43, 719, 1987.

[13] Timmins, F. D. *J. Oil Color Chem. Assoc.* 62, 131, 1979.

[14] Appleman, B. *J. Prot. Coat. Linings* 6, 71, 1989.

[15] Struemph, D. J., and J. Hilko. *IEEE Trans. Power Deliv.* PWRD-2, 823, 1987.

[16] Chong, S. L., *J. Prot. Coat. Linings* 14, 20, 1997.

[17] Rommal, H. E. G., et al. Accelerated test development for coil-coated steel building panels. Presented at CORROSION/1998. Houston: NACE International, 1998, paper 356.

[18] Forsgren, A., and S. Palmgren. Salt spray test vs. field results for coated samples: Part Ⅰ. Report 1998: 4E. Stockholm: Swedish Corrosion Institute, 1998.

[19] Forsgren, A., and S. Palmgren. Salt spray test vs. field results for coated samples: Part Ⅱ. Report 1998: 6E. Stockholm: Swedish Corrosion Institute, 1998.

[20] Appleman, B. R., et al. Performance of alternate coatings in the environment (PACE). Vol. I: Ten year field data. Report FHWA-RD-89-127. Washington, DC: U. S. Federal Highway Administration, 1989.

[21] Appleman, B. R., et al. Performance of alternate coatings in the environment (PACE). Vol. II: Five year field data and bridge data of improved formulations. Report FHWA - RD - 89 -

235. Washington, DC: U. S. Federal Highway Administration, 1989.

[22] Appleman, B. R., et al. Performance of alternate coatings in the environment (PACE). Vol. Ⅲ: Executive summary. Report FHWA-RD-89-236. Washington, DC: U. S. Federal Highway Administration, 1989.

[23] Appleman, B. R., and P. G. Campbell. *J. Coat. Technol.* 54, 17, 1982.

[24] Lyon, S. B., et al. Materials evaluation using wet-dry mixed salt spray tests. In *New Methods for Corrosion Testing of Aluminum Alloys, ASTM STP* 1134, ed. V. S. Agarwala and G. M. Ugiansky. Philadelphia: American Society for Testing and Materials, 1992.

[25] Harrison, J. B., and T. C. Tickle. *J. Oil Color Chem. Assoc.* 45, 571, 1962.

[26] Simpson, C. H., et al. *J. Prot. Coat. Linings* 8, 28, 1991.

[27] Nowak, E. T., et al. A comparison of corrosion test methods for painted galvanized steel. SAE Technical Paper Series, paper 820427. Warrendale, PA: Society of Automotive Engineers, 1982.

[28] Smith, D. M., and G. W. Whelan. Corrosion studies of painted automotive substrates—Research in progress. SAE Technical Paper Series, paper 870646. Warrendale, PA: Society of Automotive Engineers, 1987.

[29] Standish, J. V., et al. The corrosion behavior of galvanized and cold rolled steels. SAE Technical Paper Series, paper 831810. Warrendale, PA: Society of Automotive Engineers, 1983.

[30] Nazarov, A., and D. Thierry. *CORROSION* 66, 0250041, 2010.

[31] ISO 4628-3. Paints and varnishes—Evaluation of degradation of coatings— Designation of quantity and size of defects, and of intensity of uniform changes in appearance— Part 3: Assessment of degree of rusting. Geneva: International Organization for Standardization, 2016.

[32] Paul, S. *Surface Coatings Science and Technology*. Chichester: John Wiley & Sons, 1996.

[33] Dickie, R. A. *Prog. Org. Coat.* 25, 3, 1994.

[34] Walker, P. *Paint Technol.* 31, 22, 1967.

[35] Perera, D., and D. van Eynde. *J. Coat. Technol.* 53, 39, 1981.

[36] Korobov, Y., and L. Salem. *Mater. Perform.* 29, 30, 1990.

[37] Corcoran, E. M. *J. Paint Technol.* 41, 635, 1969.

[38] Cameron, K., et al. Critical evaluation of international cathodic disbondment test methods. Presented at CORROSION/2005. Houston: NACE International, 2005, paper 5029.

[39] Lavaert, V., et al. *Prog. Org. Coat.* 38, 213, 2000.

[40] Özcan, M., et al. *Prog. Org. Coat.* 44, 279, 2002.

[41] ISO 16773-2. Electrochemical impedance spectroscopy (EIS) on high impedance coated specimens—Part 2: Collection of data. Geneva: International Organization for Standardization, 2007.

[42] Królikowska, A. *Prog. Org. Coat.* 39, 37, 2000.

[43] Sekine, I. *Prog. Org. Coat.* 31, 73, 1997.

[44] Kendig, M., and J. Scully. *CORROSION* 46, 22, 1990.

[45] Walter, G. W. *Corros. Sci.* 32, 1041, 1991.

[46] Walter, G. W. *Corros. Sci.* 32, 1085, 1991.

[47] Walter, G. W. *Corros. Sci.* 32, 1059, 1991.

[48] Stratmann, M., et al. *Corros. Sci.* 30, 715, 1990.

[49] Forsgren, A., and D. Thierry. Corrosion properties of coil-coated galvanized steel, using field exposure and advanced electrochemical techniques. Report 2001: 4E. Stockholm: Swedish Corrosion Institute, 2001.

[50] Gilicinski, A. G., and C. R. Hegedus. *Prog. Org. Coat.* 32, 81, 1997.

[51] Gerharz, B., et al. *Prog. Org. Coat.* 32, 75, 1997.

[52] Joanicot, M., et al. *Prog. Org. Coat.* 32, 109, 1997.

[53] Tzitzinou, A., et al. *Prog. Org. Coat.* 35, 89, 1999.

[54] Forsgren, A., and D. Persson. Changes in the surface energy of steel caused by acrylic waterborne paints prior to cure. Report 2000: 5E. Stockholm: Swedish Corrosion Institute, 2000.

[55] Almeida, E., et al. *Prog. Org. Coat.* 44, 233, 2002.

[56] Watts, J. F., and J. E. Castle. *J. Mater. Sci.* 18, 2987, 1983.

[57] Watts, J. F., and J. E. Castle. *J. Mater. Sci.* 19, 2259, 1984.

[58] Jamali, S. S., and D. J. Mills. *Prog. Org. Coat.* 95, 26, 2016.

[59] Ström, M., and G. Ström. A statistically designed study of atmospheric corrosion simulating automotive field conditions under laboratory conditions, paper 932338. SAE Technical Paper Series. Warrendale, PA: Society of Automotive Engineers, 1993.

索引

L

H

K

L

X

Y